THE TEXT BOOK SERIES FOR THE 14TH FIVE-YEAR PLAN OF THE "DOUBLE-FIRST CLASS" UNIVERSITY PROJECT

“双一流”高校建设“十四五”规划系列教材

多物理场传热传质基础与建模实例

Fundamentals and Engineering Analytical Approaches of Multiphysics Heat and Mass Transfer

焦　魁　张国宾　杜　青　樊林浩　焦道宽　武承如　王博文　著

内容简介

全书内容一共分为7章，第1章和第2章分别对传热传质和多相流动的相关机理进行了系统而全面的介绍，第3章介绍了针对多物理场传热传质问题搭建解析模型的通用方法和思路，第4章给出了一些涉及物理过程较为单一的工程装置的解析模型实例，如换热器、引射器等，第5章对包括温差发电器、锂电池、燃料电池、电解池、锂空电池、太阳能发电装置、暖通空调等在内的多种复杂工程装置进行了解析建模实例讲解，第6章则主要介绍了研究介微观尺度下传热传质与流动过程的分析方法，主要包括微观尺度下的分子动力学方法和介观尺度下的格子玻尔兹曼方法，第7章则对解析模型在处理工程装置中的多物理场耦合问题方面的应用前景做了总结和展望。本书旨在通过理论基础与建模实例相结合的方式使读者对相关内容有更加深入而全面的了解。

本书适合作为高年级本科生和研究生课程教材，供流体流动与传热传质联系紧密的能源动力、化工、暖通等领域的教师和同学使用，也可为从事相关工程装置设计与优化的工程设计人员提供部分理论指导。

DUOWULICHANG CHUANRE CHUANZHI JICHU YU JIANMOSHILI

图书在版编目（CIP）数据

多物理场传热传质基础与建模实例 / 焦魁等著. —
天津：天津大学出版社，2022.2
“双一流”高校建设“十四五”规划系列教材
ISBN 978-7-5618-7121-8

Ⅰ. ①多… Ⅱ. ①焦… Ⅲ. ①传热传质学-高等学校-教材 Ⅳ. ①TK124

中国版本图书馆CIP数据核字（2022）第016189号

出版发行 天津大学出版社
地　　址 天津市卫津路92号天津大学内（邮编：300072）
电　　话 发行部：022-27403647
网　　址 www.tjupress.com.cn
印　　刷 廊坊市海涛印刷有限公司
经　　销 全国各地新华书店
开　　本 185mm×260mm
印　　张 14.25
字　　数 350千
版　　次 2022年2月第1版
印　　次 2022年2月第1次
定　　价 50.00元

序
Preface

伴随着计算机技术和数学建模方法的发展，多物理场问题的建模仿真分析已经成为能源动力工程领域科学技术活动的一个基础性工作。多物理场传热传质涉及传热传质学、流体力学、工程热力学、燃烧学等多个方面，是理解自然界各类传递现象与设计各类工程装置的基础。由于各类传递过程的复杂性，实验方法往往受限于设备、技术、成本等因素，也很难针对各类现象进行直接观测。因此，数学建模和仿真分析手段就显得尤为重要。

今天，我很高兴看到天津大学焦魁教授团队完成了《多物理场传热传质基础与建模实例》一书的撰写。焦魁教授团队在能源动力工程领域的基础研究和工程应用中，取得了丰硕成果并积累了大量数据和资料。在本书的结构中，首先对相关基础知识进行了梳理，并以此为基础，系统全面地讲述了建立多物理场解析模型的通用方法，最后针对换热器、太阳能发电装置、锂电池、内燃机等多种工程装置，给出了数学建模实例。这种理论基础与大量建模实例相结合的撰写方式，有助于加深读者对相关科学问题的理解。我相信，无论是从事本领域基础研究还是产品研发，这本书都能让大家有所获益。同时，本书所描述的解析方法也是能源动力工程领域中研究传递现象的经典方法，因此本书也非常适合作为高年级本科生和研究生的教材使用。

最后，预祝这本书的出版能为我国的能源动力工程领域的科技进步和人才培养做出贡献。

舒歌群

中国科学技术大学教授

2021 年 12 月于合肥

前　言

Contents

在自然界中，各种各样的热量和物质传输过程广泛存在，大到风、雨、雾等自然现象和海洋湖泊表面的水蒸发，小到液体在细微管路中传输的毛细现象、气体分子扩散、电子和离子传导等，各种各样的传输过程使我们所处的世界变得丰富多彩。得益于现代科学技术的飞速发展，人们对各种流体流动与热量和物质传输过程背后的物理规律和作用机制都有了深入的理解。目前，以此为研究对象的流体力学和传热传质学已成为非常重要的基础学科，在人们解决实际工程问题的过程中发挥了不可替代的作用。

然而，我们经常发现，在内燃机、燃料电池和锂电池等能源动力装置，以及各式各样的换热器、通风与空调设备、冰箱等工程装置中，工作过程往往会涉及多物理场传热传质过程，且各物理过程之间往往具有非常强的耦合作用，为提升这些工程装置的运行性能、效率和安全性，必须深刻理解这些物理过程的运行规律以及相互之间的复杂耦合规律。

实验是研究流体流动与传热传质问题的最基础方法，但受限于测试手段、设备等因素，其往往成本较高，且难以从理论上深入阐释各物理过程之间的耦合作用机理。在这种情况下，通过合理简化实际工程装置中的物理问题，以描述传热传质过程的基础物理定律和质量、动量和能量守恒定律等第一性原理为基础，将物理问题演绎为数学问题，并建立仿真模型，是深入理解工程装置中复杂传热传质机理的重要手段，这种做法目前已获得了非常广泛的应用，并为众多工程装置的优化设计节约了大量研发经费和时间，其中尤以数值模型的应用最为广泛。

尽管数值模型计算精度很高，但计算效率和稳定性常常不足，有时难以适合大规模工业应用。相比之下，本书重点关注的解析模型则在计算效率方面具有显著优势，往往仅需简单的代数计算即可得到结果。当然，这经常需要对所研究的复杂物理问题在合理假设的基础上进行降维解耦，从而在满足基本计算精度需求的前提下大幅提升计算效率。事实上，我们目前开发的一些解析模型，如关注燃料电池宏观性能的全电池一维模型，已在多家企业中得到成功应用。

本书内容一共分为 7 章。第 1 章和第 2 章分别对传热传质和多相流的相关机理进行了系统而全面的介绍；第 3 章介绍了针对多物理场传热传质问题搭建解析模型的通用方法和思路；第 4 章给出了一些涉及物理过程较为单一的工程装置的解析模型实例，如换热器、引射器等；第 5 章对包括温差发电器、锂离子电池、燃料电池、电解池、锂空气电池、太阳能发电接收器、暖通空调等复杂工程装置进行了解析建模实例讲解；第 6 章则主要介绍了研究介微观尺度下传热传质与流动过程的分析方法，主要包括微观尺度下的分子动力学方法和介观尺度下的格子玻尔兹曼方法；第 7 章则对解析模型在处理工程装置中的多物理场耦合问题方面的应用前景做了总结和展望。本书旨在通过理论基础与建模实例相结合的方式使读者对相关内容有更加深入而全面的了解。

在此特别感谢天津大学电化学热物理实验室的全体师生、内燃机燃烧学国家重点实验室以及为本书编写提供支持的各企业和院校。本书适合作为高年级本科生和研究生课程的教材，供与流体流动和传热传质联系紧密的能源动力、化工、暖通等领域的教师和同学使用，也可为从事相关工程装置设计与优化的工程设计人员提供部分理论指导。限于作者水平，本书中的内容不可避免地会有一些不当之处，敬请读者斧正。

全体作者

2022 年 2 月

主要符号说明

一、英文字母

符号	物理含义	符号	物理含义
A	面积，m^2	G	无量纲速度影响因子
$\mathbf{A}$	反对称矩阵	G	面积质量流量，$kg/(m^2 \cdot s)$
A	温度波动幅值，K	g	重力加速度，m/s^2
ASR	面电阻，$\Omega \cdot m^2$	H	高度，m
a	比表面积，m^2/m^3	HC	燃烧热，J/kg
a	面积，m^2	h	换热系数，$W/(m^2 \cdot K)$
a	无量纲不稳定波数	h	距离，m
a	水活度	h	高度，m
B	萨瑟兰常数	I	电流，A
B_0	多孔介质的渗透率，m^2	I	电流密度，A/m^2
Bi	毕渥数	i_c	交换电流密度，A/m^2
C	单位面积电容，F/m^2 或 $C/(V \cdot m^2)$	J	电化学反应速率 A/m^3
C	比例系数	j	质量流量，kg/s
C	单电池标称容量，$A \cdot h$	j	电荷流通量，A/m^2
c_p	比定压热容，$J/(kg \cdot K)$ 或 $J/(mol \cdot K)$	j	电流密度，A/m^3
C_f	范宁摩擦因子	j	柯尔本因子
c	比热容，$J/(kg \cdot K)$	K	渗透率，m^2
c	浓度，mol/m^3	K	稠度系数
D	扩散系数，m^2/s	K	动量，$kg \cdot m/s$
D	直径，m	k	湍动能，J
Da	达姆科勒数	K	渗透率，m^2
d	孔径，m	L	长度或厚度，m
Eu	欧拉数	L	潜热，J/kg
E	湍动能，J	l	长度或厚度，m
E_{oc}	开路电压，V	l_m	最佳长度，m
E_r	电池可逆电压，V	Ma	马赫数
EW	质子交换膜的当量质量，kg/kmol	m	质量流量，kg/s
F	力，N	m	质量，kg
F	法拉第常数，C/mol	N	统计样本数
Fr	弗劳德数	N	组分通量，$mol/(m^2 \cdot s)$

（续）

符号	物理含义	符号	物理含义
n	反应过程传递的电子数目	$\boldsymbol{S}$	对称矩阵
$\boldsymbol{n}$	法向向量	S	面积，m^2
n	指数值	S	应变率张量
n	水流量，$mol/(m^2 \cdot s)$	S	滑动比
n_d	电渗拖曳系数	S	熵，J/K
Ne	牛顿数	Sr	斯特劳哈尔数
Nu	努塞尔数	Sr	无量纲扰动增长率
$\boldsymbol{P}$	压强张量，Pa	Sh	舍伍德数
p	压强，Pa	s	液相饱和度
Pr	普朗特数	s	长度与截面积的比
Q	体积流量，m^3/s	s	放电产物真实体积分数
Q	产热量，W	T	表面张力，N
Q	换热量，W	T	温度，K
q	通量	t	时间，s
q	热流密度，W/m^2	T_b	沸点，K
q_{in}	极限能量流量，W/m^2	U	速度，m/s
q_c	单位质量燃料燃烧所释放的热量，J/kg	$\boldsymbol{u}$	速度矢量，m/s
R	雷诺应力，N	V	电压，V
R	电阻，Ω	V_s	塞贝克电势，V
R	热阻，K/W	v	速度，m/s
R	通用气体常数	w	速度分量，m/s
Re	雷诺数	We	韦伯数
r	半径，m	X	摩尔分数
r	内阻，Ω	x	质量含气率
S	导热形状因子	Y	组分质量分数
S	源项		

二、希腊字母

符号	物理含义	符号	物理含义
α	截面含气率	β	体积含气率
α	热扩散系数	β	对称指数
α	塞贝克系数	δ	厚度，m
β	容积膨胀系数，1/K	ε	发射率

（续）

符号	物理含义	符号	物理含义
ε	孔隙率	μ	动力黏度，kg/（m·s）
ε	应变	ν	运动黏度，m^2/s
ε	湍流耗散项	ξ	水转化率，1/s
$\varepsilon_{pro\ d}$	放电产物表观体积分数	π	帕尔贴系数，W/A
η	效率	ρ	密度，kg/m^3
η	振幅，m	σ	表面张力系数，N/m
θ	接触角，（°）	τ	剪应力，N
κ	电导率，S/m	τ	迂曲度
κ	湍流扩散系数，m^2/s	τ	汤姆逊系数，V/K
κ	卡门常数	τ	体积，m^3
Λ	单电池体积，m^3	φ	电势，V
λ	热导率，W/（m·K）	φ	相位移
λ	分子平均自由程，m	ψ	损失系数
λ	膜态水		

三、上、下角标

符号	物理含义	符号	物理含义
avg	平均值	h	热端
amb	环境	ion	离子
ano	阳极	i	坐标方向
act	活化	ice	冰
c	毛细力	j	坐标方向
c	冷端	k	坐标方向
c	空气	l	液相
cat	阴极	m	阶数
con	传质损失	mem	膜
cond	导热	MEM	质子交换膜
conv	对流	max	最大值
e	电子	n	热电材料 n 单元
eff	有效的	nernst	能斯特
f	流体	nf	非冻结膜态水
f	气体	ohm	欧姆
f	冻结液态水	out	输出
f	空气	p	热电材料 p 单元
g	气相	pipe	管道

（续）

符号	物理含义	符号	物理含义
r	半径	w	墙
s	固体表面积	x	Ox 轴方向
soil	土壤	y	Oy 轴方向
t	温度	z	Oz 轴方向
vapor	蒸汽		

目　录

Contents

第1章 传热传质基础

传热传质学是研究物质热量及质量传递规律的科学，其研究内容涉及传热传质过程的基本原理，包括热传导、质量扩散、温度差异引起的能量平衡及质量传递、多相多组分混合和相变时因浓度差异伴随发生的物质迁移现象等[1]。可以说，开展传热传质学研究的主要目的之一就是解决实际工程问题。在本章中，我们主要介绍使用多物理场解析模型来描述实际工程装置时所需要的传热传质学基础知识。

1.1 多物理场传热传质过程

在工程装置实际运行过程中，包含传热传质过程的多个物理过程常常同步发生，且相互之间的影响大都不可忽略。例如，在换热器或散热器中，主要涉及的物理过程有流体流动、固体导热以及流体与固体表面的对流换热，必要的情况下还需要考虑热辐射的影响，其中流体流动状态(层流或湍流)与速度直接影响对流换热作用并进而影响整体温度分布。因此，对换热器或散热器进行设计优化时，需综合考虑各个物理过程之间的相互影响。

再比如，质子交换膜燃料电池正常运行时，其核心过程是将反应物中的化学能在催化层(Catalyst Layer，CL)经由电化学反应转化为电能。其间为使电化学反应顺利进行，必然会有反应气体从外界到催化层的传输过程，而催化层处的电化学反应速率与当地反应气体浓度呈正相关；质子交换膜燃料电池的工作温度一般为 60～95 ℃，电化学反应生成的水有一部分将以液态形式存在，这就导致电池内部并非是单一物质传输，而是多种气体组分(氢气、氧气、水蒸气和氮气)和液态水共存的多相多组分物质传输；燃料电池内部的水蒸气和液态水之间还会存在相变液化和蒸发，在零度以下的环境中启动时，电池内部的水还会结冰；燃料电池中电能传输具体体现为电池电极和外电路中的电子传导以及质子交换膜和催化层中高分子电解质中的质子传输过程；不仅如此，目前的质子交换膜需要吸收一定的水分才能保持理想的离子电导率，膜中吸附的水(称为“膜态水”)的传输机制明显不同于水蒸气和液态水，膜中含水量的高低直接影响离子电导率的大小；除上述传质过程之外，电池内部的电化学反应等过程还会产生一部分热能，使电池内部温度分布并不均匀。上述传输过程和电池内部电化学反应之间的相互影响，导致我们在针对质子交换膜燃料电池进行优化设计时，必须综合考虑包括水热管理[2]在内的各个过程，只有这样才可能通过改进设计提升电池性能和耐久性。

同样，在锂离子电池中，伴随着电池充放电过程，除发生电子和离子传导之外，还不可避免地会伴随着各种各样的热量产生，在某些极端工况下(如过充、内部短路等)，电池温度可能很高(一般>90 ℃)，这时就有可能使电极材料发生化学分解反应，这些分解反应多为放热反应，同时还会产生多种可燃气体，陷入“温度升高—分解反应—放热—温度进一步升高”的恶性循环，最终导致电池“热失控”，进而引发电池自燃等安全事故[3]。因此，在电池热管理中，必须充分考虑电池内部热量复杂传输过程之间的相互影响，通过合理设计消除安全隐患并提升电池性能。

综上所述，可以发现，实际工程装置中的传热传质过程基本都涉及多个物理量，如温度、压力、浓度、速度等。可以说，正是它们之间的复杂耦合使工程设计人员无法简单地应用传统理论分析方法进行优化设计，而必须建立专门的多物理场数学模型才能深入细致地分析其内部工作过程并为正向设计开发提供必要的理论指导。

1.2 传热传质基本原理

除固体中的导热现象之外，传热传质分析主要关注的是流体(气体和液体)的热量和质量(简称“热质”)传输现象。流体在物理层面上并不是连续的，而是由大量分子构成的离散系统，分子的数量级约为 10^{23}，每个分子做无规则的热运动，并通过频繁的碰撞交换动量和能量。因此，在微观尺度下的流体运动在时间和空间上均表现出明显的不均匀性、离散性和随机性；但在宏观尺度下，所有流体分子做不规则运动的平均结果却常常表现出均匀性、连续性和确定性。这一现象导致在不同尺度下描述流体运动的数学模型明显不同，一般可分为微观分子模型、介观动力学模型和宏观连续模型。其中，微观分子模型直接从流体的分子构成出发，将流体视为大量分子构成的多体系统，基于牛顿第二定律描述流体系统中每个分子的动力学行为，之后采用统计方法获得流体的整体运动情况，常用的分析方法有分子动力学方法(Molecular Dynamics，MD)、耗散粒子动力学(Dissipative Particle Dynamics，DPD)等；介观动力学模型则主要关注流体系统中流体微团的速度分布函数及其时空演变过程，然后根据宏观物理量与分布函数之间的关系得出宏观流动信息，常用的研究方法为格子玻尔兹曼方法(Lattice-Boltzmann Method，LBM)；宏观连续模型则假设流体中各质点连续地充满所在空间，流体质点所具有的宏观物理量(如质量、压力、温度等)是空间点和时间的连续函数并且遵循物理定律，如质量、动量和能量守恒定律等，即符合流体连续性假设(连续介质假设)。

一方面，在宏观尺度下，根据连续介质假设，真实流体可近似看作是由无数个流体质点连续无间隙地组成的，这些流体质点必须在宏观上充分小；另一方面，在微观尺度，流体质点的尺度相比分子运动尺度又必须无限大。对于气体来说，当分子间距过大时(如高空稀薄空气)，连续介质假设就不再适用，具体可用流体分子平均自由程 λ 与物体特征长度 L 的比值，即克努森数(Knudsen Number)，$Kn=\frac{\lambda}{L}$，来判定是否满足连续介质假设。一般来说，当 $Kn\leqslant 0.001$ 时，可认为流体满足连续介质假设。对于液体而言，则一般认为直到微米尺度的液体层都可以当作连续介质处理。接下来，我们首先介绍宏观尺度下的传热传质机理及相应的数学描述方法，而介微观尺度下的流动与传热传质过程分析方法将在本书第6章中进行介绍。

流体由非平衡状态转向平衡状态时，物理量的传递性质称为输运性质，从微观角度看，流体的这种输运性质是由于分子的无规则热运动和分子之间的相互碰撞造成的。具体来说，当流体各处的密度不同时，通过质量输运，流体各处的密度会趋向均匀；流体各层间的速度不同时，通过层间动量输运，各层之间的速度分布会趋向均匀；流体各处的温度不同时，通过热量输运，各处的温度分布趋向均匀。质量输运、动量输运和热量输运在宏观上分别表现为扩散现象、黏滞现象和导热现象。除此之外，电子、离子这类微观粒子在导电介质中的传导机制也与上述过程类似。实际上，在早期热传导问题分析中，确定给定边界条件下的介质内部温度场时，就常常将在类似的边界条件(二者边界条件数学表达式形式相同)下的电场作为比拟对象进行类比研究[4]。

1.2.1　质量输运

当流体密度分布不均匀时，流体会由高密度区域迁移到低密度区域，这种迁移过程称为扩散过程。扩散过程本质上是分子做无规则运动时相互碰撞的结果。在单组分流体中，由于流体自身密度差引起的扩散称为自扩散；在多组分混合流体中，由于各组分自身密度差造成的在另一组分中的扩散则称为互扩散。自扩散过程引起的质量流量 $\boldsymbol{j}$[kg/(m^2·s)]可用下式进行计算：

$$\boldsymbol{j}=-D\,\nabla\rho \tag{1-2-1}$$

式中：D 为自扩散系数(m^2/s)；∇为哈密顿算子(Hamiltonian Operator)；ρ 为流体的密度；负号表示质量流动方向与密度梯度方向相反。在本书中，如无特别说明，用黑斜体表示矢量，用白斜体表示标量。工程实际中遇到更多的是多组分流体的互扩散[5]。其中，双组分混合物的互扩散过程可以用菲克定律(Fick's Law)进行描述：

$$\begin{cases}\boldsymbol{j}_{ij}=-D_{ij}\nabla\rho_i\\ \boldsymbol{j}_{ji}=-D_{ji}\nabla\rho_j\end{cases} \tag{1-2-2}$$

式中：$\boldsymbol{j}_{ij}$和$\boldsymbol{j}_{ji}$分别为组分i在组分j中和组分j在组分i中的质量流量[kg/(m^2·s)]；D_{ij}和D_{ji}为二元互扩散系数(m^2/s)，对于二元扩散而言，$D_{ij}=D_{ji}$；$\nabla\rho_i$和$\nabla\rho_j$分别为组分i和j的密度梯度。需要注意的是，菲克定律只适用于驱动势仅为浓度梯度时引起的二元扩散传质过程。对于包含三种或更多组分的扩散过程，其特性与二元扩散完全不同，这时可利用下式计算组分i在多组分体系中的扩散系数，从而将适用于二元扩散的菲克定律进行一定的拓展[6]。

$$D_i=\frac{1-X_i}{\sum\limits_{j\neq i}\left(\frac{X_j}{D_{ij}}\right)} \tag{1-2-3}$$

式中：X_i和X_j分别表示组分i和j的摩尔分数。

除扩散外，流体的质量输运过程还可以由流体的整体或宏观运动造成，即对流传质。一般来说，当流动由风机、泵或风力等外力作用形成时，我们称它为受迫对流或强制对流。与此不同，在自由或自然对流中，流动是由流体中的温度变化而产生的密度差所导致的浮升力引起的。此外，还可能存在强制对流和自然对流同时起作用的混合(联合)模式。对流作用引起的组分i的质量流量为

$$\boldsymbol{j}_i=\rho_i\boldsymbol{U}=\rho Y_i\boldsymbol{U} \tag{1-2-4}$$

式中：Y_i表示组分i的质量分数；$\boldsymbol{U}$为流体的宏观流动速度(m/s)。

1.2.2 动量输运

流体在运动状态下具有抵抗剪切变形的能力，这种性质称为黏性。黏性是流体的固有属性，本质上是由于分子间不规则的动量交换和吸引力造成的。流体的黏滞现象是动量输运的结果。研究两平行平板之间(距离为h)黏性流体的运动时，保持下平板固定不动，上平板在外力F作用下以速度U匀速向右运动，则两平行平板之间的速度分布如图1-1所示，由于流体黏性的影响，附着于平板的流体质点与平板的速度必然相等，即相对速度为0。因此，附着于下平板上的流体质点速度为0，附着于上平板上的流体质点速度为U。

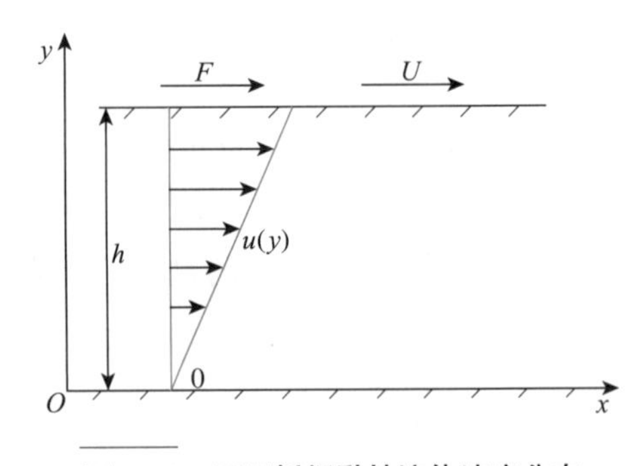

图1-1 两平板间黏性流体速度分布

实验结果表明，外力 F 与速度 U 和平板面积 A 成正比，与 h 成反比，即

$$F=\mu\frac{U}{h}A \tag{1-2-5}$$

流体各层之间的剪切力为

$$\tau=\frac{F}{A}=\mu\frac{U}{h} \tag{1-2-6}$$

一般地，假定流体 y 方向速度的分布函数为 $u(y)$，则流体层内坐标 y 处剪应力为

$$\tau=\mu\frac{\mathrm{d}u}{\mathrm{d}y} \tag{1-2-7}$$

式中：μ 称为黏度系数[kg/(m・s)]，式(1-2-7)即为一维黏性流动的牛顿黏性定律。更进一步地，取速度 $u=\frac{\mathrm{d}x}{\mathrm{d}t}$，$\gamma=\frac{\mathrm{d}x}{\mathrm{d}y}$，式(1-2-7)可改写为

$$\tau=\mu\frac{\mathrm{d}u}{\mathrm{d}y}=\mu\frac{\mathrm{d}}{\mathrm{d}y}\frac{\mathrm{d}x}{\mathrm{d}t}=\mu\frac{\mathrm{d}\gamma}{\mathrm{d}t}=\mu\dot{\gamma} \tag{1-2-8}$$

上式表明，剪应力 τ 与剪切应变速率 $\dot{\gamma}$ 成正比。在相同剪应力作用下，黏度系数越大，产生的剪切应变速率则越小，因此，流体的黏性也常常被认为是流体抵抗变形的能力[7]。式(1-2-8)还表明，流体只有在不受任何剪应力的作用时才有可能处于完全静止的状态。需要注意的是，式(1-2-8)实际上只是流体黏度的定义式，并不能揭示出影响黏度的因素。

根据牛顿第二定律可知，物体所受的力等于其动量改变的速率，反抗运动的黏性抵抗力要由流体层与层之间的动量来克服，由运动速度较快的分子将动量传递给运动速度较慢的分子，从而在壁面法向造成一个平行于壁面(x 方向)的动量净传递，因此，式(1-2-8)还可以写成动量传递的速率方程[1]：

$$\tau=-\frac{\mu}{\rho}\frac{\mathrm{d}(\rho u)}{\mathrm{d}y}=-\nu\frac{\mathrm{d}(\rho u)}{\mathrm{d}y} \tag{1-2-9}$$

式中：(ρu)表示单位体积的流体在流动方向(图1-1中 Ox 方向)上的动量，可以称为“动量浓度”；负号表示动量朝着动量浓度降低方向扩散；μ 为动力黏度；ν 为运动黏度，其量纲为 m^2/s，因此其也常常被称为“动量扩散系数”。

但是，牛顿黏性定律只对一些分子结构比较简单的流体(如空气、水)才成立。通常将剪应力与剪切应变速率满足线性关系的流体称为牛顿流体，即牛顿流体的 μ 和 ν 只取决于流体本身的状态，而与流体的速度梯度无关；不满足该线性关系的流体则称为非牛顿流体，限于篇幅，本书对此不做讨论。对于牛顿流体来说，液体的动力黏度和运动黏度以及气体的动力黏度都主要取决于温度，与压力基本无关，但是由于气体的密度与温度和压力都紧密相关，导致气体的运动黏度通常与压力成反比。一般而言，液体的动力黏度要高于

气体，但由于气体密度远小于液体，结果是气体的运动黏度往往高于液体的运动黏度。

1.2.3 热量输运

自然界中的热量输运有导热、对流和热辐射三种方式。导热是由于分子、原子及自由电子等微观粒子的热运动而产生的热量输运现象，可用傅里叶定律(Fourier's Law)进行描述。如图 1-2 所示，考虑通过平板(面积为 A)的一维导热问题[8]，平板前后两个表面均具有恒定均匀的温度分布，前后表面温度分别为 T_1、T_2，平板厚度为 δ，则单位时间内通过该平板厚度方向的热流量Q(W)为

$$Q = -\lambda A \frac{T_1 - T_2}{\delta} \tag{1-2-10}$$

式中：λ 为热导率(或称为导热系数)[W/(m·K)]，是表征材料导热性能优劣的一种物性参数；负号表示导热方向与温度升高方向相反。

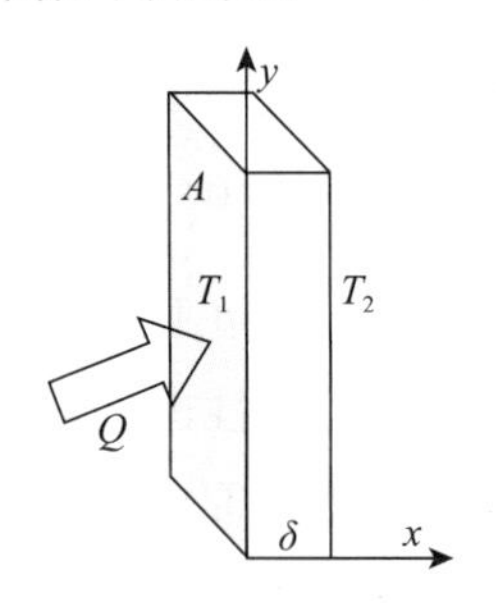

图 1-2　一维导热过程示意图

一般地，平板内部厚度为 dx 的微元层内热流量为

$$Q = -\lambda A \frac{\mathrm{d}T}{\mathrm{d}x} \tag{1-2-11}$$

定义单位时间内通过单位面积的热流量为热流密度 q(W/m^2)，

$$q = \frac{Q}{A} = -\lambda \frac{\mathrm{d}T}{\mathrm{d}x} \tag{1-2-12}$$

式(1-2-12)为一维稳态导热情况下傅里叶定律的数学表达式。实际上，该式只是物质导热系数的定义式。将其拓展到三维空间内，介质内导热系数呈现各向同性时，单位面积的热流密度与温度梯度成正比，即

$$\boldsymbol{q} = -\lambda \nabla T = \left(-\lambda \frac{\partial T}{\partial x},\ -\lambda \frac{\partial T}{\partial y},\ -\lambda \frac{\partial T}{\partial z}\right) \tag{1-2-13}$$

对流引起的热量传递是指由于流体的宏观运动，使得流体各部分之间发生相对位移、冷热流体相互掺混而引起的热迁移现象。与导热不同，对流传热仅存在于流体中。此外，

由于在对流传热过程中，流体中的分子同时在进行不规则的热运动，所以对流传热中总的传热是分子随机运动与流体整体运动所导致的热量传输的叠加。换言之，对流传热必然会伴随有导热现象发生，习惯上将这种叠加作用的热量传输称为对流，而流体整体运动导致的热量传输称为平流。在工程问题中，常常遇到的是流体流过固体表面时的热量传递过程，这个过程称为对流换热。从传热机理上来说，对流换热实际上是处在流动状态下流体的导热，其主要特点是作为传热介质的流体在流动，而且各部分之间有温度差异。同质量输运类似，造成对流换热的对流可以分为强制对流和自然对流两大类。

如图 1-3 所示，对流换热引起的热流密度可用牛顿冷却公式计算，即

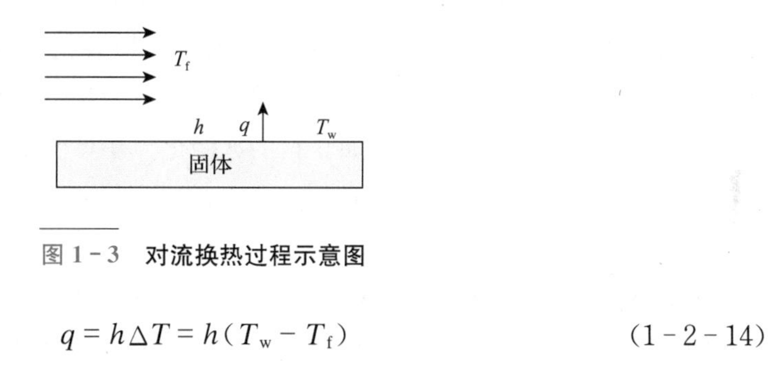

图 1-3 对流换热过程示意图

$$q = h\Delta T = h(T_w - T_f) \tag{1-2-14}$$

式中：h 为固体表面的换热系数[$W/(m^2 \cdot K)$]；T_w 和 T_f 分别为固体表面温度和流体温度(K)。实际上，式(1-2-14)只是换热系数的定义式，并没有反映出对流换热的内在规律。通过上一小节介绍，我们知道，当固体保持不动时，在流体与固体交界面处，由于黏性的影响，流体的速度为零，因此流固交界面处仅存在导热，而没有对流传热，热流密度可以通过傅里叶定律计算得到：

$$q_w = -\lambda_f \left.\frac{\partial T_f}{\partial x}\right|_{x=0^+} \tag{1-2-15}$$

联立式(1-2-14)和式(1-2-15)，可以得出下式：

$$h = -\frac{\lambda_f}{T_w - T_f}\left.\frac{\partial T_f}{\partial x}\right|_{x=0^+} \tag{1-2-16}$$

从式(1-2-16)可以看出，换热系数的值由流体导热系数和温度分布，特别是贴近固体壁面处的温度梯度决定，后者和流体的性质和流动状态有很强的相关性，如流动速度的大小及其分布，流动为层流还是湍流，促使流动的动力(强制对流或自然对流)，壁面形状和位置、特征尺寸等。一般来说，强制对流换热系数要远远高于自然对流换热系数。

热辐射是指自然界中物体因为热的原因而发出辐射能的现象。不同于导热和对流这两种热量传递方式，热辐射可以在真空中传递，不需借助介质，且在真空中的传递效率最高。自然界中所有物体每时每刻都在不停地向空间发出热辐射，同时也在不断吸收其他物

体发出的热辐射，这两个过程的综合结果就是物体间以热辐射方式进行热量传递，即辐射换热。绝对黑体在单位时间内发出的辐射热量为

$$Q = A\sigma T^4 \tag{1-2-17}$$

上式为斯特凡－玻尔兹曼定律(Stefan-Boltzmann Law)，其中 σ 为斯特凡－玻尔兹曼常量，即黑体辐射常数，其值为 5.67×10^{-8} W/($\mathrm{m^2\cdot K^4}$)。计算自然界中实际物体辐射热流量时，需根据其发射率 ε 对上式进行修正，即

$$Q = \varepsilon A\sigma T^4 \tag{1-2-18}$$

除此之外，物质相变过程也伴随着热量传输过程，如水的凝结和融化过程。一般将物质在加热(冷却)过程中，温度升高(降低)而不改变其原有相态所需吸收(放出)的热量称为显热；而将物质相态发生变化，但温度不发生变化时所吸收(放出)的热量称为潜热。相变过程中的热量交换称为潜热交换，如 0 ℃ 的冰融化为 0 ℃ 的水时吸收一定的热量的过程。相变潜热不仅可以发生在固液气三相之间(如液体气化的蒸发热、固体融化的溶解热和固体升华的升华热等)，也可以发生在固相和固相之间，这主要是由于许多固体在不同温度和压强下的结晶形式并不相同。一种固相转变为另一种固相的过程称为同素异晶转变，在这个过程中也会产生相变潜热。沸腾和凝结是传热传质分析中最常遇到的两种相变换热情况。

1.2.4 电子、离子传导

电子和离子在导电介质中的传导过程往往并不是无摩擦过程，也就是说，必须有作用力作用在电荷上才会发生电荷传输过程。本书只讲述由于电势梯度引起的电子和离子传输过程，其数学表达式与导热过程和扩散过程类似，一维方向的电荷流通量为

$$j = -\sigma\frac{\mathrm{d}V}{\mathrm{d}x} \tag{1-2-19}$$

式中：j 为电荷流通量，其单位为 A/m^2 或 C/($\mathrm{m^2\cdot s}$)，与电流密度的量纲相同，表征单位时间内通过单位面积的导电介质的电荷量；σ(S/m)为电导率，其物理意义为导电介质在电势梯度作用下允许电荷通过的能力；$\mathrm{d}V/\mathrm{d}x$ 为电势梯度。对于各向同性的导电介质，上式可写为

$$\boldsymbol{j} = -\sigma\nabla V = \left(-\sigma\frac{\partial V}{\partial x},\ -\sigma\frac{\partial V}{\partial y},\ -\sigma\frac{\partial V}{\partial z}\right) \tag{1-2-20}$$

很显然，电荷输运过程会产生一定的电压损失，对于截面积为 A，长度为 L 的导电介质，根据式(1－2－19)可知，

$$|j| = \sigma\frac{V}{L} \Rightarrow V = |j|\frac{L}{\sigma} = I\frac{L}{A\sigma} = IR \tag{1-2-21}$$

上式右侧即为欧姆定律 $V=IR$，其中 I(A)为电流，与电流密度关系为 $I=|j|A$，导电介质的电阻为 $R=\frac{L}{A\sigma}$。电荷在传输过程中，由于电压损失产生的热量可以用焦耳定律(Joule’s Law)表示，即

$$Q=I^2Rt \tag{1-2-22}$$

1.3 守恒方程

1.3.1 雷诺输运定理

在分析流体流动与传热传质问题的过程中，系统是指某一确定的流体质点的集合，系统之外统称为外界，系统与外界之间的界面称为系统的边界(不一定真实存在)。系统与外界间没有质量交换，但可以存在力的相互作用及能量交换。我们知道，力学中的一些基本定律(如牛顿三大定律)都是建立在以质点为研究对象基础上的。因此，在以系统为研究对象时，这些基本定律可以直接应用到系统上，这种描述方法称为拉格朗日描述。但在针对大多数流体流动与传热传质问题的研究过程中，使用系统作为研究对象建立起的基本方程在应用过程中并不方便，这是因为我们往往更为关心流体物理量的分布，而不是某些流体质点的运动规律。例如，我们在设计飞机机翼的外部形状时，更为关心的是机翼外表面附近流体的物理量(如速度)分布，而不是哪些流体质点流过机翼表面[7]。为此，人们引入了控制体的概念。

控制体指的是流体空间中以流体边界(不一定真实存在)包围的固定不动的空间体积，其中包围该空间体积的流体边界面称为控制面。不同于系统的概念，控制体可通过控制面与外界有质量交换，同样也可以有能量交换和力的相互作用。因此，控制体内的流体质点并非固定不变的。仍以上述机翼表面为例进行说明，事实上在机翼表面上，每个时刻流过机翼表面的流体质点组成并不相同。以控制体为研究对象的描述方法称为欧拉描述。

我们知道，自然界中的传热传质过程必然满足质量、动量和能量守恒定律。除此之外，对于我们关注的多物理场传热传质问题中的其他物理量，其传输过程也必须满足相应的守恒定律，对这些守恒定律进行正确的数学描述是我们将物理问题演绎为数学问题的重要一环。在这个过程中，拉格朗日描述着眼于流体质点，认为流体各质点的物理量是随流体质点及时间发生变化的，因此拉格朗日描述也称为随体描述；欧拉描述着眼于空间点，认为流体物理量随空间点及时间发生变化。定义在控制体内的函数称为“场”，对于标量函数，该场即为标量场，如压力场、温度场等；对于矢量函数，该场则称为矢量场，如速度场等。在这个空间场内，我们并不关注是哪些质点出现在这些空间点上，而只关注这个空间场内各物理量的变化，这也是欧拉描述与拉格朗日描述的最主要区别之一。一般来

说，研究流体流动与传热传质过程大多应用的是欧拉描述方法。

流体质点物理量随时间的变化率，也就是跟随流体质点运动时观测到的质点物理量的时间变化率，称之为随体导数。在拉格朗日描述中，物理量 f 表示为流体质点和时间的函数 $f(a,b,c,t)$，因此 $\frac{\partial f}{\partial t}$ 即为质点 (a,b,c) 在时刻 t 的随体导数。但是，在欧拉描述中，物理量 f 则表示为 $F(x,y,z,t)$，由于 (x,y,z) 只表示某一特定空间点，其对应的流体质点并不固定，因此 $\frac{\partial F}{\partial t}$ 并不表示随体导数，事实上在欧拉描述中，物理量 $f=F(x,y,z,t)$ 的随体导数 $\frac{\mathrm{d}F}{\mathrm{d}t}$ 应表示为

$$
\begin{aligned}
\frac{\mathrm{d}F(x,y,z,t)}{\mathrm{d}t} &= \frac{\mathrm{d}}{\mathrm{d}t}F[x(a,b,c,t),y(a,b,c,t),z(a,b,c,t),t] \\
&= \frac{\partial F}{\partial x}\frac{\partial x}{\partial t}+\frac{\partial F}{\partial y}\frac{\partial y}{\partial t}+\frac{\partial F}{\partial z}\frac{\partial z}{\partial t}+\frac{\partial F}{\partial t} \\
&= \frac{\partial F}{\partial x}u+\frac{\partial F}{\partial y}v+\frac{\partial F}{\partial z}w+\frac{\partial F}{\partial t} \\
&= \frac{\partial F}{\partial t}+\boldsymbol{u}\cdot\nabla F
\end{aligned}
\tag{1-3-1}
$$

式中：$\frac{\partial F}{\partial t}$ 表示空间点 (x, y, z) 上物理量 f 的时间变化率，称为局部导数；$\boldsymbol{u}\cdot\nabla F$ 为由于空间位置变化引起的物理量 f 的变化，称为位变导数。

如前所述，以质点为研究对象搭建的力学基本定律与拉格朗日描述方法是一致的，因此可以直接适用于系统中。但是，在欧拉描述方法中，由于控制体中的质点并不固定，这些力学基本定律并不能直接应用于控制体中。为使用欧拉描述方法在控制体内应用力学基本定律，我们需要将力学定律中的系统物理量的体积分对时间的导数改写为控制体的积分，这便是雷诺输运定理的由来。换言之，雷诺输运定理是将系统内流体参数的变化与控制体内参数的变化联系起来的桥梁。图 1-4 为系统与控制体示意图。

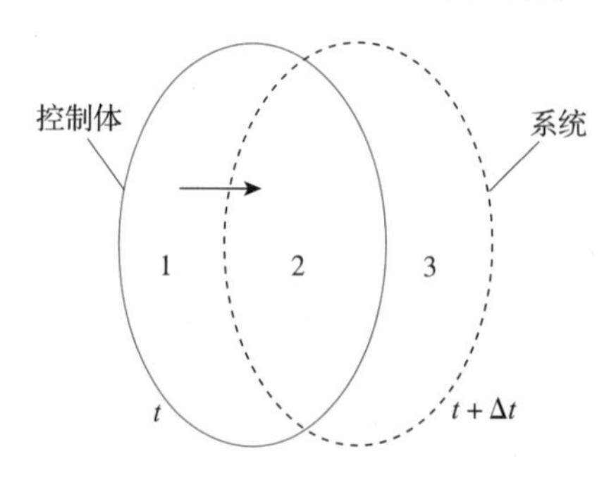

图 1-4　系统与控制体示意图

对于某一物理量 I，选择图 1－4 中左侧区域为控制体，t 时刻该控制体区域内流体总物理量为 $I(t)=I_1(t)+I_2(t)$，假设 $t+\Delta t$ 时刻控制体内所有流体质点运动到图 1－4 中右侧区域，此时总物理量为 $I(t+\Delta t)=I_2(t+\Delta t)+I_3(t+\Delta t)$，则该系统在时刻 t 的物理量变化率为

$$\begin{aligned}\left(\frac{\mathrm{d}I}{\mathrm{d}t}\right)_{\mathrm{sys}}&=\lim_{\Delta t\to 0}\frac{I(t+\Delta t)-I(t)}{\Delta t}\\&=\lim_{\Delta t\to 0}\frac{I_2(t+\Delta t)+I_3(t+\Delta t)-I_1(t)-I_2(t)}{\Delta t}\\&=\lim_{\Delta t\to 0}\frac{I_1(t+\Delta t)+I_2(t+\Delta t)-I_1(t)-I_2(t)}{\Delta t}\\&\quad+\lim_{\Delta t\to 0}\frac{I_3(t+\Delta t)}{\Delta t}-\lim_{\Delta t\to 0}\frac{I_1(t+\Delta t)}{\Delta t}\\&=\frac{\partial I_{\mathrm{CV}}}{\partial t}+\lim_{\Delta t\to 0}\frac{I_3(t+\Delta t)}{\Delta t}-\lim_{\Delta t\to 0}\frac{I_1(t+\Delta t)}{\Delta t}\end{aligned}\tag{1-3-2}$$

式中：$\frac{\partial I_{\mathrm{CV}}}{\partial t}$ 为控制体内该物理量变化率；$\left(\lim_{\Delta t\to 0}\frac{I_3(t+\Delta t)}{\Delta t}-\lim_{\Delta t\to 0}\frac{I_1(t+\Delta t)}{\Delta t}\right)$ 为控制体净输出的物理量之和。因此，在某一时刻，控制体内所包含流体质点组成系统总物理量的时间变化率，等于该时刻控制体中物理量的时间变化率与单位时间内通过控制面净输运的物理量之和，该定理即为雷诺输运定理。

1.3.2　质量守恒方程

我们知道，在宏观领域，质量既不能凭空产生，也不会凭空消失，即质量是守恒的。但是，如前所述，质量守恒定律并不能直接应用于欧拉描述下的控制体。因此，本小节我们介绍推导控制体中质量守恒方程的方法。

在直角坐标系下，选取一平行六面体微元为控制体，如图 1－5 所示。在 t 时刻，A 点密度为 $\rho(x,y,z,t)$，x、y、z 三个方向的速度分量分别为 $u(x,y,z,t)$、$v(x,y,z,t)$、

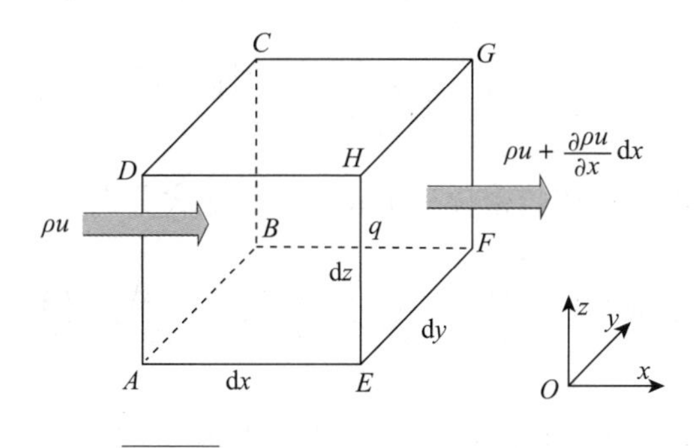

图 1－5　六面体微元控制体示意图

$w(x,y,z,t)$。Δt 时间内流入 $ABCD$ 面的质量为 $\rho u\mathrm{d}y\mathrm{d}z\Delta t$，同时在 $EFGH$ 面流出控制体的质量为 $\rho u\mathrm{d}y\mathrm{d}z\Delta t+\frac{\partial}{\partial x}(\rho u\mathrm{d}y\mathrm{d}z\Delta t)\mathrm{d}x$。则在 Δt 时间内，Ox 方向的质量净流出质量为 $\frac{\partial}{\partial x}(\rho u)\mathrm{d}x\mathrm{d}y\mathrm{d}z\Delta t$；同理，$\Delta t$ 时间内 Oy、Oz 方向的净流出质量分别为 $\frac{\partial}{\partial y}(\rho v)\mathrm{d}x\mathrm{d}y\mathrm{d}z\Delta t$、$\frac{\partial}{\partial z}(\rho w)\mathrm{d}x\mathrm{d}y\mathrm{d}z\Delta t$。因此，$\Delta t$ 时间内控制体的净流出质量为

$$\left[\frac{\partial}{\partial x}(\rho u)+\frac{\partial}{\partial y}(\rho v)+\frac{\partial}{\partial z}(\rho w)\right]\mathrm{d}x\mathrm{d}y\mathrm{d}z\Delta t \tag{1-3-3}$$

Δt 时间内控制体内质量将减少

$$-\frac{\partial\rho}{\partial t}\mathrm{d}x\mathrm{d}y\mathrm{d}z\Delta t \tag{1-3-4}$$

根据质量守恒定律，Δt 时间内控制体内减少的质量与同一时间内通过控制体表面流出的质量相等，即

$$-\frac{\partial\rho}{\partial t}\mathrm{d}x\mathrm{d}y\mathrm{d}z\Delta t=\left[\frac{\partial}{\partial x}(\rho u)+\frac{\partial}{\partial y}(\rho v)+\frac{\partial}{\partial z}(\rho w)\right]\mathrm{d}x\mathrm{d}y\mathrm{d}z\Delta t \tag{1-3-5}$$

则可推导得到直角坐标系下流体运动的微分形式的质量守恒方程，或称为连续性方程：

$$\frac{\partial\rho}{\partial t}+\frac{\partial}{\partial x}(\rho u)+\frac{\partial}{\partial y}(\rho v)+\frac{\partial}{\partial z}(\rho w)=0 \tag{1-3-6}$$

根据散度(散度表征的是空间各点矢量场发散的强弱程度，其物理意义是矢量场的有源性)公式[9]，可知，在笛卡尔坐标系中，对于任意向量场 $\mathbf{A}$，有下式成立：

$$\nabla\cdot\mathbf{A}=\frac{\partial A_x}{\partial x}+\frac{\partial A_y}{\partial y}+\frac{\partial A_z}{\partial z} \tag{1-3-7}$$

式中：∇为哈密顿算子，其本身并无实际意义，其表达式为

$$\nabla=\frac{\partial}{\partial x}\boldsymbol{i}+\frac{\partial}{\partial y}\boldsymbol{j}+\frac{\partial}{\partial z}\boldsymbol{k} \tag{1-3-8}$$

并且，梯度、散度和旋度均可用哈密顿算子表示，表达式分别为

$$\nabla A=\mathrm{grad}(A)=\frac{\partial A}{\partial x}\boldsymbol{i}+\frac{\partial A}{\partial y}\boldsymbol{j}+\frac{\partial A}{\partial z}\boldsymbol{k}=\left(\frac{\partial A}{\partial x},\ \frac{\partial A}{\partial y},\ \frac{\partial A}{\partial z}\right) \tag{1-3-9}$$

$$\nabla\cdot\mathbf{A}=\mathrm{div}(\mathbf{A})=\frac{\partial A_x}{\partial x}+\frac{\partial A_y}{\partial y}+\frac{\partial A_z}{\partial z} \tag{1-3-10}$$

$$\nabla\times\boldsymbol{A}=\mathrm{rot}(\boldsymbol{A})=\begin{vmatrix}\boldsymbol{i} & \boldsymbol{j} & \boldsymbol{k}\\ \dfrac{\partial}{\partial x} & \dfrac{\partial}{\partial y} & \dfrac{\partial}{\partial z}\\ A_x & A_y & A_z\end{vmatrix} \tag{1-3-11}$$

$$=\left(\frac{\partial A_z}{\partial y}-\frac{\partial A_y}{\partial z},\ \frac{\partial A_x}{\partial z}-\frac{\partial A_z}{\partial x},\ \frac{\partial A_y}{\partial x}-\frac{\partial A_x}{\partial y}\right)$$

其与拉普拉斯算子 Δ(Laplace Operator)的关系为

$$\Delta=\nabla\cdot\nabla=\nabla^2 \tag{1-3-12}$$

据此，可以将式(1-3-6)写为

$$\frac{\partial\rho}{\partial t}+\nabla\cdot(\rho\boldsymbol{u})=0 \tag{1-3-13}$$

式中：左侧第一项表示单位体积内由于密度场的不定常性引起的质量变化率，第二项则表示流出单位控制体表面的质量。

接下来我们介绍另一种更为普适的利用欧拉描述方法推导质量守恒方程的方法。任取一控制体 τ，包围该控制体的面为控制面 S，$\boldsymbol{n}$ 为控制面 S 外法线(正方向)的单位矢量。由于控制体内密度场的不定常性，单位时间内控制体内的质量将减少 $-\int_\tau\frac{\partial\rho}{\partial t}\delta\tau$ ，同时通过控制面 S 流出控制体的质量为 $\int_S\rho u_{\mathrm{n}}\delta S$ 。根据质量守恒定律，单位时间内控制体内的质量减少量等于通过控制面流出的质量，即：

$$-\int_\tau\frac{\partial\rho}{\partial t}\delta\tau=\int_S\rho\boldsymbol{u}_{\mathrm{n}}\delta S \tag{1-3-14}$$

利用奥斯特罗格拉特斯基-高斯(ОcmpoTpagckuй-Gauss)(简称“奥高”)公式(反映面积分和三重积分的联系)将式(1-3-14)中的面积分转化为体积分，即

$$\int_S\rho u_{\mathrm{n}}\delta S=\int_\tau\nabla\cdot(\rho\boldsymbol{u})\delta\tau \tag{1-3-15}$$

可推导得出下式：

$$\int_\tau\left(\frac{\partial\rho}{\partial t}+\nabla\cdot(\rho\boldsymbol{u})\right)\delta\tau=0 \tag{1-3-16}$$

由于控制体 τ 的任意性，且被积函数连续，由此即可推导得出连续性方程，即式(1-3-13)。

1.3.3　动量守恒方程

同上述连续性方程的推导过程一样，取控制体 τ，其控制面为 S，力 $\boldsymbol{F}$ 为作用在控制

体中单位质量上的质量力的分布函数，$\boldsymbol{p}_{\mathrm{n}}$ 为作用在单位面积上的面力分布函数(面法向向量为 $\boldsymbol{n}$)。根据动量定理，我们知道，控制体 τ 内流体动量的变化率等于作用在该控制体中的质量力和面力之和，控制体 τ 内的动量变化率为

$$\frac{\mathrm{d}}{\mathrm{d}t}\int_{\tau}\rho\boldsymbol{u}\delta\tau \tag{1-3-17}$$

同时，作用于控制体中的质量力和面力之和为

$$\int_{\tau}\rho\boldsymbol{F}\delta\tau+\int_{S}\boldsymbol{p}_{\mathrm{n}}\delta S \tag{1-3-18}$$

依据动量定理，有下式成立：

$$\frac{\mathrm{d}}{\mathrm{d}t}\int_{\tau}\rho\boldsymbol{u}\delta\tau=\int_{\tau}\rho\boldsymbol{F}\delta\tau+\int_{S}\boldsymbol{p}_{\mathrm{n}}\delta S \tag{1-3-19}$$

依据雷诺输运定理，可知控制体内所包含流体质点组成系统总物理量的时间变化率等于该时刻控制体中物理量的时间变化率与单位时间内通过控制面净输运的物理量之和，则式(1-3-19)左侧表达式可写为

$$\frac{\mathrm{d}}{\mathrm{d}t}\int_{\tau}\rho\boldsymbol{u}\delta\tau=\int_{\tau}\frac{\partial(\rho\boldsymbol{u})}{\partial t}\delta\tau+\int_{S}\rho u_{\mathrm{n}}\boldsymbol{u}\delta S \tag{1-3-20}$$

$$\int_{\tau}\frac{\partial(\rho\boldsymbol{u})}{\partial t}\delta\tau+\int_{S}\rho u_{\mathrm{n}}\boldsymbol{u}\delta S=\int_{\tau}\rho\boldsymbol{F}\delta\tau+\int_{S}\boldsymbol{p}_{\mathrm{n}}\delta S \tag{1-3-21}$$

上式即为积分形式的运动方程，事实上，式(1-3-20)左侧表达式还可以写为 $\int_{\tau}\rho\frac{\mathrm{d}\boldsymbol{u}}{\mathrm{d}t}\delta\tau$，即有下式成立：

$$\frac{\mathrm{d}}{\mathrm{d}t}\int_{\tau}\rho\boldsymbol{u}\delta\tau=\int_{\tau}\rho\frac{\mathrm{d}\boldsymbol{u}}{\mathrm{d}t}\delta\tau \tag{1-3-22}$$

证明过程如下，对于标量 φ，有

$$\frac{\mathrm{d}}{\mathrm{d}t}\int_{\tau}\rho\varphi\delta\tau=\frac{\mathrm{d}}{\mathrm{d}t}\int_{\tau}\varphi\delta m=\int_{\tau}\frac{\mathrm{d}}{\mathrm{d}t}(\varphi\delta m)=\int_{\tau}\frac{\mathrm{d}\varphi}{\mathrm{d}t}\delta m+\int_{\tau}\varphi\frac{\mathrm{d}}{\mathrm{d}t}\delta m \tag{1-3-23}$$

根据质量守恒定律，有下式成立：

$$\frac{\mathrm{d}m}{\mathrm{d}t}=\frac{\mathrm{d}}{\mathrm{d}t}\int_{\tau}\rho\delta\tau=\int_{\tau}\frac{\mathrm{d}}{\mathrm{d}t}\delta m=0 \tag{1-3-24}$$

因此，

$$\frac{\mathrm{d}}{\mathrm{d}t}\int_{\tau}\rho\varphi\delta\tau=\int_{\tau}\frac{\mathrm{d}\varphi}{\mathrm{d}t}\delta m \tag{1-3-25}$$

上式将标量 φ 替换为任意矢量同样适用，因此有

$$\int_{\tau}\rho\frac{\mathrm{d}\boldsymbol{u}}{\mathrm{d}t}\delta\tau=\int_{\tau}\rho\boldsymbol{F}\delta\tau+\int_{S}\boldsymbol{p}_{\mathrm{n}}\delta S \tag{1-3-26}$$

对于任一点的应力分布状况，可利用二阶张量 $\boldsymbol{P}$ 进行表示[10]，即

$$\boldsymbol{P}=\begin{pmatrix} p_{xx} & p_{xy} & p_{xz} \\ p_{yx} & p_{yy} & p_{yz} \\ p_{zx} & p_{zy} & p_{zz} \end{pmatrix} \tag{1-3-27}$$

根据作用于面上的合面力矩等于零，可以证明 $\boldsymbol{P}$ 为二阶对称张量，即 $p_{xy}=p_{yx}$，$p_{xz}=p_{zx}$，$p_{yz}=p_{zy}$，其中对角线分量 p_{xx}、p_{yy}、p_{zz} 为法向应力，非对角线分量为切向应力，并且任一法向向量为 $\boldsymbol{n}$ 的面上的应力 $\boldsymbol{p}_{\mathrm{n}}$ 可用二阶对称张量 $\boldsymbol{P}$ 求得，即

$$\boldsymbol{p}_{\mathrm{n}}=\boldsymbol{n}\cdot\boldsymbol{P} \tag{1-3-28}$$

进一步地，利用奥高公式，可将式(1-3-26)右侧第二项改写为

$$\int_{S}\boldsymbol{p}_{\mathrm{n}}\delta S=\int_{S}\boldsymbol{n}\cdot\boldsymbol{P}\delta S=\int_{\tau}\nabla\cdot\boldsymbol{P}\delta\tau \tag{1-3-29}$$

从而，有下式成立：

$$\int_{\tau}\rho\frac{\mathrm{d}\boldsymbol{u}}{\mathrm{d}t}\delta\tau=\int_{\tau}\rho\boldsymbol{F}\delta\tau+\int_{\tau}\nabla\cdot\boldsymbol{P}\delta\tau\Rightarrow\int_{\tau}\rho\frac{\mathrm{d}\boldsymbol{u}}{\mathrm{d}t}\delta\tau=\int_{\tau}(\rho\boldsymbol{F}+\nabla\cdot\boldsymbol{P})\delta\tau \tag{1-3-30}$$

由控制体 τ 的任意性，可推导得出微分形式的运动方程，即

$$\rho\frac{\mathrm{d}\boldsymbol{u}}{\mathrm{d}t}=\rho\boldsymbol{F}+\nabla\cdot\boldsymbol{P} \tag{1-3-31}$$

式中：左侧一项表示单位体积上的惯性力；右侧第一项表示单位体积上的质量力；右侧第二项表示单位体积上应力张量的散度，其为体积力分布函数，且与面力等效。

根据欧拉描述中随体导数计算公式，上式还可写为

$$\rho\left(\frac{\partial\boldsymbol{u}}{\partial t}+\boldsymbol{u}\cdot\nabla\boldsymbol{u}\right)=\rho\boldsymbol{F}+\nabla\cdot\boldsymbol{P} \tag{1-3-32}$$

写成分量形式则为

$$\begin{cases}\rho\left(\dfrac{\partial u}{\partial t}+u\dfrac{\partial u}{\partial x}+v\dfrac{\partial u}{\partial y}+w\dfrac{\partial u}{\partial z}\right)=\rho F_x+\dfrac{\partial p_{xx}}{\partial x}+\dfrac{\partial p_{xy}}{\partial y}+\dfrac{\partial p_{xz}}{\partial z}\\ \rho\left(\dfrac{\partial v}{\partial t}+u\dfrac{\partial v}{\partial x}+v\dfrac{\partial v}{\partial y}+w\dfrac{\partial v}{\partial z}\right)=\rho F_y+\dfrac{\partial p_{yx}}{\partial x}+\dfrac{\partial p_{yy}}{\partial y}+\dfrac{\partial p_{yz}}{\partial z}\\ \rho\left(\dfrac{\partial w}{\partial t}+u\dfrac{\partial w}{\partial x}+v\dfrac{\partial w}{\partial y}+w\dfrac{\partial w}{\partial z}\right)=\rho F_z+\dfrac{\partial p_{zx}}{\partial x}+\dfrac{\partial p_{zy}}{\partial y}+\dfrac{\partial p_{zz}}{\partial z}\end{cases} \tag{1-3-33}$$

1.3.4 能量守恒方程

与质量守恒方程和动量守恒方程的推导类似，任取一控制体 τ，其控制面为 S。控制体内能量守恒定律可表述为控制体 τ 内能量(动能和内能)变化率等于单位时间内质量力和面力所做的功和单位时间内传输到控制体 τ 的能量。控制体内能量变化率为

$$\frac{\mathrm{d}}{\mathrm{d}t}\int_{\tau}\rho\left(e+\frac{1}{2}\boldsymbol{u}^{2}\right)\mathrm{d}\tau \tag{1-3-34}$$

式中：e 和$\frac{1}{2}\boldsymbol{u}^{2}$ 分别表示单位质量动能和内能，质量力和面力所做的功分别为

$$\int_{\tau}\rho\boldsymbol{F}\cdot\boldsymbol{u}\,\mathrm{d}\tau \tag{1-3-35}$$

$$\int_{S}\boldsymbol{p}_{\mathrm{n}}\cdot\boldsymbol{u}\,\mathrm{d}S \tag{1-3-36}$$

根据傅里叶导热定律可知，单位时间内由热传导经由控制面 S 传输到控制体 τ 内的热量为

$$\int_{S}\lambda\frac{\partial T}{\partial\boldsymbol{n}}\mathrm{d}S \tag{1-3-37}$$

同时，单位时间内由于热辐射或其他原因传入控制体 τ 内的热量为

$$\int_{\tau}\rho q\,\mathrm{d}\tau \tag{1-3-38}$$

式中：q 为由于热辐射或其他原因传入单位质量的热量分布函数。因此能量方程可写为

$$\begin{aligned}&\frac{\mathrm{d}}{\mathrm{d}t}\int_{\tau}\rho\left(e+\frac{1}{2}\boldsymbol{u}^{2}\right)\mathrm{d}\tau\\&=\int_{\tau}\rho\boldsymbol{F}\cdot\boldsymbol{u}\mathrm{d}\tau+\int_{S}\boldsymbol{p}_{\mathrm{n}}\cdot\boldsymbol{u}\mathrm{d}S+\int_{S}\lambda\frac{\partial T}{\partial\boldsymbol{n}}\mathrm{d}S+\int_{\tau}\rho q\,\mathrm{d}\tau\end{aligned} \tag{1-3-39}$$

上式即为积分形式的能量方程，利用奥高公式，将上式中面积分转换为体积分，即

$$\int_{S}\boldsymbol{p}_{\mathrm{n}}\cdot\boldsymbol{u}\mathrm{d}S=\int_{S}(\boldsymbol{nP})\cdot\boldsymbol{u}\mathrm{d}S=\int_{S}\boldsymbol{n}\cdot(\boldsymbol{Pu})\mathrm{d}S=\int_{\tau}\nabla\cdot(\boldsymbol{Pu})\mathrm{d}\tau \tag{1-3-40}$$

$$\int_{S}\lambda\frac{\partial T}{\partial\boldsymbol{n}}\mathrm{d}S=\int_{\tau}\nabla\cdot(\lambda\nabla T)\mathrm{d}\tau \tag{1-3-41}$$

则有下式成立：

$$\int_{\tau}\rho\frac{\mathrm{d}}{\mathrm{d}t}\left(e+\frac{1}{2}\boldsymbol{u}^2\right)\mathrm{d}\tau = \int_{\tau}\rho\boldsymbol{F}\cdot\boldsymbol{u}\mathrm{d}\tau + \int_{\tau}\nabla\cdot(\boldsymbol{Pu})\mathrm{d}\tau + \int_{\tau}\nabla\cdot(\lambda\nabla T)\mathrm{d}\tau + \int_{\tau}\rho q\mathrm{d}\tau \tag{1-3-42}$$

假定被积函数连续，且由控制体 τ 任意性可知：

$$\rho\frac{\mathrm{d}}{\mathrm{d}t}\left(e+\frac{1}{2}\boldsymbol{u}^2\right) = \rho\boldsymbol{F}\cdot\boldsymbol{u} + \nabla\cdot(\boldsymbol{Pu}) + \nabla\cdot(\lambda\nabla T) + \rho q \tag{1-3-43}$$

上式即为微分形式的能量守恒方程。对于不可压缩流体或固体，内能可近似表示为 $c_{\mathrm{p}}T$。同时，上式右侧第一、二和第四项均可认为是能量方程源项 S_{T}。结合随体导数公式(1-3-1)，则式(1-3-43)可写为

$$\frac{\partial\rho c_{\mathrm{p}}T}{\partial t} + \nabla\cdot(\rho c_{\mathrm{p}}\boldsymbol{u}T) = \nabla\cdot(\lambda\nabla T) + S_{\mathrm{T}} \tag{1-3-44}$$

上式等号左侧第一项表示单位时间内的能量变化率，第二项表示单位体积内由对流作用传入的热量；右侧第一项表示由导热传入的热量，第二项则表示由于做功、辐射等产生的热量。

1.3.5　组分质量守恒方程

对于包含多种组分的混合物质而言，如包含多种气体组分的混合气体，其中任何一种组分的质量满足守恒定律。具体可以表述为控制体内某种组分的质量对时间的变化率等于单位时间内通过控制面的扩散通量与控制体内该组分的生产率之和。同前文中守恒方程的推导过程类似，可得出控制体内质量守恒方程为

$$\frac{\partial\rho Y_i}{\partial t} + \nabla\cdot(\rho\boldsymbol{u}Y_i) = \nabla\cdot(\rho D\nabla Y_i) + S_i \tag{1-3-45}$$

式中：Y_i 表示组分 i 的质量分数；D 为扩散系数($\mathrm{m^2/s}$)；S_i 为组分 i 的生成或消耗源项[$\mathrm{kg/(m^3\cdot s)}$]。上式等号左侧第一项表示单位体积内该组分的质量变化率，第二项表示由于对流作用流出单位体积表面的质量；右侧第一项则表示由于扩散作用流出单位体积表面的质量，第二项表示该组分的生成或消耗源项。

对于包含 N 种组分的混合物质而言，共包含($N-1$)个独立的组分质量守恒方程，第 N 种组分的质量分数由 1.0 减去其他($N-1$)种组分的质量分数之和得到，N 个组分质量守恒方程相加即为混合物质的整体质量守恒方程。

1.4　多孔介质中的传热传质过程

在工程应用中对多物理场传热传质过程进行分析时，经常会遇到一类物质，这类物质

具有非常微小的孔隙结构，其比表面积数值很大，这类物质统称为多孔介质。其由多孔固体骨架构成，孔隙空间中充满单相或多相介质，其中固体骨架遍及多孔介质所占据的体积空间，孔隙空间相互连通。多孔介质中的介质为流体，为气相、液相或者气液两相共存状态。典型的多孔介质有金属泡沫、人体肝脏、海绵、土壤、砂岩、碳纸等[11]。

本章主要讨论宏观尺度下，多孔介质中的传热传质过程，即假设多孔介质中孔隙尺寸远大于流体分子平均自由程，故连续介质假设仍然成立。此外，多孔介质中的孔隙尺寸又必须足够小，这样流体流动过程中才会受到流体和固体界面的黏附力，当多孔介质中存在多相流体时，流体与流体界面上的黏附力也会对流体流动产生作用。这一假设主要是为了将网络管道排除在多孔介质的定义之外。

在这一假设下，人们通常使用一种假想的、没有固定结构的流体与固体连续介质代替多相多孔介质。也就是说，将多孔介质中的流体(气体、液体)和固体均视为充满多孔介质的连续介质，其在空间各点连续分布，并具有确定的参数值，同时考虑其相互作用。显然，利用这种宏观方法得到的结果与真实多孔介质的微观状态并不完全相同，必要时需增加一些修正系数。例如，气体分子在金属泡沫或碳纸等多孔介质中扩散时，由于固体骨架的阻碍作用，扩散系数相比其在连续空间中的本征值明显要小，所以常常采用布鲁格曼(Bruegmann)经验式对其进行修正，之后才能作为多孔介质中的扩散系数。

如果多孔介质的各个参数在整个区域范围内所取的宏观平均值相同，这类多孔介质则称为均质多孔介质，否则为异质多孔介质。同时，如果多孔介质中一些宏观张量(如导热系数)的大小不随方向发生变化，称其具有各向同性，否则其具有各向异性。另外，在研究多孔介质中的传热传质过程时，根据多孔介质孔隙中流体的种类，可以将多孔介质分为以下三类：

1) 孔隙空间充满气体，称为干饱和多孔介质；

2) 孔隙空间充满液体，称为湿饱和多孔介质；

3) 孔隙空间同时存在气体和液体，称为非饱和多孔介质。

其中，干饱和和湿饱和多孔介质统称为饱和多孔介质，此时多孔介质中的流体流动过程为单相，而非饱和多孔介质中的流体流动过程为多相流动。

1.4.1 多孔介质参数

一般来说，表征多孔介质结构特征的主要参数包括：孔隙率、比面、迂曲度和孔径等，主要特性参数则包括饱和度和渗透率等，接下来对其含义进行具体介绍[12]。

1. 孔隙率

多孔介质的孔隙率是多孔介质内微小孔隙的总体积与其所占空间总体积的比值，一般用 ε 表示。实际上，孔隙率可分为两种：绝对孔隙率和有效孔隙率。前者是多孔介质中包含连通与不连通的所有微小孔隙的总体积与多孔介质所占空间总体积的比值；后者则是多孔介质中相互连通的微小孔隙的总体积与多孔介质所占空间总体积的比值。在分析多孔介质的传热传质过程时，通常用有效孔隙率。在本书中，除非特别说明，否则孔隙率均为有效孔隙率。

2. 比面

多孔介质比面是多孔介质中固体骨架表面积与多孔介质总体积的比值，一般用 Ω 表示。根据该定义可知，多孔介质中骨架分散程度越大，颗粒越细，比面越大。

3. 迂曲度

迂曲度是多孔介质中弯曲通道真实长度 L_e 与连接弯曲通道两端的直线长度 L 的比值，其表达式为

$$\tau = \frac{L_e}{L} \tag{1-4-1}$$

4. 孔径

一般而言，多孔介质的孔隙结构和分布往往十分复杂，至今仍然没有对孔径的准确定义，文献中提到的孔径往往是平均孔径，一般用 d_p 表示。孔径大小和分布对多孔介质的渗透性具有重要影响。此外，多孔介质中流体的雷诺数常常以孔径大小作为内部特征长度。一般常用每英寸长度包含孔的数目表示多孔介质中孔径大小，即 PPI(Pores Per Inch)。

5. 饱和度

当多孔介质中同时存在两种或两种以上互不相溶的流体时，其中一种流体占孔隙体积的百分比称为饱和度，一般用 s 表示。显然，在多孔介质中，所有流体的饱和度之和为1。

6. 渗透率

多孔介质渗透率表征在一定的流动驱动力下流体通过该多孔介质的难易程度，其值由达西(Darcy)定律定义，通常用 K(m^2)表示。达西定律是由法国工程师达西在1856年研究水通过饱和沙子时提出的。其实验结果表明，流体通过多孔介质时，流动速度与上、下游的压降之间存在线性关系，其表达式为

$$\boldsymbol{u} = -\mu^{-1}\boldsymbol{K} \cdot \nabla p \tag{1-4-2}$$

式中：$\boldsymbol{K}$ 为二阶张量；p 为压强(Pa)。对于各向同性多孔介质，上式可简化为

$$\boldsymbol{u} = -\frac{K}{\mu}\nabla p \tag{1-4-3}$$

式(1-4-3)中，系数 K 的大小只与多孔介质的结构参数有关，而与流体物性无关，称为绝对渗透率或固有渗透率。在研究单相流动时，其往往简称为渗透率，量纲为 m^2。其物理意义可以理解为多孔介质中孔隙通道面积的大小和孔隙弯曲程度，渗透率越高，多

孔介质的孔道面积也就越大。

1.4.2 体积平均方法

在前文中，我们推导得出了描述传热传质过程的基本控制方程。在推导过程中，需要选取控制体。类似地，在研究多孔介质中的传热传质过程时，仍然需要选取必要的控制体，即需要利用体积平均方法进行控制体选取。选取的控制体称为表征体元（Representative Elementary Volume，REV），如图 1－6 所示。我们关心的宏观变量即为表征体元中各变量的平均值，其具体值应与表征体元大小无关。一方面，表征体元应远大于多孔介质的孔隙尺寸；另一方面，表征体元还应远远小于宏观研究区域。

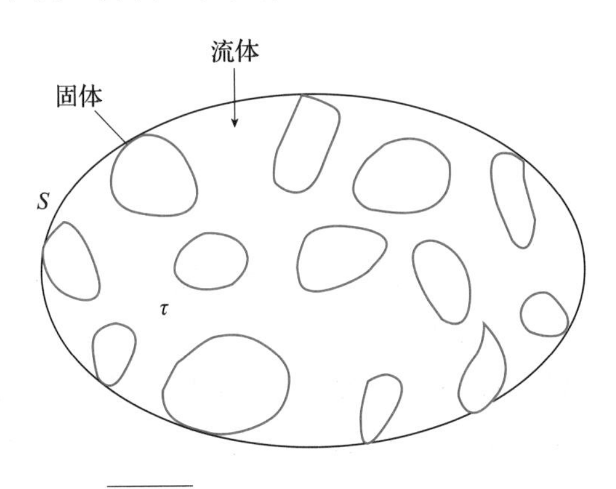

图 1－6　多孔介质表征体元示意图

1.4.3 多孔介质中的连续性方程

对于图 1－6 所示表征体元，其包含的控制体为 τ，控制面为 S。可以证明，控制面孔隙率与多孔介质平均体积孔隙率相等，均为 ε。单位时间内通过控制面 S 的流体流量为：

$$\int_S \rho_f \boldsymbol{u}_f \varepsilon \cdot \boldsymbol{n} \mathrm{d}S = \int_\tau \nabla \cdot (\rho_f \boldsymbol{u}_f \varepsilon) \mathrm{d}\tau \tag{1-4-4}$$

式中：ρ_f 为流体密度（kg/m^3）；$\boldsymbol{u}_f$ 为流体真实速度，或称物理速度。根据质量守恒定律可知，该控制体内单位时间的质量变化率与该单位时间内通过控制面的流体流量相同，即

$$-\int_\tau \frac{\partial \rho_f \varepsilon}{\partial t} \mathrm{d}\tau = \int_\tau \nabla \cdot (\rho_f \boldsymbol{u}_f \varepsilon) \mathrm{d}\tau \Rightarrow \int_\tau \left(\frac{\partial \rho_f \varepsilon}{\partial t} + \nabla \cdot (\rho_f \boldsymbol{u}_f \varepsilon) \right) \mathrm{d}\tau = 0 \tag{1-4-5}$$

由控制体唯一性，可推导得出多孔介质中微分形式的连续性方程为

$$\frac{\partial \rho_f \varepsilon}{\partial t} + \nabla \cdot (\rho_f \boldsymbol{v}_f) = 0 \tag{1-4-6}$$

式中：$\boldsymbol{v}_f$ 为表观速度或达西速度，其与真实速度的关系为 $\boldsymbol{v}_f = \varepsilon \boldsymbol{u}_f$。

1.4.4　达西定律

受多孔介质内部复杂的孔隙结构的影响，推导描述其内部流动过程的动量方程变得十分复杂。为此，人们普遍采用基于实验数据得出的经验公式描述多孔介质内部流动，如达西定律等。前文中已经给出了达西定律的表达式，在进一步考虑重力的影响时，其修正为

$$\nabla P = -\frac{\mu}{\boldsymbol{K}} v_{\mathrm{f}} + \rho \boldsymbol{g} \tag{1-4-7}$$

达西定律描述的是各向同性的均匀多孔介质中流体的一维稳态流动，表明多孔介质内部流体流动的速度与压力梯度满足线性关系，仅适用于牛顿流体。并且，达西定律仅适用于描述雷诺数较小的流动，一般 $Re<5$，其中特征长度 d_{p} 为多孔介质平均孔径，即

$$Re = \frac{\rho d_{\mathrm{p}} \boldsymbol{v}_{\mathrm{f}}}{\mu} \tag{1-4-8}$$

在雷诺数较大时，一般为 $Re>10$，流体流动惯性力进一步增大，这时就需要引入修正项考虑惯性力的影响，即

$$\nabla P = -\frac{\mu}{K} \boldsymbol{v}_{\mathrm{f}} - \rho C_{\mathrm{d}} \boldsymbol{v}_{\mathrm{f}}^{2} \tag{1-4-9}$$

式中：C_{d} 为修正系数。

式(1-4-9)称为非线性渗透定律，或福熙海麦定律(Forchheimer's Law)。

1.4.5　多孔介质中的能量方程

为简化计算，忽略多孔介质内部的辐射传热、流体流动引起的黏度耗散传热以及压力变化引起的做功。根据体积平均方法和能量守恒方程，我们可以推导出多孔介质内部的能量方程。对于多孔介质中的固体相而言，其内能增量等于导热传输的净热量与热源项之和，即

$$(1-\varepsilon)(\rho c)_{\mathrm{s}} \frac{\partial T_{\mathrm{s}}}{\partial t} = (1-\varepsilon)\nabla \cdot (\lambda_{\mathrm{s}} \nabla T_{\mathrm{s}}) + (1-\varepsilon) q_{\mathrm{s}} \tag{1-4-10}$$

对于流体相而言，需进一步考虑对流传热的影响，即

$$\varepsilon (\rho c_{p})_{\mathrm{f}} \frac{\partial T_{\mathrm{f}}}{\partial t} + \nabla \cdot [(\rho c_{p})_{\mathrm{f}} \boldsymbol{u}_{\mathrm{f}} T_{\mathrm{f}}] = \varepsilon \nabla \cdot (\lambda_{\mathrm{f}} \nabla T_{\mathrm{f}}) + \varepsilon q_{\mathrm{f}} \tag{1-4-11}$$

上述两式中：c 和 c_{p} 分别为固体的比热容与流体的比定压热容[J/(kg・K)]；下标 s 和 f 分别表示固体和流体。

进一步引入多孔介质内部局部热平衡假设，即 $T = T_{\mathrm{s}} = T_{\mathrm{f}}$，则式(1-4-10)和(1-4-11)可以合并为

$$\rho c \frac{\partial T}{\partial t} + \nabla \cdot [(\rho c_{p})_{\mathrm{f}} \boldsymbol{u}_{\mathrm{f}} T] = \nabla \cdot (\lambda \nabla T) + q \tag{1-4-12}$$

式中：

$$\begin{cases}\rho c=(1-\varepsilon)(\rho c)_{s}+\varepsilon(\rho c_{p})_{f}\\ \lambda=(1-\varepsilon)\lambda_{s}+\varepsilon\lambda_{f}\\ q=(1-\varepsilon)q_{s}+\varepsilon q_{f}\end{cases} \tag{1-4-13}$$

参考文献

[1] 王补宣. 工程传热传质学(上册)[M]. 2版. 北京：科学出版社，2015.
[2] 焦魁，王博文，杜青，等. 质子交换膜燃料电池水热管理[M]. 北京：科学出版社，2020.
[3] FENG X，OUYANG M，LIU X，et al. Thermal runaway mechanism of lithium ion battery for electric vehicles：A review[J]. Energy storage materials，2018，10：246-267.
[4] INCROPERA F P，DE WITT D P，BERGMAN T L，et al. Fundamentals of heat and mass transfer [M]. New York：John Wiley & Sons，2011.
[5] O'HAYRE R，车硕源，COLELLA W，等. 燃料电池基础[M]. 北京：电子工业出版社，2007.
[6] DU Y，QIN Y，ZHANG G，et al. Modelling of effect of pressure on co-electrolysis of water and carbon dioxide in solid oxide electrolysis cell[J]. International journal of hydrogen energy，2019，44(7)：3456-3469.
[7] 周光坰，严宗毅，许世雄，等. 流体力学(上册)[M]. 2版. 北京：高等教育出版社，1993.
[8] 杨世铭，陶文铨. 传热学[M]. 4版. 北京：高等教育出版社，2006.
[9] 马知恩，王锦森. 工科数学分析基础(下册)[M]. 3版. 北京：高等教育出版社，2017.
[10] 张兆顺，崔桂香. 流体力学[M]. 北京：清华大学出版社，1998.
[11] 刘伟，范爱武，黄晓明. 多孔介质传热质理论与应用[M]. 北京：科学出版社，2006.
[12] 赵阳升. 多孔介质多场耦合作用及其工程响应[M]. 北京：科学出版社，2010.

第 2 章 多相流基础

在本书第 1 章中，我们对传热传质过程涉及的相关基础知识进行了系统介绍。我们知道，流体的宏观流动过程导致的对流传质和对流换热对于传热传质过程也具有至关重要的影响。在实际工程装置中，绝大多数情况下都会遇到流体的流动过程，有些情况下还会涉及多相流动过程，如内燃机、燃料电池、电解池等装置中反应物从外界向内部的传输以及生成物向外排出的过程等，深入理解这些流动过程是保证工程装置高效运行，并对其进行设计优化的关键。因此，在本章中，我们将重点介绍工程装置涉及的多相流动的相关基础知识。

2.1 描述流体流动的方法

2.1.1 亥姆霍兹（Helmholtz）速度分解定理

在介绍多相流之前，我们先对描述单相流动的基本理论和方程体系进行简单介绍[1]。如图 2－1 所示，在流场中取一点 $M_0(\boldsymbol{r})=M_0(x,\ y,\ z)$，其速度为 $\boldsymbol{u}_0$；在其邻域内任一点 $M(\boldsymbol{r}+\delta\boldsymbol{r})=M(x+\delta x,\ y+\delta y,\ z+\delta z)$ 的速度为 $\boldsymbol{u}$；$\delta\boldsymbol{r}$ 为一阶无穷小量。将 $\boldsymbol{u}$ 在点 M_0 处展成泰勒级数并将二阶及以上无穷小量略去，可得

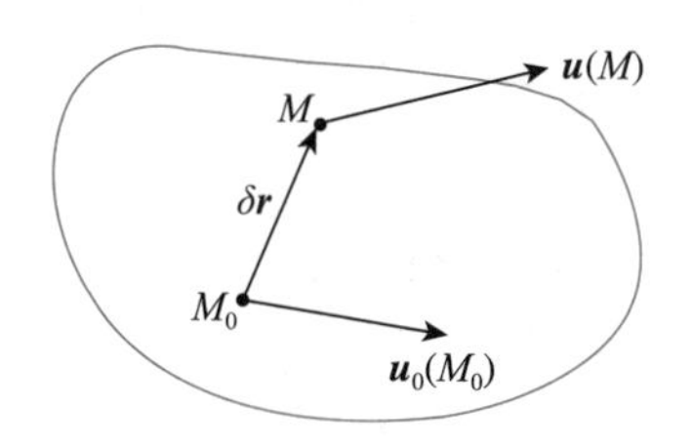

图 2－1　邻域内流体质点速度示意图

$$\boldsymbol{u}=\boldsymbol{u}_0+\delta\boldsymbol{u}=\boldsymbol{u}_0+\frac{\partial\boldsymbol{u}}{\partial x}\delta x+\frac{\partial\boldsymbol{u}}{\partial y}\delta y+\frac{\partial\boldsymbol{u}}{\partial z}\delta z \tag{2-1-1}$$

写为分量形式为：

$$\begin{cases} u=u_0+\delta u=u_0+\dfrac{\partial u}{\partial x}\delta x+\dfrac{\partial u}{\partial y}\delta y+\dfrac{\partial u}{\partial z}\delta z \\ v=v_0+\delta v=v_0+\dfrac{\partial v}{\partial x}\delta x+\dfrac{\partial v}{\partial y}\delta y+\dfrac{\partial v}{\partial z}\delta z \\ w=w_0+\delta w=w_0+\dfrac{\partial w}{\partial x}\delta x+\dfrac{\partial w}{\partial y}\delta y+\dfrac{\partial w}{\partial z}\delta z \end{cases} \tag{2-1-2}$$

则点 M 相对点 M_0 的相对运动速度(δu，δv，δw)可用矩阵表示为

$$\begin{pmatrix} \delta u \\ \delta v \\ \delta w \end{pmatrix}=\begin{pmatrix} \dfrac{\partial u}{\partial x} & \dfrac{\partial u}{\partial y} & \dfrac{\partial u}{\partial z} \\ \dfrac{\partial v}{\partial x} & \dfrac{\partial v}{\partial y} & \dfrac{\partial v}{\partial z} \\ \dfrac{\partial w}{\partial x} & \dfrac{\partial w}{\partial y} & \dfrac{\partial w}{\partial z} \end{pmatrix}\begin{pmatrix} \delta x \\ \delta y \\ \delta z \end{pmatrix} \tag{2-1-3}$$

式中方阵可分解为对称矩阵 $\boldsymbol{S}$ 与反对称矩阵 $\boldsymbol{A}$ 之和，即

$$\begin{pmatrix} \dfrac{\partial u}{\partial x} & \dfrac{\partial u}{\partial y} & \dfrac{\partial u}{\partial z} \\ \dfrac{\partial v}{\partial x} & \dfrac{\partial v}{\partial y} & \dfrac{\partial v}{\partial z} \\ \dfrac{\partial w}{\partial x} & \dfrac{\partial w}{\partial y} & \dfrac{\partial w}{\partial z} \end{pmatrix}=\begin{pmatrix} \dfrac{\partial u}{\partial x} & \dfrac{1}{2}\left(\dfrac{\partial u}{\partial y}+\dfrac{\partial v}{\partial x}\right) & \dfrac{1}{2}\left(\dfrac{\partial u}{\partial z}+\dfrac{\partial w}{\partial x}\right) \\ \dfrac{1}{2}\left(\dfrac{\partial u}{\partial y}+\dfrac{\partial v}{\partial x}\right) & \dfrac{\partial v}{\partial y} & \dfrac{1}{2}\left(\dfrac{\partial w}{\partial y}+\dfrac{\partial v}{\partial z}\right) \\ \dfrac{1}{2}\left(\dfrac{\partial u}{\partial z}+\dfrac{\partial w}{\partial x}\right) & \dfrac{1}{2}\left(\dfrac{\partial w}{\partial y}+\dfrac{\partial v}{\partial z}\right) & \dfrac{\partial w}{\partial z} \end{pmatrix}+$$

$$\begin{pmatrix} 0 & \dfrac{1}{2}\left(\dfrac{\partial u}{\partial y}-\dfrac{\partial v}{\partial x}\right) & \dfrac{1}{2}\left(\dfrac{\partial u}{\partial z}-\dfrac{\partial w}{\partial x}\right) \\ \dfrac{1}{2}\left(\dfrac{\partial v}{\partial x}-\dfrac{\partial u}{\partial y}\right) & 0 & \dfrac{1}{2}\left(\dfrac{\partial v}{\partial z}-\dfrac{\partial w}{\partial y}\right) \\ \dfrac{1}{2}\left(\dfrac{\partial w}{\partial x}-\dfrac{\partial u}{\partial z}\right) & \dfrac{1}{2}\left(\dfrac{\partial w}{\partial y}-\dfrac{\partial v}{\partial z}\right) & 0 \end{pmatrix}=\boldsymbol{S}+\boldsymbol{A} \tag{2-1-4}$$

对称矩阵 $\boldsymbol{S}$ 中有 6 个独立变量，定义：

$$\begin{cases} \varepsilon_1=\dfrac{\partial u}{\partial x} \\ \varepsilon_2=\dfrac{\partial v}{\partial y} \\ \varepsilon_3=\dfrac{\partial w}{\partial z} \end{cases} \tag{2-1-5}$$

$$\begin{cases}\theta_1=\dfrac{\partial w}{\partial y}+\dfrac{\partial v}{\partial z}\\ \theta_2=\dfrac{\partial u}{\partial z}+\dfrac{\partial w}{\partial x}\\ \theta_3=\dfrac{\partial u}{\partial y}+\dfrac{\partial v}{\partial x}\end{cases}\tag{2-1-6}$$

则对称矩阵 $\boldsymbol{S}$ 可写为

$$\boldsymbol{S}=\begin{pmatrix}\varepsilon_1 & \frac{1}{2}\theta_3 & \frac{1}{2}\theta_2\\ \frac{1}{2}\theta_3 & \varepsilon_2 & \frac{1}{2}\theta_1\\ \frac{1}{2}\theta_2 & \frac{1}{2}\theta_1 & \varepsilon_3\end{pmatrix}\tag{2-1-7}$$

反对称矩阵 $\boldsymbol{A}$ 中有 3 个独立变量，定义：

$$\begin{cases}\omega_1=\dfrac{1}{2}\left(\dfrac{\partial w}{\partial y}-\dfrac{\partial v}{\partial z}\right)\\ \omega_2=\dfrac{1}{2}\left(\dfrac{\partial u}{\partial z}-\dfrac{\partial w}{\partial x}\right)\\ \omega_3=\dfrac{1}{2}\left(\dfrac{\partial v}{\partial x}-\dfrac{\partial u}{\partial y}\right)\end{cases}\tag{2-1-8}$$

这三个分量正好为速度矢量旋度的一半，即 $\omega=\frac{1}{2}(\nabla\times\boldsymbol{u})$，则反对称矩阵 $\boldsymbol{A}$ 可写为

$$\boldsymbol{A}=\begin{pmatrix}0 & -\omega_3 & \omega_2\\ \omega_3 & 0 & -\omega_1\\ -\omega_2 & \omega_1 & 0\end{pmatrix}\tag{2-1-9}$$

$$\begin{aligned}\boldsymbol{A}\cdot\delta\boldsymbol{r}&=\begin{pmatrix}0 & -\omega_3 & \omega_2\\ \omega_3 & 0 & -\omega_1\\ -\omega_2 & \omega_1 & 0\end{pmatrix}\begin{pmatrix}\delta x\\ \delta y\\ \delta z\end{pmatrix}=\begin{pmatrix}\omega_2\delta z-\omega_3\delta y\\ \omega_3\delta x-\omega_1\delta z\\ \omega_1\delta y-\omega_2\delta x\end{pmatrix}\\ &=\omega\times\delta\boldsymbol{r}=\frac{1}{2}(\nabla\times\boldsymbol{u})\times\delta\boldsymbol{r}\end{aligned}\tag{2-1-10}$$

上式代表流体微元体绕点 M_0 的瞬时转动轴旋转时在点 M 处引起的速度。

此时，式(2-1-1)中速度 $\boldsymbol{u}$ 可写为

$$\boldsymbol{u}=\boldsymbol{u}_0+(\boldsymbol{S}+\boldsymbol{A})\cdot\delta\boldsymbol{r}=\boldsymbol{u}_0+\frac{1}{2}(\nabla\times\boldsymbol{u})\times\delta\boldsymbol{r}+\boldsymbol{S}\cdot\delta\boldsymbol{r}\tag{2-1-11}$$

式中：矩阵 $\boldsymbol{S}$ 为应变率张量；$\boldsymbol{A}$ 为旋转张量。同时，该式表明点 M_0 邻域内点 M 的速度由平动速度 $\boldsymbol{u}_0$，绕点 M_0 的瞬时转动轴旋转时在点 M 处引起的速度$\frac{1}{2}(\nabla\times\boldsymbol{u})\times\delta\boldsymbol{r}$ 和因流体变形在点 M 处引起的速度 $\boldsymbol{S}\cdot\delta\boldsymbol{r}$ 之和，这就是流体的亥姆霍兹(Helmholtz)速度分解定理。由该定理可知，与刚体运动相比，流体微团的运动多了变形速度。需要注意的是，亥姆霍兹速度分解定理仅仅适用于流体微团。可以证明(本书略)：应变率张量中分量$\varepsilon_1,\varepsilon_2,\varepsilon_3$的物理意义分别为线段 δx，δy，δz 的相对伸长率(相对伸长速度)；分量 θ_1，θ_2，θ_3 的物理意义分别为 y 轴与 z 轴、z 轴与 x 轴、x 轴与 y 轴之间夹角的剪切速度的负值。

2.1.2 流体的受力

一般来说，流体的受力可分为质量力和面力两种。假设有一体积为 τ，面积为 S 的流体，作用于流体 τ 中的每一质量微元的力称为质量力或体力，如重力、引力等；作用于流体表面上的力称为面力，如压力、摩擦力等。流体 τ 中任意一点M 的密度ρ 可定义为围绕该点的体积微元的质量与体积的比值的极限，即

$$\rho=\lim_{\Delta\tau\to 0}\frac{\Delta m}{\Delta\tau}=\frac{\mathrm{d}m}{\mathrm{d}\tau}\tag{2-1-12}$$

流体 τ 中任意一点M 的质量力可表示为

$$\boldsymbol{F}(M,\ t)=\lim_{\Delta m\to 0}\frac{\Delta\boldsymbol{F}}{\Delta m}=\lim_{\Delta\tau\to 0}\frac{\Delta\boldsymbol{F}}{\rho\Delta\tau}=\frac{1}{\rho}\frac{\mathrm{d}\boldsymbol{F}}{\mathrm{d}\tau}\tag{2-1-13}$$

作用于体积微元的质量力可表示为

$$\mathrm{d}\boldsymbol{F}=\rho\boldsymbol{F}(M,\ t)\mathrm{d}\tau\tag{2-1-14}$$

作用于整个流体 τ 的质量力为

$$\boldsymbol{F}=\int_\tau\rho\boldsymbol{F}(M,t)\mathrm{d}\tau\tag{2-1-15}$$

式中：质量力 $\boldsymbol{F}$ 与体积有关，是三阶小量。

接下来讨论表面 S 上任意一点M 的面力，做一面积元 ΔS(法向为 $\boldsymbol{n}$)包围点 M。在某时刻，作用于 ΔS 上的面力为 $\Delta\boldsymbol{p}$。当 ΔS 无限收缩到点M 时，$\frac{\Delta\boldsymbol{p}}{\Delta S}$的极限值即为该时刻作用于单位面积(法向为 $\boldsymbol{n}$)上的面力(应力)，即

$$\boldsymbol{p}_n(M,\ t)=\lim_{\Delta S\to 0}\frac{\Delta\boldsymbol{p}}{\Delta S}=\frac{\mathrm{d}\boldsymbol{p}}{\mathrm{d}S}\tag{2-1-16}$$

作用于以 $\boldsymbol{n}$ 为法向的面积元 $\mathrm{d}S$ 上的面力为

$$\mathrm{d}\boldsymbol{p}=\boldsymbol{p}_n(M,\ t)\mathrm{d}S \tag{2-1-17}$$

作用于整个表面 S 上的面力为

$$\boldsymbol{p}=\int_S \boldsymbol{p}_n(M,\ t)\mathrm{d}S \tag{2-1-18}$$

式中：面力 $\boldsymbol{p}$ 与面积相关，是二阶小量。

与质量力不同，面力 $\boldsymbol{p}_n(M,\ t)$不仅是空间点和时间的函数，还与面积元的取向有关。过点 M 可以作无数个不同方向的表面，每一个表面对应不同的面力 $\boldsymbol{p}_n$，也就是说，面力 $\boldsymbol{p}_n$ 是空间点、时间和其作用处面元法向 $\boldsymbol{n}$ 三者的函数，即 $\boldsymbol{p}_n(M,\ t,\ \boldsymbol{n})$。在第 1 章中，我们介绍到用三个坐标面上的应力即可描述点 M 处任一以 $\boldsymbol{n}$ 为法线方向处的面力，即

$$\begin{cases}\boldsymbol{p}_n=\boldsymbol{n}\cdot\boldsymbol{P}\\ \boldsymbol{P}=\begin{pmatrix}p_{xx} & p_{xy} & p_{xz}\\ p_{yx} & p_{yy} & p_{yz}\\ p_{zx} & p_{zy} & p_{zz}\end{pmatrix}\end{cases} \tag{2-1-19}$$

并且，由第 1 章可知，$\boldsymbol{P}$ 为二阶对称张量。

对于静止流体和理想流体(无黏性流体)而言，考虑到其不能抵抗任何切向形变，因此其应力张量在切线方向的分量应等于零，因此有

$$\begin{cases}p_{nx}=n_x p_{xx}\\ p_{ny}=n_y p_{yy}\\ p_{nz}=n_z p_{zz}\end{cases} \tag{2-1-20}$$

同时有

$$\begin{cases}p_{nx}=p_{nn}n_x\\ p_{ny}=p_{nn}n_y\\ p_{nz}=p_{nn}n_z\end{cases} \tag{2-1-21}$$

式中：p 为压强，负号表示流体受压力。因此，$p_{xx}=p_{yy}=p_{zz}=p_{nn}=-p$。此时，应力张量 $\boldsymbol{P}=-p\boldsymbol{I}$，$\boldsymbol{I}$ 为三阶单位矩阵。

2.1.3　纳维-斯托克斯方程

在本书第 1 章中，我们给出了描述流体运动的动量守恒方程，即式(1-3-32)和式(1-3-33)，但是其中包含应力。为求解该方程，需将应力从方程中消去，为此需寻求流体应力张量和应变率张量之间的关系，即本构方程。根据牛顿黏性定律，牛顿流体中

两层流体间的切应力与其速度梯度成正比，即式(1-2-7)，但是该公式仅适用于剪切流动这一简单情形，难以描述实际复杂流动过程。为得到一般形式的应力张量 $\boldsymbol{P}$[式(2-1-19)]与应变率张量 $\boldsymbol{S}$[式(2-1-7)]之间的关系，需引入斯托克斯的三个假设[1-2]：

1) 应力张量与应变率张量成线性关系；

2) 流体各向同性；

3) 静止流场中，应变率和切应力为零，流体中各正应力均等于流体的静压强。

根据假设 1)，应力张量 $\boldsymbol{P}$ 与应变率张量 $\boldsymbol{S}$ 之间的关系可写为

$$\boldsymbol{P} = a\boldsymbol{S} + b\boldsymbol{I} \tag{2-1-22}$$

由式(2-1-6)和(2-1-7)可知，

$$\left.\begin{aligned} s_{12} &= \frac{1}{2}\left(\frac{\partial u}{\partial y} + \frac{\partial v}{\partial x}\right) \\ p_{12} &= a s_{12} = \mu \frac{\partial u}{\partial y} \end{aligned}\right\} \Rightarrow a = 2\mu \tag{2-1-23}$$

进一步地，有

$$\begin{cases} p_{11} = a\dfrac{\partial u}{\partial x} + b \\ p_{22} = a\dfrac{\partial v}{\partial y} + b \\ p_{33} = a\dfrac{\partial w}{\partial z} + b \end{cases} \tag{2-1-24}$$

可推出系数 $a = 2\mu$，$b = \frac{1}{3}(p_{11} + p_{22} + p_{33}) - \frac{2\mu}{3}\nabla \cdot \boldsymbol{u}$。根据假设 3)，可知 $\boldsymbol{P} = -p\boldsymbol{I}$，且$\frac{1}{3}(p_{11} + p_{22} + p_{33})$是应力张量中的一个不变量，其值应与 $-p$ 和应变率张量中的不变量 $(s_{11} + s_{22} + s_{33})$，即$\nabla \cdot \boldsymbol{u}$ 有关，则有

$$\frac{1}{3}(p_{11} + p_{22} + p_{33}) = -p + \mu' \nabla \cdot \boldsymbol{u} \tag{2-1-25}$$

式中：μ'为系数。综上可知，应力张量可写为

$$\begin{cases} \boldsymbol{P} = 2\mu\boldsymbol{S} + (-p + \lambda\nabla \cdot \boldsymbol{u})\boldsymbol{I} \\ \lambda = \mu' - \dfrac{2}{3}\mu \end{cases} \tag{2-1-26}$$

式中：λ 为体膨胀黏度系数。对大多数流体而言，$\nabla \cdot \boldsymbol{u}$ 并不很大，斯托克斯曾假设 $\mu' = 0$，此时有

$$\boldsymbol{P} = -p\boldsymbol{I} + 2\mu\left(\boldsymbol{S} - \frac{1}{3}\boldsymbol{I}\,\nabla\cdot\boldsymbol{u}\right) \tag{2-1-27}$$

对于不可压缩流体，$\nabla\cdot\boldsymbol{u}=0$，式(2－1－27)可写为 $\boldsymbol{P}=-p\boldsymbol{I}+2\mu\boldsymbol{S}$，将上式代入动量方程[式(1－3－32)]，即可得到

$$\begin{aligned}\rho\left(\frac{\partial\boldsymbol{u}}{\partial t}+\boldsymbol{u}\cdot\nabla\boldsymbol{u}\right) &= \rho\boldsymbol{F}+\nabla\cdot(2\mu\boldsymbol{S})-\nabla p-\frac{2}{3}\nabla(\mu\,\nabla\cdot\boldsymbol{u})\\ &= \rho\boldsymbol{F}+\nabla\cdot[\mu(\nabla\boldsymbol{u}+(\nabla\boldsymbol{u})^{\mathrm{T}})]-\nabla p-\frac{2}{3}\nabla(\mu\,\nabla\cdot\boldsymbol{u})\end{aligned} \tag{2-1-28}$$

上式即为描述黏性不可压缩流体动量守恒的纳维－斯托克斯方程[3]。式(2－1－28)中：等号左侧代表单位体积流体的惯性力；右端第一项表示单位体积的质量力；右端第二项代表黏性变形应力，其值与流体黏度和应变率张量有关；右端第三项代表作用于单位体积流体的压强梯度力；第四项代表黏性流体膨胀应力。

对于理想流体，由于其黏度为0，方程等号右侧第二项和第四项可忽略，即得到欧拉方程：

$$\frac{\partial\boldsymbol{u}}{\partial t}+\boldsymbol{u}\cdot\nabla\boldsymbol{u}=\boldsymbol{F}-\frac{1}{\rho}\nabla p \tag{2-1-29}$$

特别地，对于定常流动下的不可压缩理想流体，密度为常量且质量力只有重力时，沿流线对式(2－1－29)进行积分后即可得到伯努利方程(Bernoulli Equation)[4]，其本质为流体的机械能守恒，方程为

$$\frac{1}{2}\rho u^2+p+\rho gz=\text{常数} \tag{2-1-30}$$

式(2－1－30)中等号左侧三项分别表示流体的动能(动压)、压力能(静压)和重力势能(总压)。对于气体而言，可以忽略重力势能的影响，方程可以简化为$\frac{1}{2}\rho u^2+p=$常数。显然，流体的速度增大，压力就减小，反之亦然。

2.2 边界层

2.2.1 速度边界层

根据本章2.1节介绍可知，纳维－斯托克斯方程高度非线性，对其进行求解非常困难，因此在将其应用到工程实际中时遇到了很大的挑战。相比之下，欧拉方程的求解则相对简单，但由于其忽略了黏性导致的流体摩擦力的缘故，导致欧拉方程得到的理论解与实际情况有很大的差距，即使是对于黏性较小的水和空气也是如此，这一矛盾直到普朗特

(L. Prandtl)[5]于1904年建立边界层理论才得以解释。

由于黏性的影响，流体的相对流速在固体壁面处必须为零，壁面的摩擦阻力对流体的阻碍作用将通过流体的黏性向着远离壁面的方向传递。对于无界流来说，壁面的影响理论上可以传播到距壁面无限远处。但是，在实际情况下，只是在紧靠物体的邻域的薄层中才存在明显的速度梯度，这个近壁流体层称为流体动力学边界层，简称“(流动)边界层”。边界层理论认为[6]，只有在黏性不可忽略的区域内，即在紧靠物体的邻域中的薄层内考虑黏性的影响，据此，可将流场大致分为两个区域：边界层内部的黏性剪切力起作用的流动区，边界层外的不可压流体。不可压流体可以认为是近似的理想流体，只受惯性力、压力和重力的作用，黏性剪切力的作用忽略不计，流动事实上相当于无黏性理想流体的“势流”(Potential Flow)。势流速度场可表示为某一标量函数，即速度势的梯度，其特点是旋度为零。

基于该假设，边界层理论成功解释了黏性流动的重要性，并对纳维－斯托克斯方程在工程问题中的求解做了最大程度的简化。此外，边界层理论使求解与阻力系数(壁面摩擦系数)、换热系数、传质系数有关的问题时，能够进行理论分析。需要指出的是，对于层流而言，边界层理论是大体完善的；但是对于湍流，目前的边界层理论研究仍有很多缺陷。限于篇幅，本书只介绍层流边界层相关的知识。

前文中我们提到，理想流体与实际流体的最大区别就在于黏性作用。对于实际流体而言，当其流经固体表面时，由于黏性作用，固体表面处的流体速度会降为零，即满足无滑移边界条件。例如，在流体流经平板时，平板前方来流速度分布均匀，但是当流体流经平板之后，随着流动距离的不断增加，受黏滞作用影响的流体也越来越多，即边界层厚度越来越大。即使是对于黏性较小的流体，如水、空气而言，由于边界层内的横向速度梯度非常大，其黏性作用也不可忽略。而在远离边界层的其他区域，流体的黏性作用则可忽略不计。需要注意的是，边界层内受阻滞的流体质点并不总是在该薄层内部。在流体流经非流线型固体表面时，固体表面处的流动有可能出现与主流方向相反的回流，迫使受黏滞作用影响的流体质点向外流动，这种现象被称为边界层分离，如图 2－2 所示。

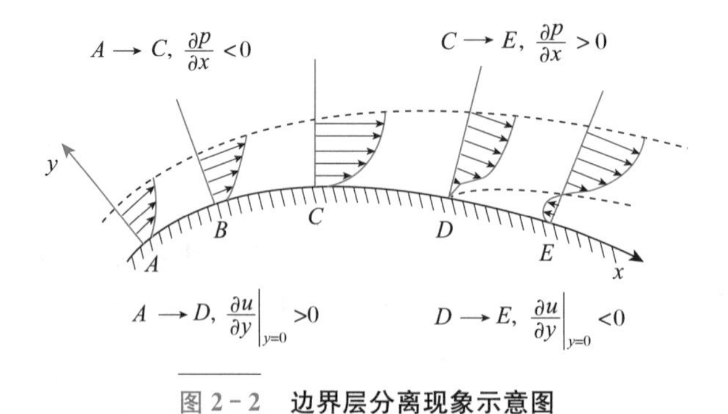

图 2－2　边界层分离现象示意图

如图2-2所示，流体在由 A 点流至 C 点之前，固体迎流面逐渐变宽，即流体流动截面逐渐变窄。由伯努利方程可知，在此区域内，沿流动方向，流动速度逐渐增大，压力逐渐降低，$A \rightarrow C$ 的区域称为顺压梯度区；在 C 点处，流体速度达到最大，压力降至最低；在 C 点之后的区域，固体壁面边界层外缘处流速逐渐降低，压强逐渐增大，$C \rightarrow E$ 的区域称为逆压速度区。在逆压速度区内，垂直于壁面方向的速度剖面在边界层厚度内部有可能存在分离点(如 D 点)，在该点处满足 $\left.\frac{\partial u}{\partial y}\right|_{y=0}=0$。综上所述，逆压梯度和黏性阻滞作用是边界层分离的两个必要条件。只有逆压梯度而无黏性阻滞作用时，如理想流体，不会产生分离现象；只有黏性阻滞作用而无逆压梯度时，如流经平板的流体，流体质点不会反向运动，也不会产生分离现象。

根据边界层理论，边界层内的流动越远离固体表面，其流动与外部流动越接近，尽管在数学处理上我们可以将流动分为两部分，但是在实际流场中，二者并不是截然分开的。一般来说，我们通过将流动截面上速度为主流速度的99%的地方定义为边界层外边界。我们知道，在边界层外边界处，摩擦力与惯性力大致相当，据此我们可以估算得出边界层厚度。

对于流体流经长度为 l 的平板的流动而言，假定流动方向为 x 方向，垂直方向为 y 方向，惯性力可以用 $\rho u \frac{\partial u}{\partial x}$ 表示，其中流动方向的速度梯度 $\frac{\partial u}{\partial x}$ 与 $\frac{U}{l}$ 成正比，U 为平均速度。层流状态下，单位体积的摩擦力可以表示为 $\frac{\partial \tau}{\partial y}=\mu \frac{\partial^2 u}{\partial y^2}$，其中 μ 为黏度系数(动力黏度)。在垂直方向的速度梯度 $\frac{\partial u}{\partial y}$ 与 $\frac{U}{\delta}$ 成正比，δ 为边界层厚度。因此单位体积的摩擦力为 $\frac{\partial \tau}{\partial y} \sim \mu \frac{U}{\delta^2}$，由于摩擦力与惯性力相当，可得 $\rho \frac{U^2}{l} \sim \mu \frac{U}{\delta^2}$，从而得到 $\frac{\delta}{l} \sim \frac{1}{\sqrt{Re}}$，其中 l 为雷诺数的特征长度。对于层流运动，该比例值近似等于5，也就是说，对于层流边界层，我们可以近似地认为 $\delta=5\sqrt{\frac{\mu l}{\rho U}}$。

根据边界层理论，我们可以忽略黏性对边界层外流动的影响，从而简化计算。对于边界层内流动，则可以运用数量级分析的方法对流动方程进行简化。同样假定流动方向为 x 方向，垂直方向为 y 方向，假定 x 的数量级为 $L(x \sim L)$，y 的数量级为 $\delta(y \sim \delta)$，考虑到流动方向的距离远大于垂直方向的距离，可以认为 $\delta \ll L$ 或 $\frac{\delta}{L} \ll 1$。同时假定 $u \sim u_\infty$，其中 u_∞ 为自由来流的特征速度。边界层内不可压缩层流流动连续性方程和动量方程(二维)可写为

$$\begin{array}{cc} \dfrac{\partial u}{\partial x} + & \dfrac{\partial v}{\partial y} = 0 \\ \downarrow & \downarrow \\ \dfrac{u_\infty}{L} & \dfrac{v}{\delta} \end{array} \tag{2-2-1}$$

由此可知 $v \sim \dfrac{u_\infty \delta}{L} \ll u_\infty$。

$$\begin{array}{ccccc} u\dfrac{\partial u}{\partial x} + & v\dfrac{\partial u}{\partial y} = & -\dfrac{1}{\rho}\dfrac{\partial p}{\partial x} + & \nu\Big(\dfrac{\partial^2 u}{\partial x^2} + & \dfrac{\partial^2 u}{\partial y^2}\Big) \\ \downarrow & \downarrow & \downarrow & \downarrow & \downarrow \\ \left(\dfrac{u_\infty^2}{L}\right) & \left(\dfrac{u_\infty^2}{L}\right) & \left(\dfrac{\rho u_\infty^2}{\rho L}\right) & \left(\dfrac{u_\infty}{L^2}\right) & \left(\dfrac{u_\infty}{\delta^2}\right) \end{array} \tag{2-2-2}$$

可以看出，$\dfrac{\partial^2 u}{\partial x^2}$明显小于$\dfrac{\partial^2 u}{\partial y^2}$，故可以忽略。

$$\begin{array}{ccccc} u\dfrac{\partial v}{\partial x} + & v\dfrac{\partial v}{\partial y} = & -\dfrac{1}{\rho}\dfrac{\partial p}{\partial y} + & \nu\Big(\dfrac{\partial^2 v}{\partial x^2} + & \dfrac{\partial^2 v}{\partial y^2}\Big) \\ \downarrow & \downarrow & \downarrow & \downarrow & \downarrow \\ \left(\dfrac{u_\infty^2}{L}\dfrac{\delta}{L}\right) & \left(\dfrac{u_\infty^2}{L}\dfrac{\delta}{L}\right) & \left(\dfrac{\rho v^2}{\rho\delta}\dfrac{u_\infty^2}{L}\dfrac{\delta}{L}\right) & \left(\dfrac{u_\infty^2}{L^2}\dfrac{\delta}{L}\right) & \left(\dfrac{u_\infty^2}{\delta^2}\dfrac{\delta}{L}\right) \end{array} \tag{2-2-3}$$

从上式可以看出，由于$\dfrac{\delta}{L} \ll 1$，y 方向的动量方程中每一项都远小于 x 方向动量方程中的对应项，因此上式可以简化为$\dfrac{\partial p}{\partial y} = 0$。即

$$\begin{cases} \dfrac{\partial u}{\partial x} + \dfrac{\partial v}{\partial y} = 0 \\ u\dfrac{\partial u}{\partial x} + v\dfrac{\partial u}{\partial y} = -\dfrac{1}{\rho}\dfrac{\partial p}{\partial x} + \nu\dfrac{\partial^2 u}{\partial y^2} \\ \dfrac{\partial p}{\partial y} = 0 \end{cases} \tag{2-2-4}$$

边界条件为：$y = 0$，$u = v = 0$；$y = \delta$，$u = u(x)$。式(2-2-4)即为不可压缩层流的边界层方程，其由普朗特于 1904 年提出，因此又可称为普朗特边界层方程。式(2-2-4)虽然是基于平板推导得出，但是对于曲率不是很大的曲面仍然适用，此时，x 轴为沿壁面方向，y 轴为壁面法线方向。

根据式(2-2-4)可知，在边界层内$\dfrac{\partial p}{\partial y} = 0$，可推导出 $p = p(x)$。也就是说，在边界层横截面上(x 坐标相同)各个点压力相等，因此边界层内的压力分布与边界层外的势流流动在本质上是相同的。在这种情况下，由伯努利方程可得

$$p + \frac{1}{2}\rho u_\infty^2 = \text{常数} \tag{2-2-5}$$

对其进行求导可得

$$\frac{\partial p}{\partial x}=\frac{\mathrm{d}p}{\mathrm{d}x}=-\rho u_{\infty}\frac{\mathrm{d}u_{\infty}}{\mathrm{d}x} \tag{2-2-6}$$

因此，式(2-2-4)中描述边界层内速度的方程组可进一步简化为

$$\begin{cases}\dfrac{\partial u}{\partial x}+\dfrac{\partial v}{\partial y}=0\\ u\dfrac{\partial u}{\partial x}+v\dfrac{\partial u}{\partial y}=u_{\infty}\dfrac{\mathrm{d}u_{\infty}}{\mathrm{d}x}+\nu\dfrac{\partial^2 u}{\partial y^2}\end{cases} \tag{2-2-7}$$

根据式(2-2-7)，在 u_{∞} 一定时，即可求解获得边界层中流动速度 u 和 v。

尽管边界层理论大大降低了边界层微分方程的求解难度，但是，在边界层微分方程中，非线性项仍然存在，目前仅能够在简单几何边界(如平板、楔形)的绕流层流的边界层获得解析解。在工程应用中遇到的任意边界的绕流边界层问题，则需采用近似解法进行求解。目前应用比较广泛的是冯・卡门(Von Kármán)于1921年提出的边界层动量积分关系式。

如图2-3所示，对于边界层中的任一微元控制体而言，当垂直纸面方向的宽度为1时，在单位时间内，AB 面流入的流体质量为

$$m_{AB}=\int_0^{\delta}\rho u\cdot 1\mathrm{d}y \tag{2-2-8}$$

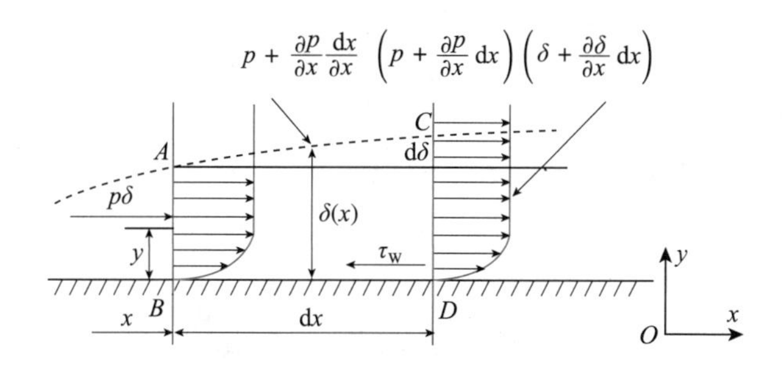

图2-3　边界层微元控制体

CD 面流出的流体质量则为

$$m_{CD}=\int_0^{\delta}\rho u\cdot 1\mathrm{d}y+\frac{\partial}{\partial x}\left(\int_0^{\delta}\rho u\cdot 1\mathrm{d}y\right)\mathrm{d}x \tag{2-2-9}$$

对于定常流而言，根据质量守恒定律，可知 $m_{AB}+m_{AC}=m_{CD}$，所以：

$$m_{AC}=\frac{\partial}{\partial x}\left(\int_0^{\delta}\rho u\cdot 1\mathrm{d}y\right)\mathrm{d}x \tag{2-2-10}$$

同时，根据动量守恒定律，通过边界层任一微元控制体的控制面的动量变化率等于作用在控制面上的所有外力的合力，其中单位时间内通过控制面 AB 的动量为

$$K_{AB}=\int_0^{\delta}\rho u^2\cdot 1\mathrm{d}y \tag{2-2-11}$$

通过控制面 CD 的动量为

$$K_{CD}=\int_0^{\delta}\rho u^2\cdot 1\mathrm{d}y+\frac{\partial}{\partial x}\left(\int_0^{\delta}\rho u^2\cdot 1\mathrm{d}y\right)\mathrm{d}x \tag{2-2-12}$$

通过控制面 AC 的动量为

$$K_{AC}=m_{AC}U_{\mathrm{e}}=U_{\mathrm{e}}\frac{\partial}{\partial x}\left(\int_0^{\delta}\rho u\cdot 1\mathrm{d}y\right)\mathrm{d}x \tag{2-2-13}$$

式中：U_{e}为主流速度(m/s)。

因此，单位时间内通过边界层微元控制体 x 方向的动量变化为

$$K_{CD}-K_{AB}-K_{AC}=\left[\frac{\partial}{\partial x}\int_0^{\delta}\rho u^2\cdot 1\mathrm{d}y-U_{\mathrm{e}}\frac{\partial}{\partial x}\left(\int_0^{\delta}\rho u\cdot 1\mathrm{d}y\right)\right]\mathrm{d}x \tag{2-2-14}$$

忽略质量力作用，作用在边界层微元控制体的各控制面上的所有外力在 x 方向的合力为

$$F_{BD}=-\tau_{\mathrm{w}}\cdot\mathrm{d}x\cdot 1 \tag{2-2-15}$$

$$F_{AB}=p\cdot\delta\cdot 1 \tag{2-2-16}$$

$$F_{CD}=-\left[p\delta\cdot 1+\frac{\mathrm{d}(p\delta\cdot 1)}{\mathrm{d}x}\mathrm{d}x\right] \tag{2-2-17}$$

式中：负号表示与 x 轴正方向相反。对于控制面 AC，其摩擦应力为 0，压强则取 A、C 两点的平均值，因此其在 x 方向的合力为

$$F_{AC}=\left(p+\frac{1}{2}\frac{\mathrm{d}p}{\mathrm{d}x}\mathrm{d}x\right)\cdot 1\cdot\frac{\mathrm{d}\delta}{\mathrm{d}x}\mathrm{d}x \tag{2-2-18}$$

在 x 方向的总合力为

$$\begin{aligned}
&F_{BD}+F_{AB}+F_{CD}+F_{AC}\\
&=-\tau_{\mathrm{w}}\mathrm{d}x\cdot 1+p\delta\cdot 1-\left[p\delta+\frac{\mathrm{d}(p\delta)}{\mathrm{d}x}\mathrm{d}x\right]\cdot 1+\left(p+\frac{1}{2}\frac{\mathrm{d}p}{\mathrm{d}x}\mathrm{d}x\right)\frac{\mathrm{d}\delta}{\mathrm{d}x}\mathrm{d}x\cdot 1\\
&=\left(p+\frac{1}{2}\frac{\mathrm{d}p}{\mathrm{d}x}\mathrm{d}x\right)\frac{\mathrm{d}\delta}{\mathrm{d}x}\mathrm{d}x\cdot 1-\left(p\frac{\mathrm{d}\delta}{\mathrm{d}x}+\delta\frac{\mathrm{d}p}{\mathrm{d}x}\right)\mathrm{d}x\cdot 1-\tau_{\mathrm{w}}\mathrm{d}x\cdot 1\\
&=-\left(\delta-\frac{\mathrm{d}\delta}{2}\right)\frac{\mathrm{d}p}{\mathrm{d}x}\mathrm{d}x\cdot 1-\tau_{\mathrm{w}}\mathrm{d}x\cdot 1
\end{aligned} \tag{2-2-19}$$

式中：二阶微量项$\frac{\mathrm{d}\delta}{2}\cdot\frac{\mathrm{d}p}{\mathrm{d}x}\mathrm{d}x\cdot 1$ 可以忽略。

根据动量守恒，可以推导得出边界层的动量积分方程为

$$\frac{\partial}{\partial x}\int_0^\delta \rho u^2 \mathrm{d}y - U_\mathrm{e}\frac{\partial}{\partial x}\int_0^\delta \rho u \mathrm{d}y = -\delta\frac{\mathrm{d}p}{\mathrm{d}x} - \tau_\mathrm{w} \tag{2-2-20}$$

而且，由于边界层内边界层厚度仅为 x 的函数，即 $\delta = \delta(x)$，因此上式中偏导数可以改写为

$$\frac{\mathrm{d}}{\mathrm{d}x}\int_0^\delta \rho u^2 \mathrm{d}y - U_\mathrm{e}\frac{\mathrm{d}}{\mathrm{d}x}\int_0^\delta \rho u \mathrm{d}y = -\delta\frac{\mathrm{d}p}{\mathrm{d}x} - \tau_\mathrm{w} \tag{2-2-21}$$

需要注意的是，上述推导过程中并未添加任何近似条件，因此上式既适用于层流边界层，也适用于湍流边界层。

实例 2-1 圆管内层流流动

圆管流动是工程应用中最常见的一种流动形式，现在考虑圆管内为充分发展的稳定层流，该流体是黏度系数为 μ 的不可压缩流体。如图 2-4 所示，取流动方向为 x 轴方向，另两个方向分别为 y 轴和 z 轴方向。

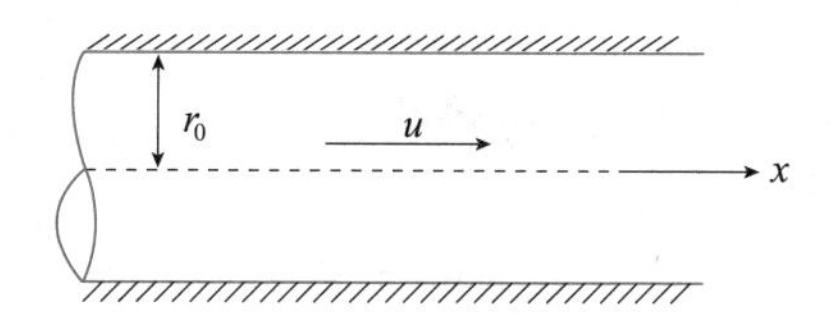

图 2-4 圆管流动示意图

根据该问题的特点，可知 $u = u(y, z)$、$v = w \equiv 0$，于是可以将连续性方程和动量方程写为

$$\frac{\partial u}{\partial x} = 0 \tag{2-2-22}$$

$$\begin{cases} 0 = -\dfrac{\partial p}{\partial x} + \mu\left(\dfrac{\partial^2 u}{\partial y^2} + \dfrac{\partial^2 u}{\partial z^2}\right) \\ 0 = -\dfrac{\partial p}{\partial y} \\ 0 = -\dfrac{\partial p}{\partial z} \end{cases} \tag{2-2-23}$$

根据动量方程(2-2-23)可知 $p = p(x)$，于是动量方程可简化为

$$\mu\left(\frac{\partial^2 u}{\partial y^2} + \frac{\partial^2 u}{\partial z^2}\right) = \frac{\mathrm{d}p}{\mathrm{d}x} \tag{2-2-24}$$

仔细观察上式，可以发现方程等号左侧只是 y 和 z 的函数，等号右侧只是 x 的函数，因此两侧必须均为常数，才能满足相等的要求，也就是说需要：

$$\frac{\mathrm{d}p}{\mathrm{d}x} = p_{\mathrm{const}} \tag{2-2-25}$$

将式(2－2－25)带入式(2－2－24)，可以得到关于速度 u 的微分方程，为方便求解，我们采用圆柱坐标系。建立圆柱坐标系，圆柱的半径方向为 r，式(2－2－24)可改写为

$$\frac{1}{r}\frac{\mathrm{d}}{\mathrm{d}r}\left(r\frac{\mathrm{d}u}{\mathrm{d}r}\right) = \frac{p_{\mathrm{const}}}{\mu} \tag{2-2-26}$$

对其积分一次可得

$$\frac{\mathrm{d}u}{\mathrm{d}r} = \frac{p_{\mathrm{const}}}{2\mu}r + \frac{C}{r} \tag{2-2-27}$$

由圆管的轴对称性，可知$\left.\frac{\mathrm{d}u}{\mathrm{d}r}\right|_{r=0}=0$。因此，$C=0$。从而上式可以进一步简化为

$$\frac{\mathrm{d}u}{\mathrm{d}r} = \frac{p_{\mathrm{const}}}{2\mu}r \tag{2-2-28}$$

再结合边界条件 $u_{r=r_0}=0$，可得圆管内的速度分布为

$$u = \frac{p_{\mathrm{const}}}{4\mu}(r^2 - r_0^2),\ r < r_0 \tag{2-2-29}$$

图 2－5 为无限长圆管内的流体速度分布图，可见截面上流体速度沿半径成抛物线分布，流动方向指向压力降低的方向(即 u 与压力梯度方向相反)，速度在中心线处($r=0$)取得最大值：

$$u_{\max} = -\frac{p_{\mathrm{const}}}{4\mu}r_0^2 \tag{2-2-30}$$

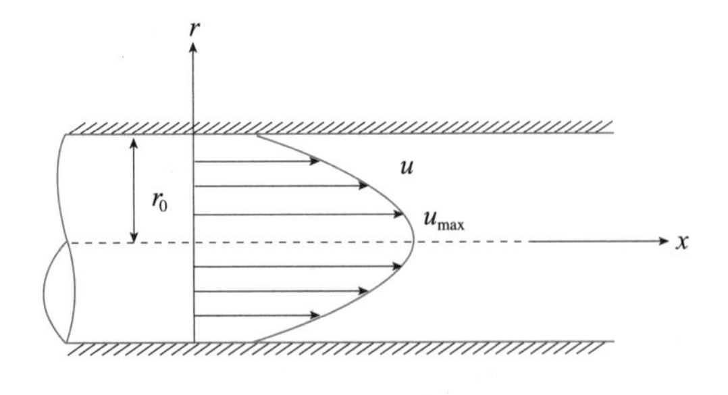

图 2－5　圆管流速分布示意图

流体通过圆管的体积流量为

$$Q_V = \int_0^{r_0} u \cdot 2\pi r \mathrm{d}r = -\frac{\pi r_0^4 p_{const}}{8\mu} \tag{2-2-31}$$

平均速度为

$$\overline{u} = \frac{Q_V}{\pi r_0^2} = -\frac{p_{const}}{8\mu} r_0^2 = \frac{1}{2} u_{max} \tag{2-2-32}$$

并且圆管壁面处的剪应力为

$$\tau_w = \mu \left. \frac{\mathrm{d}u}{\mathrm{d}r} \right|_{r=r_0} = \frac{p_{const}}{2} r_0 = -4\mu \frac{\overline{u}}{r_0} \tag{2-2-33}$$

可见壁面处的剪应力与黏度系数成正比，与圆管半径成反比。此外，可以引入一种无量纲阻力系数，范宁摩擦因子(Fanning Friction Factor)，其表示局部剪切应力和局部流动动能密度之间的比率，表达式为

$$C_f = \frac{\tau_w}{\rho \frac{\overline{u}^2}{2}} = \frac{16}{Re_d} \tag{2-2-34}$$

$$Re_d = \frac{2\rho \overline{u} r}{\mu} \tag{2-2-35}$$

从方程(2-2-34)可知，C_f与雷诺数 Re_d 成反比。一般来说，雷诺数 $Re_d < 2\,000$ 时，圆管内流动的流体为层流状态，以上推导过程是成立的。

2.2.2　热边界层

2.2.1 节中我们在介绍速度边界层时，并没有考虑温度的作用。实际上，研究者在研究流体流经固体表面时的对流换热问题时，发现以下现象：主流流体与固体壁面之间存在温度差时，流体的温度变化也和速度的变化情况一样，即只在贴近固体表面的薄层内温度梯度才有明显变化。而在此薄层之外的温度梯度则几乎为零，这一薄层称为热边界层或温度边界层。区别于流动边界层，定义热边界层的厚度为 δ_t。同流动边界层厚度定义类似，一般将主流流体温度的 99%处定义为 δ_t 的外边界。当温度为 t_∞ 的流体掠过壁面温度为 T_w 的无限宽大平板时，热边界层厚度 δ_t 总是沿流动方向逐渐增大。除液态金属和高黏度流体外，热边界层厚度 δ_t 总是与流动边界层厚度 δ 大致相当。据此，对流换热问题的温度场研究也可以分为两个区域：热边界层区域和主流区域。由于主流区域内的温度梯度几乎为零，则对流换热问题的研究重点集中于热边界层区域。

同流动边界层的方程推导一样，同样采用数量级分析的方法对热边界层方程进行简化。在二维情况下，边界层中稳态能量方程为

$$\begin{array}{ccccccc} u\dfrac{\partial T}{\partial x} & + & v\dfrac{\partial T}{\partial y} & = & a\Bigl(\dfrac{\partial^2 T}{\partial x^2} & + & \dfrac{\partial^2 T}{\partial y^2}\Bigr) \\ \downarrow & & \downarrow & & \downarrow & & \downarrow \\ \Bigl(u_\infty\dfrac{\Delta T}{L}\Bigr) & & \Bigl(u_\infty\dfrac{\delta}{L}\dfrac{\Delta T}{\delta_t}\Bigr) & & \Bigl(\dfrac{\Delta T}{L^2}\Bigr) & & \Bigl(\dfrac{\Delta T}{\delta_t^2}\Bigr) \end{array} \tag{2-2-36}$$

式中：T 为温度；$a=\dfrac{\lambda}{\rho c_p}$为热扩散率。

根据数量级分析 $x\sim L$，$y\sim\delta_t$，显然$\delta_t\ll L$。式(2-2-36)中的等号左侧数量级相同($\delta\sim\delta_t$)；右侧$\dfrac{\partial^2 T}{\partial x^2}$比$\dfrac{\partial^2 T}{\partial y^2}$小两个数量级，因此$\dfrac{\partial^2 T}{\partial x^2}$可以忽略。为使左右数量级相等，热扩散率的数量级应为 Δ^2，对于绝大多数流体(液态金属除外)，这一条件均满足。因此，二维情况下的热边界层内的能量方程为

$$u\frac{\partial T}{\partial x}+v\frac{\partial T}{\partial y}=a\frac{\partial^2 T}{\partial y^2} \tag{2-2-37}$$

利用数量级分析，我们可以进一步分析热边界层厚度与对流换热系数的关系。在热边界层中，热流密度的表达式为

$$q_w\equiv h\Delta T\sim\lambda\frac{\Delta T}{\delta_t} \tag{2-2-38}$$

因此，

$$h\sim\frac{\lambda}{\delta_t}\Rightarrow Nu\equiv\frac{hL}{\lambda}\sim\frac{L}{\delta_t} \tag{2-2-39}$$

式中：Nu 为努塞尔数；h 为传热系数；λ 为热导率。

式(2-2-39)说明，边界层厚度越薄，传热速率也就越高，反之亦然。

在流体掠过平板的强制对流换热问题中，对于流体而言，若压力梯度为零，则流动边界层内动量方程可简化为

$$u\frac{\partial u}{\partial x}+v\frac{\partial u}{\partial y}=\nu\frac{\partial^2 u}{\partial y^2} \tag{2-2-40}$$

式(2-2-40)与热边界层内的能量方程具有相同的形式，且边界层形式也相同。可以说，速度边界层厚度反映流体动量传递的渗透深度，而热边界层厚度则反映流体热量传递的渗透深度。在同样的流动状况下，对于不同的流体，$\dfrac{\delta}{\delta_t}$将取决于反映流体的两种迁移性质(动量扩散和热扩散性的参数)之比，即普朗特数 $Pr=\dfrac{\nu}{a}=\dfrac{\mu c_p}{\lambda}$。特别地，当 $\nu=a$ 时，流动边界层厚度与热边界层厚度相等。根据前文分析，我们知道流体的动量扩散系数(运动黏度)ν 影响流体的速度分布，而流体的热扩散系数 $a=\dfrac{\lambda}{\rho c_p}$影响流体的温度分布。普朗

特数则反映了流体中动量扩散能力和热扩散能力的相对大小，也表征热边界层和流动边界层的相对厚度。对于流动边界层而言，运动黏度 ν 越大，其流动边界层也越厚。因此，普朗特数与边界层厚度有如下关系。

$$\begin{cases} Pr < 1, \delta_t > \delta \\ Pr = 1, \delta_t = \delta \\ Pr > 1, \delta_t < \delta \end{cases} \tag{2-2-41}$$

下面我们讨论两种特殊情况。

情况 1：$Pr \ll 1$ 或 $\dfrac{\delta}{\delta_t} \ll 1$

对边界层内能量方程做数量级分析，可知：

$$\begin{array}{ccccc} u\dfrac{\partial T}{\partial x} & + & v\dfrac{\partial T}{\partial y} & = & a\dfrac{\partial^2 T}{\partial y^2} \\ \downarrow & & \downarrow & & \downarrow \\ \left(u_\infty \dfrac{\Delta T}{L}\right) & & \left(u_\infty \dfrac{\Delta T}{L}\dfrac{\delta}{\delta_t}\right) & & \left(a\dfrac{\Delta T}{\delta_t^2}\right) \end{array} \tag{2-2-42}$$

由于$\dfrac{\delta}{\delta_t} \ll 1$，式(2-2-42)中等号左侧第二项可忽略，因此式(2-2-42)可写为

$$u_\infty \frac{\Delta T}{L} \sim a\frac{\Delta T}{\delta_t^2} \tag{2-2-43}$$

结合式(2-2-39)可知，

$$Nu \sim Re^{\frac{1}{2}} Pr^{\frac{1}{2}} \tag{2-2-44}$$

情况 2：$Pr \gg 1$ 或 $\dfrac{\delta}{\delta_t} \gg 1$

需要注意的是，在这种情况下，由于$\dfrac{\delta}{\delta_t} \gg 1$，在热边界层内，$x$ 方向上的速度 u 的量级并不是 u_∞，而是 $u \sim u_\infty \dfrac{\delta_t}{\delta}$；$y$ 方向上的速度 v 的量级可由连续性方程推导得出：

$$\frac{\partial u}{\partial x} + \frac{\partial v}{\partial y} = 0 \Rightarrow \frac{u_\infty \delta_t}{\delta L} \sim \frac{v}{\delta_t} \tag{2-2-45}$$

同样，对边界层内的能量方程做数量级分析，可知：

$$\begin{array}{ccccc} u\dfrac{\partial T}{\partial x} & + & v\dfrac{\partial T}{\partial y} & = & a\dfrac{\partial^2 T}{\partial y^2} \\ \downarrow & & \downarrow & & \downarrow \\ \left(u_\infty \dfrac{\delta}{\delta_t}\dfrac{\Delta T}{L}\right) & & \left(u_\infty \dfrac{\delta_t^2}{\delta L}\dfrac{\Delta T}{\delta_t}\right) & & \left(a\dfrac{\Delta T}{\delta_t^2}\right) \end{array} \tag{2-2-46}$$

因此，式(2－2－46)中等号左侧第二项可忽略，由此可推导计算得出：

$$\delta_t^3 \sim a\delta \frac{L}{u_\infty} \Rightarrow Nu \sim \frac{L}{\delta_t} \sim Re^{\frac{1}{2}}\ Pr^{\frac{1}{3}} \tag{2-2-47}$$

式(2－2－44)和(2－2－47)是两种特殊情况下的流动与换热问题的特征方程或准则方程，其中努塞尔数可由雷诺数和普朗特数计算得到。对于其他更为一般的流动与换热过程，研究者也提出了类似的准则方程，有兴趣的读者可以查看相关的传热学书籍，本书中不再赘述。

与推导流动边界层的动量积分方程的过程类似，我们也可以推导出热边界层的能量积分方程。在推导热边界层中的能量方程时，我们已经得知$\frac{\partial^2 t}{\partial x^2} \ll \frac{\partial^2 t}{\partial y^2}$，因此可以忽略 x 方向的导热过程。同图 2－3 类似，单位时间内穿过 AB 面的热量为(垂直纸面方向的厚度为1)：

$$q_{AB} = \rho c_p \int_0^{\delta_t} Tu \cdot 1\mathrm{d}y \tag{2-2-48}$$

式中：c_p 为比定压热容。

单位时间内穿过 CD 面的热量为

$$q_{CD} = \rho c_p \int_0^{\delta_t} Tu \cdot 1\mathrm{d}y + \rho c_p \frac{\mathrm{d}}{\mathrm{d}x}\left(\int_0^{\delta_t} Tu \cdot 1\mathrm{d}y\right)\mathrm{d}x \tag{2-2-49}$$

单位时间内穿过 AC 面的热量为

$$q_{AC} = \rho c_p T_\infty \frac{\mathrm{d}}{\mathrm{d}x}\left(\int_0^{\delta_t} u \cdot 1\mathrm{d}y\right)\mathrm{d}x \tag{2-2-50}$$

在固体壁面 BD 处，贴近壁面处的流体层的导热热量为

$$q_{BD} = -\lambda \cdot 1\mathrm{d}x \left.\frac{\partial T}{\partial y}\right|_{y=0} \tag{2-2-51}$$

根据能量守恒定律，可以推导得出：

$$\frac{\mathrm{d}}{\mathrm{d}x}\int_0^{\delta_t}(T_\infty - T)u\mathrm{d}y = a\mathrm{d}x \left.\frac{\partial T}{\partial y}\right|_{y=0} \tag{2-2-52}$$

上式即为热边界层能量积分方程，于 1936 年由克鲁齐林(Г. Н. Кружилин)提出。

实例 2-2 两个平行大平板之间的层流流动换热

我们考虑在两个平行大平板之间的稳定层流，该流动是由平板移动和压力梯度共同驱动。如图 2-6 所示，两平板之间为均质不可压缩流体，其黏度系数 μ 为常数，上平板以恒定速度 U 沿 x 方向移动，温度为 T_1，下平板静止不动，温度为 T_0，两平板之间的距离为 $2h$。假设流体沿 x 方向的压力梯度为常数，即 $\partial p/\partial x = p_{\text{const}}$。

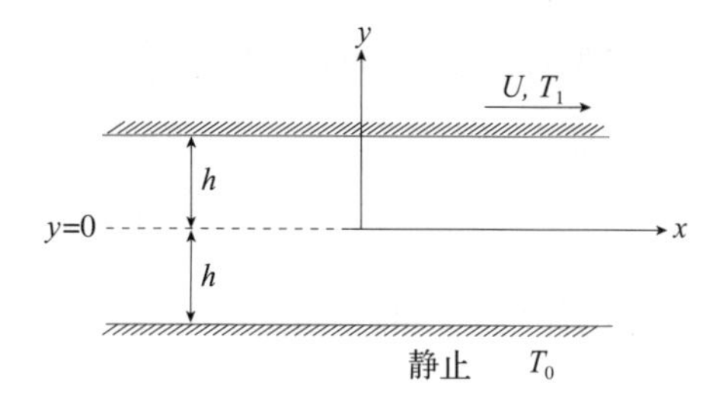

图 2-6 两个平板之间的层流流动与换热示意图

首先研究速度分布，对于这个二维定常流动，其连续性方程 x 和 y 方向的两个动量方程分别为

$$\frac{\partial u}{\partial x} + \frac{\partial v}{\partial y} = 0 \tag{2-2-53}$$

$$u\frac{\partial u}{\partial x} + v\frac{\partial u}{\partial y} = -\frac{1}{\rho}\frac{\partial p}{\partial x} + \frac{\mu}{\rho}\left(\frac{\partial^2 u}{\partial x^2} + \frac{\partial^2 u}{\partial y^2}\right) \tag{2-2-54}$$

$$u\frac{\partial v}{\partial x} + v\frac{\partial v}{\partial y} = -\frac{1}{\rho}\frac{\partial p}{\partial y} + \frac{\mu}{\rho}\left(\frac{\partial^2 v}{\partial x^2} + \frac{\partial^2 v}{\partial y^2}\right) \tag{2-2-55}$$

边界条件为 $u_{y=-h}=0$，$v_{y=-h}=0$，$u_{y=h}=U$ 和 $v_{y=h}=0$。

因为 x 方向的长度是无限的，因此 $\frac{\partial u}{\partial x}=0$，根据连续性方程可知 $\frac{\partial v}{\partial y}=0$，再结合 v 的边界条件，可得出 $v\equiv 0$。将 $v\equiv 0$ 带入式(2-2-55)中，可知 $\frac{\partial p}{\partial y}=0$。于是，该流动的整体特点为 $u=u(y)$、$v\equiv 0$、$p=p(x)$，将其代入式(2-2-54)中，可得 $\mu\frac{\partial^2 u}{\partial y^2}=p_{\text{const}}$，结合速度 u 的边界条件，可以得出 u 的表达式为

$$u = \frac{U}{2h}(y+h) + \frac{P}{2\mu}(y^2 - h^2) \tag{2-2-56}$$

据此可知速度 u 是由两项组成的：第一项是由于上平板移动引起的流体运动，称为简

单库埃特流动(Couette flow)[7]，其速度是 y 的线性函数；第二项是由 x 方向的压力梯度引起的流体运动，称为二维泊肃叶流动(Poiseuille flow)，其速度分布型为上下对称的抛物线型。

接下来，我们来探究温度分布情况。这个二维定常问题的能量守恒方程为

$$\rho c\left(u\frac{\partial T}{\partial x}+v\frac{\partial T}{\partial y}\right)=\frac{\partial}{\partial x}\left(\lambda\frac{\partial T}{\partial x}\right)+\frac{\partial}{\partial y}\left(\lambda\frac{\partial T}{\partial y}\right)+\Phi \tag{2-2-57}$$

式中：c 和 λ 分别为流体的比热容和热导率。根据此流动的特点，即 $u=u_{(y)}$、$v\equiv 0$ 及 $T=T(y)$(因每一个壁面等温)，同时 $\Phi=\mu\left(\frac{\partial u}{\partial y}\right)^2$，因此式(2-2-57)可以简化为

$$\lambda\frac{\partial^2 T}{\partial y^2}+\mu\left(\frac{\mathrm{d}u}{\mathrm{d}y}\right)^2=0 \tag{2-2-58}$$

由于温度变化范围不大，可假定导热系数 λ 为常数。再结合边界条件 $T_{y=-h}=T_0$、$T_{y=h}=T_1$，可推导得到温度分布。设 $T^*=\frac{T-T_0}{T_1-T_0}$，有下式成立：

$$\begin{aligned}T^* &= \frac{1}{2}(1+y^*)+\frac{Pr\,Ec}{8}(1-y^{*2})\\&-\frac{Pr\,Ec\,B}{6}(y^*-y^{*3})+\frac{Pr\,Ec\,B^2}{12}(1-y^{*4})\end{aligned} \tag{2-2-59}$$

式中：$y^*=\frac{y}{h}$；$Pr=\frac{\mu c}{\lambda}$；Ec 为埃克特数(Eckert number)，表示流动动能与边界层焓差之间的关系，$Ec=\frac{U^2}{c(T_1-T_0)}$；$B=-\frac{h^2 p_{\mathrm{const}}}{\mu U}$。

式(2-2-59)中等号右端的前两项为简单库埃特流动(Couette flow)的贡献，后两项为二维泊肃叶流动(Poiseuille flow)的贡献。可以发现，式(2-2-59)中的温度分布，除了第一项，所有偏移线性项均正比于无量纲参数 $Pr\,Ec$。实际上，除了黏度很高的油类物质外，典型流体的 $Pr\,Ec$ 值都很低。例如：对于空气，$Pr\,Ec\approx 0.01$；对于水，$Pr\,Ec\approx 0.03$；而对于原油，$Pr\,Ec\approx 9.0$。因此对于油类以外的物质，一般可以不考虑黏性耗散对温度场的影响，此时流体中的温度变化不大。

2.3 湍流

在对流体流动状态的研究过程中，雷诺(Reynolds)在 1883 年根据圆管内水流动实验的结果，将流动分为层流和湍流(又称紊流)两种流态[8]，并引入雷诺数作为判断两种流态的标准[9]。管内流动雷诺数(Reynolds Number)定义为

$$Re=\frac{Ud}{\nu}=\frac{4Q}{\pi d\nu} \tag{2-3-1}$$

式中：U 为管内流体的平均流速(m・s)；d 为圆管直径(m)；ν 为流体的运动黏度(m^2/s)；Q 为流量(m^3/s)。

对于圆管内流动，一般情况下，出现湍流状态的最小雷诺数约为 2 300；但如果对外界扰动加以特殊控制，圆管内层流状态可维持到雷诺数为 10^5 甚至更高。也就是说，外界扰动对于流动由层流发展到湍流的过程有非常大的影响，这也导致这一阶段的流动性质极其复杂。

层流和湍流在能量和动量传递的机理上有本质区别。在层流流动中，流体各部分的运动都成“层”地平行于壁面，流体层与层之间彼此不掺混，沿壁面法线方向的热量传递只能依靠流体分子迁移中的扩散方式，即宏观的导热现象。而在湍流流动中，不仅在平行于壁面的方向有对流现象，而且在壁面垂直方向也有对流现象，相邻层次的流体不断扰动混合，发生混乱的涡旋运动，从而动量和能量的传递也将不再由扩散方式所主导，而是主要依靠宏观的涡旋从一个流层向相邻流层随机扩散的方式传递动量和能量。

目前，学术界对湍流并没有严格的定义，一般认为湍流是一种高度复杂的三维空间中的带旋转的不规则非定常流体运动。其与层流运动的明显不同体现在：在湍流场中，流体的压力、速度、温度等变量都随时间和空间发生随机变化。但是，需要注意的是，湍流是连续介质范畴内流体微团的不规则运动，与物质分子的不规则运动具有显著区别。事实上，即使在极不规则的湍流中，流动的最小时间和空间尺度也都远远大于分子热运动的尺度。

从物理机理上说，湍流可以认为由不同尺度的涡旋叠加而成，这些涡旋的大小及旋转方向均是随机的，大尺度的涡旋主要由流动的边界条件决定，其尺寸与流场大小相比拟，可引发湍流场中的低频脉动；小尺度涡旋主要由黏性力决定，其尺寸远远小于大尺度涡旋，可引发高频脉动。不仅如此，湍流流动的不规则性还表现在其不可重复。具体而言，当实验条件完全保持一致时，重复进行实验获得的同一空间点上的速度时间序列是不可重复的。对于这种随机变量，我们可以采用统计平均方法获得其平均值。也就是说，对于湍流流动，其变量可以分解为平均值与脉动值之和，其中脉动值的统计平均值为零。事实上，湍流与层流的本质区别就在于是否存在径向脉动。

自然界中的流动绝大多数都是湍流。在工程应用中，相比于层流，湍流将显著增加流动阻力，但是，湍流也将大大增强流场中的动量和能量交换，提高物质扩散效率和燃烧过程速率等。因此，研究湍流在工程应用中具有重大意义。

在 2.1.3 节中，我们介绍了描述不可压缩牛顿流体流动的纳维 - 斯托克斯方程。从形式上来看，纳维 - 斯托克斯方程是非线性的对流扩散型偏微分方程。但是，在初始条件和边界条件确定的情况下，只有在雷诺数较小时，即在层流状态下，该方程才存在唯一的确定性解，这与实际流动过程一致。而在一般情况下，纳维 - 斯托克斯方程初边值问题解的存在性和唯一性尚未完全得到证明[10]，该问题被美国克雷数学研究所(Clay Mathematics Institute)列为七个“千禧年大奖难题(Millennium Prize Problems)”之一。到目前为止，只有在很苛刻的条件下，纳维-斯托克斯方程解的存在性和唯一性才有证明。当不满足解的唯一性条件时，纳维-斯托克斯方程可能存在分岔解。牛顿流体定常流动的不稳定性还可以导致出现周期性分岔解，这说明不稳定的层流运动可以用纳维-斯托克斯方程的分岔解描述。纳维-斯托克斯方程是否能够描述湍流？换言之，确定性的非线性偏微分方程是否可能有长时间的不规则渐近解？目前已经知道，有限维非线性动力系统渐近解的不规则性非常接近湍流行为。在湍流研究的实践中可以推测，对于纳维-斯托克斯方程的初边值问题，在大雷诺数的情况下，方程具有不规则的渐近解。利用超级计算机对纳维-斯托克斯方程进行数值计算，结果表明在一些简单几何边界流动问题中，模拟得到的时间、空间上的不规则解与物理实验得到的平均统计结果具有相同的空间或时间特性。该结果使人们相信可以用纳维-斯托克斯方程描述牛顿流体的湍流流动。

综上所述，随着雷诺数的增大，流动由层流向湍流过渡的现象与纳维-斯托克斯方程初边值问题解的性质发生变化的现象相对应。层流是小雷诺数下纳维-斯托克斯方程在给定初边值条件下的确定性解；随着雷诺数的增大，开始出现过渡流动，方程出现分岔解；高雷诺数的湍流则对应方程在确定条件下的渐近不规则解。

2.3.1 雷诺方程

如上所述，无论是层流还是湍流，不可压缩牛顿流体的流动都遵从纳维-斯托克斯方程。在本节中，我们仅介绍不可压缩牛顿型流体的湍流运动。考虑到湍流的不规则性，在经典湍流理论中，经常采用平均的方法对湍流进行研究。湍流运动可以分解为平均量与脉动量之和。湍流流场中某一质点的速度和压强可以分别分解为[11]

$$u_i(x,\ t)=\langle U_i(x,\ t)\rangle+u_i'(x,\ t) \tag{2-3-2}$$

$$p_i(x,\ t)=\langle P_i(x,\ t)\rangle+p_i'(x,\ t) \tag{2-3-3}$$

在本书中，如无特殊说明，用“$\langle\rangle$”表示平均量，用上标“$'$”表示脉动量。

式(2-3-2)和式(2-3-3)中的平均值可采用下式进行计算：

$$\begin{cases}\langle U_i\rangle=\sum\limits_{i=1}^{N}\dfrac{u_i}{N}\\ \langle P_i\rangle=\sum\limits_{i=1}^{N}\dfrac{p_i}{N}\end{cases} \tag{2-3-4}$$

式中：u_i 为给定条件下一切可能出现的湍流质点速度；p_i 为给定条件下一切可能出现的湍流质点压力；N 为统计样本数。由以上平均量的定义，可知脉动量的平均值为0。可以证明，流体质点单位质量的动能平均值等于平均运动的动能和湍动能之和。其中，湍动能

的表达式为

$$E=\frac{1}{2}\langle u_i'(x,\ t)+v_i'(x,\ t)\rangle \tag{2-3-5}$$

同时，脉动速度的均方根与当地平均速度绝对值的比值定义为湍流度，表征当地脉动速度的相对强度，一般用符号 e 表示，表达式为

$$e=\frac{\langle u_i'(x,\ t)+v_i'(x,\ t)\rangle^{\frac{1}{2}}}{(\langle U_{xi}\rangle+\langle U_{yi}\rangle)^{\frac{1}{2}}} \tag{2-3-6}$$

对纳维-斯托克斯方程进行系综平均，即可推导出湍流统计量的方程。在不可压缩的湍流中，设密度为常数，用张量形式表示的纳维－斯托克斯方程为

$$\frac{\partial u_i}{\partial t}+u_j\frac{\partial u_i}{\partial x_j}=-\frac{1}{\rho}\frac{\partial p}{\partial x_i}+\nu\frac{\partial^2 u_i}{\partial x_j\partial x_j}+f_i \tag{2-3-7}$$

相应地，张量形式表示的连续性方程为(密度为常数，故$\frac{\partial\rho}{\partial t}=0$)

$$\frac{\partial u_i}{\partial x_i}=0 \tag{2-3-8}$$

对式(2－3－7)和式(2－3－8)进行系综平均，可得

$$\left\langle\frac{\partial u_i}{\partial t}\right\rangle+\left\langle u_j\frac{\partial u_i}{\partial x_j}\right\rangle=\left\langle-\frac{1}{\rho}\frac{\partial p}{\partial x_i}\right\rangle+\left\langle\nu\frac{\partial^2 u_i}{\partial x_j\partial x_j}\right\rangle+\langle f_i\rangle \tag{2-3-9}$$

$$\left\langle\frac{\partial u_i}{\partial x_i}\right\rangle=0\Rightarrow\frac{\partial u_i}{\partial x_i}=0 \tag{2-3-10}$$

系综平均运算和求导(时间、空间)运算可交换，因此式(2－3－9)可改写为

$$\frac{\partial\langle u_i\rangle}{\partial t}+\left\langle u_j\frac{\partial u_i}{\partial x_j}\right\rangle=-\frac{1}{\rho}\frac{\partial\langle p\rangle}{\partial x_i}+\nu\frac{\partial^2\langle u_i\rangle}{\partial x_j\partial x_j}+\langle f_i\rangle \tag{2-3-11}$$

式(2－3－11)等号左侧第二项为对流项，其可展开为

$$\left\langle u_j\frac{\partial u_i}{\partial x_j}\right\rangle=\left\langle\frac{\partial u_iu_j}{\partial x_j}-u_i\frac{\partial u_j}{\partial x_j}\right\rangle=\left\langle\frac{\partial u_iu_j}{\partial x_j}\right\rangle-\frac{\partial\langle u_iu_j\rangle}{\partial x_j} \tag{2-3-12}$$

式中，

$$\begin{aligned}\langle u_iu_j\rangle&=\langle(\langle u_i\rangle+u_i')(\langle u_j\rangle+u_j')\rangle\\&=\langle\langle u_i\rangle\langle u_j\rangle+\langle u_i\rangle u_j'+\langle u_j\rangle u_i'+u_i'u_j'\rangle\\&=\langle u_i\rangle\langle u_j\rangle+\langle u_i\rangle\langle u_j'\rangle+\langle u_j\rangle\langle u_i'\rangle+\langle u_i'u_j'\rangle\\&=\langle u_i\rangle\langle u_j\rangle+\langle u_i'u_j'\rangle\end{aligned} \tag{2-3-13}$$

据此，可推导出系综平均的纳维-斯托克斯方程，表达式为

$$\frac{\partial\langle u_i\rangle}{\partial t}+\langle u_j\rangle\frac{\partial\langle u_i\rangle}{\partial x_j}=-\frac{1}{\rho}\frac{\partial\langle p\rangle}{\partial x_i}+\nu\frac{\partial^2\langle u_i\rangle}{\partial x_j\partial x_j}-\frac{\partial\langle u_i'u_j'\rangle}{\partial x_j}+\langle f_i\rangle \quad (2-3-14)$$

式(2－3－9)和式(2－3－14)称为雷诺(平均)方程。从式(2－3－14)可以看到，同纳维－斯托克斯方程相比，湍流平均运动的控制方程中增加了$\frac{-\partial\langle u_i'u_j'\rangle}{\partial x_j}$项，表明其反映了应力形式的作用，附加应力 $R_{ij}=-\langle u_i'u_j'\rangle$(或$-\rho\langle u_i'u_j'\rangle$)称为雷诺应力。由于雷诺应力项的存在，导致雷诺方程并不封闭。因此，利用式(2－3－14)求解湍流平均运动时，需引入附加方程封闭雷诺应力项。

将雷诺方程与纳维－斯托克斯方程和连续性方程相减，可得到脉动运动的控制方程，表达式为

$$\begin{cases}\frac{\partial u_i'}{\partial t}+\langle u_j\rangle\frac{\partial u_i'}{\partial x_j}+u_j'\frac{\partial\langle u_i\rangle}{\partial x_j}=-\frac{1}{\rho}\frac{\partial p'}{\partial x_i}+\nu\frac{\partial^2 u_i'}{\partial x_j\partial x_j}-\frac{\partial}{\partial x_j}(u_i'u_j'-\langle u_i'u_j'\rangle)\\ \frac{\partial u_i'}{\partial x_i}=0\end{cases} \quad (2-3-15)$$

可以看到，式(2－3－15)中同样存在雷诺应力项。

2.3.2 雷诺应力(湍动能)输运方程

雷诺应力的物理意义可以通过动量输运来理解，$-\rho\langle u_i'u_j'\rangle$为二阶对称张量，满足乘积可交换性。根据本书第1章内容可知，式 $\rho u_i u_j$ 为通过单位面积控制面的动量通量，其平均值为

$$\langle\rho u_i u_j\rangle=\rho\langle(\langle u_i\rangle+u_i')(\langle u_j\rangle+u_j')\rangle=\rho\langle u_i\rangle\langle u_j\rangle+\rho\langle u_i'u_j'\rangle \quad (2-3-16)$$

上式最后结果中第一项表示湍流场中平均运动的动量通量，第二项则为脉动运动通过同一平面时的动量通量的平均值。也就是说，在湍流运动中，运动动量通量的平均值为湍流平均运动的动量通量和脉动动量通量之和。

将湍流的平均运动方程改写为以下形式：

$$\frac{\partial\langle\rho u_i\rangle}{\partial t}+\langle u_j\rangle\frac{\partial\langle\rho u_i\rangle}{\partial x_j}+\frac{\partial\langle\rho u_i'u_j'\rangle}{\partial x_j}=-\frac{\partial\langle p\rangle}{\partial x_i}+\mu\frac{\partial^2\langle\rho u_i\rangle}{\partial x_j\partial x_j}+\rho\langle f_i\rangle \quad (2-3-17)$$

上式等号左侧第一项和第二项之和为湍流平均运动的动量增长率，其需再加上脉动动量平均值的空间增长率，即$\frac{\partial\langle\rho u_i'u_j'\rangle}{\partial x_j}$，才能与流体所受的平均压力、黏性应力和质量力之和保持平衡。换言之，在湍流运动中，作用于控制体的平均压力、黏性应力和质量力的合力

不仅提供平均运动的动量增长，而且还提供脉动动量通量的空间增长。需要注意的是，在湍流平均运动中，由于湍流脉动的最小特征尺度仍然属于宏观尺度，而分子运动的特征长度则为分子运动平均自由程，远远小于流体运动的宏观尺度，因此雷诺应力往往远大于分子的黏性应力。

雷诺应力遵循一定的动力学方程，该方程可由脉动方程导出。在推导过程中，用u_j'乘u_i'的动量方程加上用u_i'乘u_j'的动量方程，然后取平均，再经过一系列代数推导过程即可得到雷诺应力输运方程，表达式为

$$\begin{aligned}&\frac{\partial\langle u_i'u_j'\rangle}{\partial t}+\langle u_k\rangle\frac{\partial\langle u_i'u_j'\rangle}{\partial x_k}\\&=-\langle u_i'u_k'\rangle\frac{\partial\langle u_j\rangle}{\partial x_k}-\langle u_j'u_k'\rangle\frac{\partial\langle u_i\rangle}{\partial x_k}+\langle\frac{p'}{\rho}\left(\frac{\partial u_i'}{\partial x_j}+\frac{\partial u_j'}{\partial x_i}\right)\rangle-\\&\frac{\partial}{\partial x_k}\left(\frac{\langle p'u_i'\rangle}{\rho}\delta_{jk}+\frac{\langle p'u_j'\rangle}{\rho}\delta_{ik}+\langle u_i'u_j'u_k'\rangle-\nu\frac{\partial\langle u_i'u_j'\rangle}{\partial x_k}\right)-\\&2\nu\langle\frac{\partial u_i'}{\partial x_k}\frac{\partial u_j'}{\partial x_k}\rangle\end{aligned}\tag{2-3-18}$$

由湍动能 $k=\frac{\langle u_i'u_j'\rangle}{2}$，对上式做张量收缩，可推导得出湍动能输运方程，表达式为

$$\begin{aligned}&\frac{\partial k}{\partial t}+\langle u_k\rangle\frac{\partial k}{\partial x_k}\\&=-\langle u_i'u_k'\rangle\frac{\partial\langle u_i\rangle}{\partial x_k}-\frac{\partial}{\partial x_k}\left(\frac{\langle p'u_k'\rangle}{\rho}+\langle k'u_k'\rangle-\nu\frac{\partial k}{\partial x_k}\right)-\nu\langle\frac{\partial u_i'}{\partial x_k}\frac{\partial u_i'}{\partial x_k}\rangle\end{aligned}\tag{2-3-19}$$

式中：$k'=\frac{u_i'u_i'}{2}$为脉动动能，即单位质量脉动运动对应的动能；$C_k=\frac{\partial k}{\partial t}+\langle u_k\rangle\frac{\partial k}{\partial x_k}$，为湍动能在湍流平均运动的轨迹上的增长率；$P_k=-\langle u_i'u_k'\rangle\frac{\partial\langle u_i\rangle}{\partial x_k}$为雷诺应力通过平均运动的变形率向湍流脉动输入的平均能量，因此该项称为湍动能生成项，其中$P_k>0$表示平均运动向脉动运动输入能量，湍动能增加，$P_k<0$则对应湍动能减小；$D_k=\frac{\partial}{\partial x_k}\left(\frac{\langle p'u_k'\rangle}{\rho}+\langle k'u_k'\rangle-\nu\frac{\partial k}{\partial x_k}\right)$为湍动能扩散，由表达式可知，其由三部分组成，表达式等号右侧括号中第一项$\frac{\langle p'u_k'\rangle}{\rho}$表示由于压力速度相关产生的扩散作用，第二项$\langle k'u_k'\rangle$表示由湍流脉动三阶相关产生的扩散，它是由湍流脉动 u_k'的不规则运动携带的脉动动能平均值，第三项$\frac{\nu\partial k}{\partial x_k}$表示由分子黏性产生的湍动能扩散；$\varepsilon=\nu\langle\frac{\partial u_i'}{\partial x_k}\frac{\partial u_i'}{\partial x_k}\rangle$为湍动能耗散，$\varepsilon>0$，在湍动能输运方程中，其使得湍动能总是减小。

作为特例，在没有外力作用且平均变形率为零的均匀湍流场中，动能在湍流平均运动

的轨迹上的增长率和湍动能扩散过程可忽略不计，此时湍动能输运方程可以简化为

$$\frac{\partial k}{\partial t} = -\nu\langle\frac{\partial u_i'}{\partial x_k}\frac{\partial u_i'}{\partial x_k}\rangle = -\varepsilon \Rightarrow P_k = \varepsilon \tag{2-3-20}$$

因此，均匀无剪切平均流场中湍动能必然不断衰减至全部耗尽。而在平均变形率不为零时，雷诺应力将平均场中的一部分能量转移到脉动运动，从而抵消掉湍动能耗散的影响，进而维持湍流脉动。

通过以上分析，我们可以看到，为解决雷诺方程的封闭问题，我们引入了雷诺应力输运方程，但是该方程中又出现了更高阶的统计相关量，因此并不能解决雷诺方程的封闭问题。实际上，由纳维－斯托克斯方程导出的湍流统计方程是永远不封闭的。因此，在湍流统计理论中，研究统计方程的封闭方法是十分重要的。这一点将在本章后续内容中进行详细介绍。

2.3.3 标量输运方程

当湍流场中存在温差或者流体由不同组分组成时，温度和组分浓度也会随着流体的脉动做不规则的变化。这时，除了流体的平均动量输运之外，还会存在平均温度、平均浓度输运过程，也就是流动过程中的传热传质过程。温度和浓度为标量，它们的平均输运方程称为标量输运方程。以温度为例，湍流场中存在温度分布时，在温差较小时，常常采用布辛涅司克(Boussinesq)假设，即认为流体密度为常数。流场中温度输运方程为

$$\frac{\partial T}{\partial t} + u_j\frac{\partial T}{\partial x_j} = \lambda\frac{\partial^2 T}{\partial x_j \partial x_j} + q \tag{2-3-21}$$

式中：q 为热源项，包括流动黏性耗散输入的能量$\frac{\mu}{c_p}\frac{\partial u_i}{\partial x_j}\frac{\partial u_i}{\partial x_j}$和其他热源项。对上式做系综平均即可推导得出平均温度的输运方程，表达式为

$$\frac{\partial\langle T\rangle}{\partial t} + \langle u_j\rangle\frac{\partial\langle T\rangle}{\partial x_j} = \lambda\frac{\partial^2\langle T\rangle}{\partial x_j\partial x_j} - \frac{\partial\langle u_j'T'\rangle}{\partial x_j} \tag{2-3-22}$$

式中：$\lambda\frac{\partial^2\langle T\rangle}{\partial x_j\partial x_j}$为平均温度的分子扩散项；$-\frac{\partial\langle u_j'T'\rangle}{\partial x_j}$为标量脉动通量平均值的梯度，称为标量的湍流扩散项。

需要注意的是，式(2－3－22)中也出现了不封闭项$\langle u_j'T'\rangle$，该项为脉动温度通量的平均值。

将上述平均温度输运方程中的温度 T 替换为组分浓度 C，导热系数替换为扩散系数 D，即可得到湍流场中平均浓度的质量输运方程，表达式为

$$\frac{\partial\langle C\rangle}{\partial t} + \langle u_j\rangle\frac{\partial\langle C\rangle}{\partial x_j} = D\frac{\partial^2\langle C\rangle}{\partial x_j\partial x_j} - \frac{\partial\langle u_j'C'\rangle}{\partial x_j} \tag{2-3-23}$$

同样，式(2-3-23)中出现了不封闭项$\langle u_j'C'\rangle$。可以看出由上述标量输运方程确定的标量场是由速度场决定的，但是标量场不会对速度场产生影响，其反映的标量输运过程一般称为被动标量输运过程。

2.3.4　湍流模拟

由于湍流涉及方程的复杂性，在绝大多数情况下，我们遇到的湍流问题并不会有解析解，或者说很难得到解析解。因此借助数值模拟方法求解湍流问题就显得尤为重要。根据研究目的和精确度需求的不同，用不同湍流数值模拟方法所得到的仿真结果也大不相同。一般来说，在工程实际应用领域中，人们往往更为关心湍流场的统计平均值，如平均速度、平均作用力等。这时，以雷诺平均方程结合工程实践经验对其不封闭项(雷诺应力项)进行封闭，就可获得平均湍流场，这种模拟方法称为雷诺平均纳维-斯托克斯(Reynolds averaged Navier-Stokes，RANS)数值模拟[12]。由于雷诺应力主要来自于流场中的大尺度脉动，其性质和流动边界条件密切相关，因此其封闭模式不可能是普适的。事实上，采用RANS方法模拟湍流场对使用者的经验有很高要求。如果需要对湍流场进行深入细致的了解，获得湍流场中的所有细节，则必须从最精确的流动方程出发，直接求解纳维-斯托克斯方程，这种数值模拟方法称为直接数值模拟(Direct Numerical Simulation，DNS)。但是由于纳维-斯托克斯方程求解非常困难，目前只能对简单边界条件、小雷诺数的湍流场进行DNS。可以预见的是，DNS的计算量要远远大于RANS。鉴于湍流场中的小尺度脉动具有局部平衡的性质，其对大尺度运动的统计作用很可能具有普适性。因此，在模拟过程中可以对湍流场中大尺度脉动用DNS计算，而对小尺度脉动对大尺度脉动的作用机制采用模型进行假设，这种数值模拟方法称为大涡数值模拟(Large-eddy Simulation，LES)。

1. RANS方法

如上所述，RANS方法是基于系综平均的纳维-斯托克斯方程求解法，即用雷诺方程对湍流平均场进行模拟。在2.3.2节中，我们已经推导出雷诺平均方程：

$$\begin{cases} \dfrac{\partial\langle u_i\rangle}{\partial t}+\langle u_j\rangle\dfrac{\partial\langle u_i\rangle}{\partial x_j}=-\dfrac{1}{\rho}\dfrac{\partial\langle p\rangle}{\partial x_i}+\nu\dfrac{\partial^2\langle u_i\rangle}{\partial x_j\partial x_j}-\dfrac{\partial\langle u_i'u_j'\rangle}{\partial x_j}+\langle f_i\rangle \\ \dfrac{\partial\langle u_i\rangle}{\partial x_i}=0 \end{cases} \tag{2-3-24}$$

脉动方程为

$$\begin{cases} \dfrac{\partial u_i'}{\partial t}+\langle u_j\rangle\dfrac{\partial u_i'}{\partial x_j}+u_j'\dfrac{\partial\langle u_i\rangle}{\partial x_j}=-\dfrac{1}{\rho}\dfrac{\partial p'}{\partial x_i}+\nu\dfrac{\partial^2 u_i'}{\partial x_j\partial x_j}-\dfrac{\partial}{\partial x_j}(u_i'u_j'-\langle u_i'u_j'\rangle) \\ \dfrac{\partial u_i'}{\partial x_i}=0 \end{cases} \tag{2-3-25}$$

此外，标量输运方程为

$$\frac{\partial\theta'}{\partial t}+\langle u_j\rangle\frac{\partial\theta'}{\partial x_j}=-u_j'\frac{\partial\langle\theta\rangle}{\partial x_j}+k\frac{\partial^2\theta'}{\partial x_j\partial x_j}-\frac{\partial}{\partial x_j}(u_j'\theta'-\langle u_j'\theta'\rangle) \tag{2-3-26}$$

对应的初始条件和边界条件分别为

$$\begin{cases}u_i'(x,0)=u_{i0}'(x),\theta'(x,0)=\theta_0'(x)\\u_i'|_{\Sigma}=u_{i\Sigma}'(x,t),\theta'|_{\Sigma}=\theta'_{\Sigma}(x,t)\end{cases} \tag{2-3-27}$$

从上述输运方程中可以看出，雷诺平均方程中含有二阶不封闭项$\langle u_i'u_j'\rangle$，即雷诺应力项，在 2.3.2 节中我们已推导出雷诺应力的输运方程，但是该方程中仍含有不封闭项，如三阶湍流扩散项和四阶再分配项。

在低阶统计矩的输运方程中建立高阶统计矩和低阶统计矩的关系式以封闭低阶统计矩的输运方程是湍流统计模式的基本思想。但是在湍流脉动的统计矩中，由于其包含极其丰富的脉动场的性质，不可能采用解析方法建立二者之间的关系式，因此不得不采取各种各样的近似假定，这些近似假定都有各自的适用范围，这也是采用 RANS 方法模拟湍流时，需要有一定的经验才能获得准确预测结果的重要原因之一。

同流体运动的本构方程类似，湍流统计矩的封闭方程是作为一种客观的物理关系式存在的，与参考坐标系无关，满足流动真实性的约束，同时符合张量函数的运算规则。不仅如此，在将实际三维非均匀湍流场简化为均匀湍流场时，由封闭方程推导得出的结果也应当和理论、实验或者直接数值模拟得到的结果保持一致，即满足渐进性原则。在实际应用中，该原则常用来确定封闭方程中的待定系数。目前常用的雷诺方程封闭方法主要有以下几种[13]。

(1)涡黏模式(标准 k - 模式)

目前，工程实际中常用的湍流封闭模式是涡黏模式，其表达式与分子黏性表达式类似，因此可以很容易地将纳维 - 斯托克斯方程的数值解法推广到雷诺平均方程的计算之中。

(2)代数涡黏模式(零方程模型)

Ⅰ. 线性涡黏模式

布辛涅司克(Boussinesq)于 1887 年假定，与层流运动时的应力相似，湍流脉动所造成的附加应力，即雷诺应力与时均应变率之间存在线性关系。基于该假设，雷诺应力和标量输运的封闭关系式可以写为

$$-\langle u_i'u_j'\rangle=\nu_i\left(\frac{\partial\langle u_i\rangle}{\partial x_j}+\frac{\partial\langle u_j\rangle}{\partial x_i}\right)-\frac{1}{3}\delta_{ij}\langle u_i'u_i'\rangle \tag{2-3-28}$$

$$-\langle u_i'\theta'\rangle=\kappa_i\frac{\partial\theta}{\partial x_i} \tag{2-3-29}$$

式中：ν_i，κ_i 分别为湍流附加黏性系数和扩散系数，或称作涡黏系数和涡扩散系数。

需要注意的是，上述两个参数并不是物性参数，而是和湍流运动状态有关的系数。尽管这一假设并无物理基础，但以此为基础的湍流模型在工程计算中却得到了广泛应用。

Ⅱ. 混合长度模式

基于分子运动的比拟，将其类比于分子运动自由程。其中，假定脉动微团在经历混合长度 l 这段距离内，脉动速度值保持不变，且脉动速度与混合长度和流动方向上的平均速度梯度成正比，即

$$u' \propto l \left| \frac{\partial \langle u \rangle}{\partial y} \right| \tag{2-3-30}$$

同分子黏性系数与分子自由程和分子热运动速度之积成正比类似，涡黏系数与脉动速度与混合长度的乘积成正比，即

$$\nu_i \propto l^2 \left| \frac{\partial \langle u \rangle}{\partial y} \right| \tag{2-3-31}$$

式(2-3-31)是基于二维剪切层导出的。涡黏系数与涡扩散系数的比值为湍流普朗特数，即 $Pr_t = \frac{\nu_t}{\kappa_t}$，工程计算中常取为 0.6～1.0。为封闭混合长度，仍需进一步确定混合长度表达式。在边界层的近壁区，混合长度 l 与流体质点同壁面的距离 y 成正比，即 $l = \kappa y$。其中，κ 为卡门常数(Kármán constant)。在自由剪切湍流中，混合长度则与剪切层的位移厚度成正比。在充分发展的湍流管流中，

$$\frac{l}{r} = 0.14 - 0.08\left(1 - \frac{y}{r}\right)^2 - 0.06\left(1 - \frac{y}{r}\right)^4 \tag{2-3-32}$$

式中：r 为管道半径(m)。

而在一般的三维湍流中，涡黏系数公式一般采用司马格林斯基(Smagorinsky)于 1963 年提出的关系式：

$$\nu_i = l^2 \sqrt{2(\boldsymbol{S}_{ij}\boldsymbol{S}_{ij})} \tag{2-3-33}$$

式中：$\boldsymbol{S}_{ij}$ 为应变率张量。

由上文介绍可以看出，代数涡黏模式非常简单，对应计算量相对很小，因此在工程中得到了广泛应用。但是，由于其不具有普适性，在实际应用中需根据特定的流动状态做出各种修正。不仅如此，代数模式中，雷诺应力及标量通量只和当时时刻的平均变形率和平均标量梯度有关，完全忽略了湍流统计量之间关系的历史效应。

(3)单方程模型

前面提到，在零方程模型中，未考虑湍流特性参数对湍流黏性系数的影响，在单方程

模型中通过引入湍流脉动动能的平方根对此进行改进。通过一系列假设与变化，可以得到湍动能的输运方程为

$$\begin{cases}\dfrac{\partial k}{\partial t}+U_j\dfrac{\partial k}{\partial x_j}=P_\mathrm{k}-\varepsilon+\dfrac{\partial}{\partial x_j}\left(\dfrac{1}{\rho}\left(\mu+\dfrac{\mu_\mathrm{i}}{\sigma_\mathrm{k}}\right)\dfrac{\partial k}{\partial x_j}\right)\\ \varepsilon=f(k,\ l)\end{cases} \tag{2-3-34}$$

式中：σ_k 为湍动能扩散系数。

但是，该方程在应用时还需借用混合长度的概念才能真正封闭湍流微分方程组。

(4)双方程模型(标准 $k-\varepsilon$ 模式)

在该模式中，湍动能和耗散率分别由各自的输运方程得出，故此得名。根据量纲分析法，可以得出涡黏系数与湍动能和耗散率的关系式为

$$\nu_i=C_\mu\frac{k^2}{\varepsilon} \tag{2-3-35}$$

式中：C_μ 为无量纲系数。

事实上，涡黏系数应当与含能涡的特征速度 u' 和特征长度 l 有关，即，$\nu_i\sim u'l$，而含能涡的特征速度应与湍动能有关，即 $u'\sim k^{\frac{1}{2}}$。而含能涡向小尺度涡的能量传递率等于耗散率，因此其特征长度为 $l=\dfrac{k^{\frac{1}{2}}}{\varepsilon}$。

在前面小节中，我们已经推导得出湍动能输运方程为

$$\begin{aligned}&\frac{\partial k}{\partial t}+\langle u_\mathrm{k}\rangle\frac{\partial k}{\partial x_\mathrm{k}}\\&=-\langle u_i'u_\mathrm{k}'\rangle\frac{\partial\langle u_i\rangle}{\partial x_\mathrm{k}}-\frac{\partial}{\partial x_\mathrm{k}}\left(\frac{\langle p'u_\mathrm{k}'\rangle}{\rho}+\langle k'u_\mathrm{k}'\rangle-\nu\frac{\partial k}{\partial x_\mathrm{k}}\right)-\nu\left\langle\frac{\partial u_i'}{\partial x_\mathrm{k}}\frac{\partial u_i'}{\partial x_\mathrm{k}}\right\rangle\end{aligned} \tag{2-3-36}$$

上式等号右端第一项为生成项 P_k，代入式 $-\langle u_i'u_j'\rangle=\nu_i\left(\dfrac{\partial\langle u_i\rangle}{\partial x_j}+\dfrac{\partial\langle u_j\rangle}{\partial x_i}\right)-\dfrac{1}{3}\delta_{ij}\langle u'_iu_i'\rangle$，可得：

$$P_\mathrm{k}=2\nu_i\langle S_{ik}\rangle\frac{\partial\langle u_i\rangle}{\partial x_\mathrm{k}} \tag{2-3-37}$$

式(2-3-36)等号右端第二项为扩散项，假定湍动能输运与平均动量输运性质类似，采用线性梯度形式得出梯度型的扩散模式为

$$-\left(\frac{\langle p'u_\mathrm{k}'\rangle}{\rho}+\langle k'u_\mathrm{k}'\rangle\right)=\frac{\nu_i}{\sigma_k}\frac{\partial k}{\partial x_\mathrm{k}} \tag{2-3-38}$$

式中：$\dfrac{\nu_i}{\sigma_\mathrm{k}}$为扩散系数。

式(2-3-36)等号右端的最后一项为耗散项，采用如下耗散方程予以封闭，则湍动能输运方程可由湍流脉动方程推导得出：

$$
\begin{aligned}
&\frac{\partial \varepsilon}{\partial t}+\langle u_{\mathrm{k}}\rangle\frac{\partial \varepsilon}{\partial x_{\mathrm{k}}}\\
&=-2\nu\frac{\partial\langle u_i\rangle}{\partial x_{\mathrm{k}}}\langle\frac{\partial u_i'}{\partial x_j}\frac{\partial u_{\mathrm{k}}'}{\partial x_j}\rangle-2\nu\frac{\partial\langle u_i\rangle}{\partial x_{\mathrm{k}}}\langle\frac{\partial u_j'}{\partial x_i}\frac{\partial u_j'}{\partial x_{\mathrm{k}}}\rangle-\\
&2\nu\frac{\partial^2\langle u_i\rangle}{\partial x_{\mathrm{k}}\partial x_j}\langle u_{\mathrm{k}}'\frac{\partial u_i'}{\partial x_j}\rangle-2\nu\langle\frac{\partial u_i'}{\partial x_{\mathrm{k}}}\frac{\partial u_i'}{\partial x_j}\frac{\partial u_{\mathrm{k}}'}{\partial x_j}\rangle-\nu\frac{\partial}{\partial x_{\mathrm{k}}}\langle u_{\mathrm{k}}'\frac{\partial u_i'}{\partial x_j}\frac{\partial u_i'}{\partial x_j}\rangle-\\
&2\nu\frac{\partial}{\partial x_{\mathrm{k}}}\langle\frac{\partial p'}{\partial x_j}\frac{\partial u_{\mathrm{k}}'}{\partial x_j}\rangle-2\nu^2\langle\frac{\partial^2 u_i'}{\partial x_j\partial x_{\mathrm{k}}}\frac{\partial u_i'}{\partial x_j\partial x_{\mathrm{k}}}\rangle-\nu\frac{\partial^2\varepsilon}{\partial x_i\partial x_i}
\end{aligned}
\tag{2-3-39}
$$

式(2-3-39)等号右端前四项为耗散率的生成项，其中前三项表示大涡拉伸，第四项表示小涡拉伸；第五、六项分别表示湍流输运和压强作用产生的扩散项；第七项为表示耗散率的耗散项；最后一项为分子扩散项。总体而言，湍动能耗散率输运方程的源项由生成、扩散和消耗三种项组成。由于其复杂性，通常采用类比方法对其进行简化，具体为：湍动能耗散率的生成项为 $C_{\varepsilon1}\frac{\varepsilon}{k}$ 与湍动能生成项的乘积；湍动能耗散的梯度扩散为$\frac{\nu_i}{\sigma_{\mathrm{k}}}\frac{\partial\varepsilon}{\partial x_{\mathrm{k}}}$；湍动能耗散的消耗项为 $C_{\varepsilon2}\frac{\varepsilon^2}{k}$，即 $C_{\varepsilon2}\frac{\varepsilon}{k}$ 与湍动能耗散项的乘积。因此，湍动能和耗散率的输运方程可以分别表示为

$$
\frac{\partial k}{\partial t}+\langle u_{\mathrm{k}}\rangle\frac{\partial k}{\partial x_{\mathrm{k}}}=2\nu_i\langle S_{i\mathrm{k}}\rangle\frac{\partial\langle u_i\rangle}{\partial x_j}-\frac{\partial}{\partial x_{\mathrm{k}}}\left(\left(\nu+\frac{\nu_i}{\sigma_{\mathrm{k}}}\right)\frac{\partial k}{\partial x_{\mathrm{k}}}\right)-\varepsilon \tag{2-3-40}
$$

$$
\frac{\partial\varepsilon}{\partial t}+\langle u_{\mathrm{k}}\rangle\frac{\partial\varepsilon}{\partial x_{\mathrm{k}}}=C_{\varepsilon1}\frac{\varepsilon}{k}\left(2\nu_i\langle S_{i\mathrm{k}}\rangle\frac{\partial\langle u_i\rangle}{\partial x_j}\right)-\frac{\partial}{\partial x_{\mathrm{k}}}\left(\left(\nu+\frac{\nu_i}{\sigma_{\mathrm{k}}}\right)\frac{\partial\varepsilon}{\partial x_{\mathrm{k}}}\right)-C_{\varepsilon2}\frac{\varepsilon^2}{k} \tag{2-3-41}
$$

对于壁面附近的湍流而言，其梯度变化往往非常大。例如，根据无滑移边界条件我们可以知道：壁面速度为0；随着离壁面距离的增加，速度逐渐增加到主流速度；越靠近壁面，梯度变化越大。为简化计算，往往采用半经验公式将壁面物理量与湍流核心区域求解变量相联系。这样在湍流核心区域采用湍流模型进行求解，而壁面区则不直接求解。或者，还可以采用低雷诺数修正方法，将模型计算扩展到壁面，对模型控制方程中各项进行相应修改，从而体现壁面附近流动的真实特征。

2. LES 方法

前面我们已经介绍过，湍流脉动及其混合脉动主要是由大尺度的涡造成的。大尺度的涡将能量传递到小尺度的涡。其中，大尺度脉动决定了湍流流场的基本性质，是流场质量和能量的主要携带者，具有高度各向异性；而小尺度脉动则是由大尺度脉动之间的非线性

作用产生，可近似看作具有各向同性，主要起能量耗散的作用。因此，为降低计算量，采用纳维－斯托克斯方程直接求解大尺度脉动，而通过建立近似模型体现小尺度脉动对大尺度脉动的影响。在大涡模拟过程中，为区分小尺度脉动，首先需对湍流场脉动进行过滤。目前，常用的均匀过滤器有谱空间低通滤波器、物理空间的盒式滤波器及高斯滤波器三种。

过滤后，湍流速度 u_i 可以分解为可解尺度脉动 $\overline{u}_i$ 和剩余脉动 u''_i 之和，即 $u_i = \overline{u}_i + u''_i$。剩余脉动也被称为不可解尺度脉动或亚格子尺度脉动。对纳维－斯托克斯方程进行过滤后，可推导得出以下方程：

$$\begin{cases} \dfrac{\partial \overline{u}_i}{\partial t} + \dfrac{\partial \overline{u_i u_j}}{\partial x_j} = -\dfrac{1}{\rho}\dfrac{\partial \overline{p}}{\partial x_i} + \nu \dfrac{\partial^2 \overline{u}_i}{\partial x_j \partial x_j} \\ \dfrac{\partial \overline{u}_i}{\partial x_i} = 0 \end{cases} \tag{2-3-42}$$

将 $\overline{u_i u_j}$ 分解为 $\overline{u_i u_j} = \overline{u}_i \overline{u}_j + (\overline{u_i u_j} - \overline{u}_i \overline{u}_j)$，则有

$$\frac{\partial \overline{u}_i}{\partial t} + \frac{\partial \overline{u}_i \overline{u}_j}{\partial x_j} = -\frac{1}{\rho}\frac{\partial \overline{p}}{\partial x_i} + \nu \frac{\partial^2 \overline{u}_i}{\partial x_j \partial x_j} - \frac{\partial (\overline{u_i u_j} - \overline{u}_i \overline{u}_j)}{\partial x_j} \tag{2-3-43}$$

式中，$\overline{\tau}_{ij} = -(\overline{u_i u_j} - \overline{u}_i \overline{u}_j)$ 为亚格子应力，是过滤之后的小尺度脉动和可解尺度湍流之间的动量输运，为不封闭项。

因此，为实现大涡模拟，还必须构造亚格子应力的封闭模式。目前，常用的亚格子力模型有亚格子应力模型、尺度相似和混合模型、动力模型、谱空间涡黏模型、结构函数模型、理性亚格子模型(CZZS 模型)。限于篇幅，我们不对这些模型一一介绍。

对标量输运方程进行过滤，同样可以推导得出标量输运的大涡模拟方程，表达式为

$$\frac{\partial \overline{\theta}}{\partial t} + \overline{u}_i \frac{\partial \overline{\theta}}{\partial x_i} = \kappa \frac{\partial^2 \overline{\theta}}{\partial x_k \partial x_k} - \frac{\partial}{\partial x_i}(\overline{u}_i \overline{\theta} - \overline{u_i \theta}) \tag{2-3-44}$$

式中：$\overline{u}_i \overline{\theta} - \overline{u_i \theta}$ 为待封闭项，称为亚格子标量输运项。亚格子标量输运模型可以分为涡扩模型、尺度相似型和理性模型三类。

对于亚格子模型的准确性检验，一方面可以将直接数值模拟的结果进行过滤后计算得到的亚格子应力同亚格子模型计算得到的亚格子应力进行比较；另一方面可以将大涡模拟的算例与相同参数的直接数值模拟或者实验得到的结果进行比较、验证。前一种方法称为先验方法，可以对亚格子应力的输运机制进行深入细致的研究，但其并不能完全确定亚格子模型的准确性；后一种验证方法称为后验方法，该方法才是确定亚格子模型结果是否合理的最终检验。

在大涡模拟中，亚格子应力决定了样本流动的演化过程。考虑到样本湍流流动本身不可重复，即使初始场完全相同，在加入亚格子模型后，大涡数值模拟得到的流动特性与直接数值模拟结果也会越差越大。因此，单纯比较样本流动并没有实际意义。实际上，大涡

数值模拟计算得到的湍流统计特性能否同直接数值模拟结果或实验结果符合良好，才是衡量大涡数值模拟是否准确的标准。而大尺度脉动向小尺度脉动的能量传递则是大涡模拟的关键所在。

相比于 RANS 方法，LES 方法具有更大的普适性，在复杂流动的模拟中，可以获得很多 RANS 方法无法获得的湍流的细微结构和流动图像。而且，RANS 方法只能获得定常流动图像，大涡模拟则可以获得流动的动态特性。当然，相应地，大涡模拟的计算量也往往远大于 RANS 方法得到的计算量。

3. DNS 方法

前面我们提到的 RANS 方法和 LES 方法在模拟湍流过程中，均需借助各种各样的湍流模型，对模型控制方程中的不封闭项还需采用各种各样的假设进行封闭。而直接数值模拟方法则无须借助任何湍流模型，可以直接求解纳维-斯托克斯方程，因此其能够精确地描述出湍流的瞬时演变过程。在求解过程中，为捕捉流场中任意尺度的湍流脉动，必须采用非常小的时间和空间步长，才能获取流场中详细的空间结构和变化剧烈的时间特性，因此其计算量往往十分巨大。在计算过程中，若采用显式格式，为保证数值计算的稳定性，其时间步长必须满足收敛条件，即 $\delta t<\frac{\Delta}{u}$，时间推进的积分长度应当数倍于大涡的特征时间$\frac{L}{u}$，因此总的计算步数应满足 $N>\frac{L}{\Delta\sim Re_l^{\frac{3}{4}}}$。截至目前，直接数值模拟的应用范围仍局限在低雷诺数、简单几何边界和边界条件的湍流流动中。由于在直接数值模拟过程中不引入任何假设和经验参数，方程本身的精确性保证了直接数值模拟得到的湍流场是准确的，仅有的误差则来自于求解过程中采用的数值方法。因此，直接数值模拟方法得到的结果可以对各种湍流模型进行验证。特别地，直接数值模拟可以获得湍流场的全部信息，其中有一些量采用实验方法目前尚不能获得。

2.4 多相流

前文中详细介绍了描述流体运动的基本方程组和相应的分析方法。需要注意的是，之前介绍的都是单相流体的流动，而在自然界和工程装置中，更为常见的实际上是气态、液态、固态物质混合流动的情况，如自然界中的风吹尘埃或雨滴、河流带着泥沙流动、烟雾流动，以及燃料电池、电解池、冷凝器、蒸发器等工程装置中气体和液体的混合流动，气力输送煤粉、水泥等固体颗粒时的流动等。这种两相及两相以上物质的混合流动统称为多相流。在这里，相是指系统中各自存在分界面的独立物质，常见的物质有三相：气相、液相和固相。在多相流中，相的概念更为广泛。以多相流为研究对象的多相流体力学现在已经成为流体力学的一个重要分支[14]。这里我们要注意将多相流与包含多种组分的流动进行区分，在多组分流体的流动过程中，由于各组分可以完全均匀混合，如多种气体组分组成的混合物、水和酒精组成的混合物等，各组分间并不存在分界面，因此这种多组分流体的流动仍属于单相流的范畴。但是对于两种不能混合的液体流动而言，如油和水混合物流动，由于存在明显的油和水的分界面，就属于多相流范畴。

根据多相流中相的种类与数量，一般可以将其分为两相流和三相流。其中两相流又可以大致分为气相和液相混合流动的气液两相流，气体和固体颗粒混合流动的气固两相流，液体和固体颗粒混合流动的液固两相流以及两种不能均匀混合液体产生的液液两相流。以两相流为例，两相流与单相流相比，在多了另外一相的同时还增加了连接两个不同相的分界面，称为相界面。相界面随流动过程也在不断变化，且其两侧物性并不连续，如气液界面、液固界面、气固界面等。不仅如此，两相之间还会通过相界面进行质量、动量和能量的传递。在多相流中，气体和液体属于连续介质，也称为连续相或流动相；固体颗粒、液滴和气泡等属于离散介质，也称为分散相或颗粒相。

2.4.1 多相流特性参数与流型

根据本章前面小节的介绍，我们知道，对单相流的流动特性进行描述时涉及的最基本参数包括速度、质量流量或体积流量等。在多相流中，由于相的增加，描述特性的参数将会更加复杂，以气液两相流为例，主要包括以下参数[15]。

1. 质量流量

定义每秒流过管道横截面的气液两相流体的质量为质量流量，用 m 表示，量纲为 kg/s；单位面积的质量流量称为面积质量流量，用 G 表示，量纲为 $kg/(m^2 \cdot s)$；气相和液相各自的质量流量(面积质量流量)分别为 m_g 和 m_l、G_g 和 G_l，则：

$$\begin{cases} m = m_g + m_l \\ G = G_g + G_l \end{cases} \tag{2-4-1}$$

2. 体积流量

定义每秒流过管道横截面的气液两相流体的体积为体积流量，用 Q 表示，量纲为 m^3/s；气相和液相各自的体积流量分别为 Q_g 和 Q_l，则：

$$Q = Q_g + Q_l \tag{2-4-2}$$

式中：Q_g 和 Q_l 可以分别通过下式计算得到：

$$Q_g = \frac{m_g}{\rho_g} \tag{2-4-3}$$

$$Q_l = \frac{m_l}{\rho_l} \tag{2-4-4}$$

式中：ρ_g 和 ρ_l 分别为气相和液相的密度。

3. 截面含气率与截面含液率

在气液两相流中，定义流通管道截面面积为 A，气相和液相所占截面面积分别为 A_g 和 A_l。由于气液两相并不相溶，所以 $A=A_g+A_l$。气相和液相所占截面面积与管道总截面面积的比值分别称为截面含气率和截面含液率，其中截面含气率一般用 α 表示，即

$$\alpha=\frac{A_g}{A} \tag{2-4-5}$$

显然，截面含液率即为 $1-\alpha$。

4. 质量含气率与质量含液率

定义气液两相流中气相和液相质量流量占总质量流量的比值分别为质量含气率和质量含液率，其中质量含气率一般用 x 表示，即

$$x=\frac{m_g}{m} \tag{2-4-6}$$

显然，质量含液率即为 $1-x$。

5. 体积含气率与体积含液率

定义气液两相流中气相和液相体积流量占总体积流量的比值分别为体积含气率和体积含液率，其中体积含气率一般用 β 表示，即

$$\beta=\frac{Q_g}{Q} \tag{2-4-7}$$

显然，体积含液率即为 $1-\beta$。

6. 气相与液相真实速度

气液两相流动中气相和液相真实速度可分别表示为

$$u_g=\frac{Q_g}{A_g}=\frac{m_g}{\rho_g A_g}=\frac{Gx}{\rho_g\alpha} \tag{2-4-8}$$

$$u_l=\frac{Q_l}{A_l}=\frac{m_l}{\rho_l A_l}=\frac{G(1-x)}{\rho_l(1-\alpha)} \tag{2-4-9}$$

7. 气相与液相折算速度

定义气液两相流动中气相和液相体积流量与流通管道截面面积之比分别为气相和液相折算速度，或称表观速度，分别用 v_g 和 v_l 表示：

$$v_g=\frac{Q_g}{A}=u_g\alpha=\frac{Gx}{\rho_g} \tag{2-4-10}$$

$$v_1 = \frac{Q_1}{A} = u_1(1-\alpha) = \frac{G(1-x)}{\rho_1} \tag{2-4-11}$$

8. 滑动速度与滑动比

滑动速度 u_s与滑动比 S 分别是气相真实速度与液相真实速度之间的差值和比值，即：

$$u_s = u_g - u_1 = \frac{v_g}{\alpha} - \frac{v_l}{1-\alpha} \tag{2-4-12}$$

$$S = \frac{u_g}{u_1} = \frac{v_g}{v_1}\frac{1-\alpha}{\alpha} \tag{2-4-13}$$

上述参数是描述多相流动时涉及的主要参数。除此之外，由于多相流中各相是混合在一起的，我们需要定义混合流体的平均物性参数，如平均密度、平均速度、平均黏度和平均导热系数等。具体来说，当气液两相静止或分开流动时两相流的平均密度为

$$\rho_m = \rho_g\alpha + \rho_1(1-\alpha) \tag{2-4-14}$$

当气液两相均匀混合在一起流动时，两相流的平均密度为

$$\begin{aligned}\rho_m &= \frac{\rho_g Q_g + \rho_1 Q_1}{Q_g + Q_1} = \rho_g\beta + \rho_1(1-\beta) \\ &= \frac{m}{\dfrac{m_g}{\rho_g} + \dfrac{m_1}{\rho_1}} = \left(\frac{x}{\rho_g} + \frac{1-x}{\rho_1}\right)^{-1}\end{aligned} \tag{2-4-15}$$

当气液两相分开流动时，两相流平均速度为

$$u_m = \frac{Q}{A} = \frac{u_g A_g + u_1 A_1}{A} = u_g\alpha + u_1(1-\alpha) \tag{2-4-16}$$

当气液两相均匀混合在一起流动时，两相流的平均速度为

$$u_m = \frac{Q}{A} = \frac{\dfrac{m_g}{\rho_g} + \dfrac{m_1}{\rho_1}}{A} = \frac{m}{A}\left[\frac{x}{\rho_g} + \frac{(1-x)}{\rho_1}\right] \tag{2-4-17}$$

此外，还可以推导出气液两相流的平均黏度和平均导热系数，分别为

$$\mu_m = \left[\frac{x}{\mu_g} + \frac{1-x}{\mu_1}\right]^{-1} \tag{2-4-18}$$

$$\lambda_m = \lambda_g\alpha + \lambda_1(1-\alpha) \tag{2-4-19}$$

在分析单相流时，我们首先需要判断的是其处于层流还是湍流状态，根据前面的介绍，我们知道，层流和湍流的数学处理方法大不相同。而在分析多相流时，除了需要关注

每一相是处于层流还是湍流状态之外，还要重点关注其流型，即各相介质在多相流中的分布情况。可以说，流型对选择描述多相流的数学方程起着至关重要的作用。以气液两相流为例，可以大致将其流型分为连续流型、间断流型和分离流型三类。其中：连续流型主要包括泡状流、雾状流等分散流型；间断流型主要包括弹状流、塞状流和搅拌流；分离流型则主要包括环状流、分层流和波状流等[16]。

需要注意的是，目前针对多相流的流型并不能在数学上做出精确判断。在工程应用中，目前常常采用流型图进行判别。流型图表示法是将通过流型实验或计算得到的流型与主要流动参数(如各相流速、流量等)的关系以图表的形式体现。在流型图中，不同流型之间的边界是各流动参数的函数。除此之外，还可根据流型形成的物理条件、几何条件、力学条件和热力条件，组合关联一些无因次准则，从而取得流型判别式。

2.4.2 多相流模型

根据前面介绍，我们可以看到，目前已经可以通过建立包括质量守恒方程、动量守恒方程、能量守恒方程和流体本构方程的数学方程组，对单相流的流动过程进行定量描述。但是，对于多相流而言，由于其复杂性，目前尚未有统一的描述多相流的数学方程。在研究过程中，常常需要根据不同的多相流流型选择合适的多相流模型进行描述[17]。在多相流中，两相流最为常见，其一般是由两种连续介质，或者一种连续介质和另一种不连续介质组成。对多相流的数学描述，在宏观、介观和微观尺度上同样可以分别采用连续介质力学方法、格子玻尔兹曼方法和分子动力学模拟方法。在本章中，我们主要介绍宏观尺度下的多相流描述方法。

在宏观尺度下，对于由一种连续相和一种离散相组成的两相流，如气体输送粉尘时形成的气固两相流，常常采用欧拉－拉格朗日模型进行模拟，即对连续介质采用欧拉方法进行描述，通过求解连续性方程和纳维－斯托克斯方程获取速度等信息，对于离散相则通过拉格朗日方程进行描述，通过建立每个离散质点的运动方程并进行积分计算，获取质点的运动轨迹。离散相和连续相之间存在质量、动量和能量的交换，如果考虑二者之间的相互交换，则需要进行双向耦合求解，但是如果只考虑离散相在连续相流动过程中的受力和运动情况，则只需进行单向耦合求解即可。

对于由两种连续介质组成的两相流，如气液两相流，需要注意的是，对于连续气体介质中分布少量离散的液滴或连续液体介质中分布少量离散的气泡时，一般仍建议选择欧拉－拉格朗日方法描述。对于两相连续介质组成的两相流，与单相流类似，也采用欧拉方法对其进行描述，这类模型一般称为欧拉－欧拉模型。在这类模型中，不同相被看作互相穿插的连续统一体，一相的体积不能被其他相占据，因此引入相体积分数的概念描述各相的分布情况。相体积分数是空间和时间上的连续函数，其取值范围为(0，1)，其中0表示该相在相应时刻和空间位置处并不存在，1则表示在相应时刻和空间位置处不存在其他相，所有相在同一空间和时间下的相体积分数之和等于 1。

基于欧拉－欧拉方法的模型有双流体模型（Two-fluid model）、混合模型（Mixture model）和流体体积（Volume of fluid，VOF）模型等。双流体模型的基本思路是对两相流中的每一相都建立其质量、动量和能量守恒方程，通过联立求解获得两相流的相关信息，两相之间的质量、动量和能量交换通过在各自方程中定义相关源项体现。混合模型则将参与两相流的两种流体视为一种新的流体，构建新流体的质量、动量和能量守恒方程，而物性参数则根据相体积分数对两种流体进行加权平均获得。在 VOF 模型中，各相流体共用一套质量、动量和能量方程组，在整个计算域内追踪每一相的相体积分数，从而实现相界面的追踪。

2.4.3 多孔介质中的气液两相流动

对于多孔介质中的气液两相流而言，其中某一相的流动可以认为是在固相和其他相组合成的介质中流动，因此仍可用达西公式表述，只是需对渗透率进行修正，即使用有效渗透率或相渗透率。有效渗透率反映的是多孔介质中存在多相流流动时，其中某一相在多孔介质中通过能力的大小。通过引入有效渗透率，即可将多相流中产生的各项附加阻力反映到有效渗透率数值的变化中。对于多孔介质中流动的气液两相流而言，气相和液相的真实速度为（忽略重力影响）

$$u_g = -\frac{Kk_g}{\mu_g}\nabla P_g \tag{2-4-20}$$

$$u_l = -\frac{Kk_l}{\mu_l}\nabla P_l \tag{2-4-21}$$

式中：k_g和 k_l分别为气相和液相的相对渗透率，其数值一般与该相在多孔介质中的体积分数，或饱和度有关。表 2－1 中给出几组常见的相对渗透率计算公式[18]。

表 2－1　相对渗透率计算公式

编号	液相	气相	备注
1	$k_l = \left(\frac{s - s_{ir}}{1 - s_{ir}}\right)^n$	$k_g = \left(1 - \frac{s - s_{ir}}{1 - s_{ir}}\right)^n$	$n=1$、3、4 或其他值，$n_g=0.5$，$n_l=2$，$m=0.8$，$m=3$
2	$k_l = \left(\frac{s - s_{ir}}{1 - s_{ir}}\right)^4$	$k_g = \left(1 - \frac{s - s_{ir}}{1 - s_{ir}}\right)^2\left(1 - \left(\frac{s - s_{ir}}{1 - s_{ir}}\right)^2\right)$	
3	$k_l = \frac{s^2}{2}(3 - s)$	$k_g = (1 - s)^3 + \frac{3}{2}\frac{\mu_g}{\mu_l}s(1 - s)(2 - s)$	
4	$k_l = s^{n_l}(1 - (1 - s)^{\frac{1}{m}})^{2m}$	$k_g = (1 - s)^{n_g}(1 - (1 - (1 - s)^{\frac{1}{m}})^m)^2$	
5	$k_l = s^n(1 - (1 - s)^{1 + \frac{1}{m}})$	$k_g = (1 - s)^{3 + \frac{2}{m}}$	

表2－1中：s为液相饱和度；s_{ir}为由于表面张力作用而附着在多孔介质表面的参与液相体积分数，一般地，可取$s_{ir}=0$。

在此基础上，根据1.4节的内容，针对气液两相构建各自的连续性方程。

气相的连续性方程为

$$\frac{\partial}{\partial t}(\rho_g \varepsilon(1-s))+\nabla\cdot(\rho_g u_g)=S_g \tag{2-4-22}$$

液相的连续性方程为

$$\frac{\partial}{\partial t}(\rho_l \varepsilon s)+\nabla\cdot(\rho_l u_l)=S_l \tag{2-4-23}$$

当气液两相之前存在相变时，如蒸发、液化等，可采用相关经验公式[19]简单计算二者之间的相变速率，并添加到上述方程的源项之中，这里给出一种计算气液相变源项的经验公式：

$$S_{v-l}=\begin{cases}\gamma_{v-l}\varepsilon(1-s)\dfrac{p_{vapor}-p_{sat}}{RT}, & p_{vapor}>p_{sat}（液化）\\[2ex] \gamma_{l-v}\varepsilon s\dfrac{p_{vapor}-p_{sat}}{RT}, & p_{vapor}<p_{sat}（蒸发）\end{cases} \tag{2-4-24}$$

式中：下角标v和l分别表示蒸气和液体；R为气体常数；T为温度；ε为孔隙率；γ为相变速率；p_{vapor}(Pa)为水蒸气分压；p_{sat}(Pa)为水蒸气饱和蒸气压，其为温度的函数，表达式为

$$\begin{aligned}\log_{10}\left(\frac{p_{sat}}{101\,325}\right)=&-2.179\,4+0.029\,53(T-273.15)-\\&9.183\,7\times10^{-5}(T-273.15)^2+1.445\,4\times10^{-7}(T-273.15)^3\end{aligned} \tag{2-4-25}$$

至于能量方程，则可以基于第一章中提到的局部热平衡假设，即流体与固体在局部温度相等，只不过这里需要根据加权平均计算结果考虑气液流体的平均导热系数，即

$$\lambda_{ave}=\varepsilon\lambda_f+(1-\varepsilon)\lambda_s=\varepsilon[\lambda_g(1-s)+\lambda_l s]+(1-\varepsilon)\lambda_s \tag{2-4-26}$$

式中：λ_f、λ_s和λ_g分别为流体、固体和气体的热导率。

对于多孔介质中的气液两相流而言，由于孔径一般较小，表面张力的作用往往不可忽略。表面张力是由液体表面层内分子的特殊受力状态导致的液体表面有自动收缩的趋势造成的。在液体内部，相邻液体分子间的相互作用力表现为压力且相互抵消，而在液体表面，界面上受到的液体分子的作用力要大于气相分子的作用力(因为气相密度小于液相)，表现为张力。在液面上画一截线，两边的液面存在着相互作用的张力，且与该截线垂直，与液面相切，这种力即为表面张力，其大小与截线长度L成正比，即：

$$T_t = \sigma L \tag{2-4-27}$$

式中：T_t 为表面张力；σ 为表面张力系数，物理意义为液面上单位长度截线上的表面张力，单位是 N/m。

对于弯曲液面，由于存在表面张力，气液相内部压力在接触面上存在不连续性，这两种流体的压力差称为毛细力，即 $P_c = P_g - P_l$。毛细力的大小取决于分界面的曲率，对于凸液面，液面内压强大于液面外压强，附加压强为正，对于凹液面则正好相反。在任一弯曲液面上取一点，忽略重力等的影响，由液面受到的表面张力与附加压强形成平衡，可以推导得到附加压强计算公式：

$$\Delta p = \sigma\left(\frac{1}{R_1} + \frac{1}{R_2}\right) \tag{2-4-28}$$

式中：R_1 和 R_2 分别为弯液面与两垂直截面形成的两条圆弧的曲率半径。

式(2-4-28)称为拉普拉斯公式。当曲率中心在液面内部时，曲率半径为正值，在液面外部时，则应取负值。特别地，当液面为规则球面(半径为 R)时，$\Delta p = \dfrac{2\sigma}{R}$。

如图 2-7 所示，当液体与固体表面接触时，在三种介质(气、液、固)的交界线处存在三个不同边界面的表面张力，在平行固体壁面的接触线上应达到平衡，即

$$\sigma_{s,g} = \sigma_{s,l} + \sigma_{g,l}\cos\theta \tag{2-4-29}$$

式中：θ 为接触角，表征固体对液体的亲疏程度。θ 越小，液体对固体的浸润程度越高。若 $\theta < 90°$，说明固体是亲该液体的；若 $\theta > 90°$，说明固体是憎该液体的。

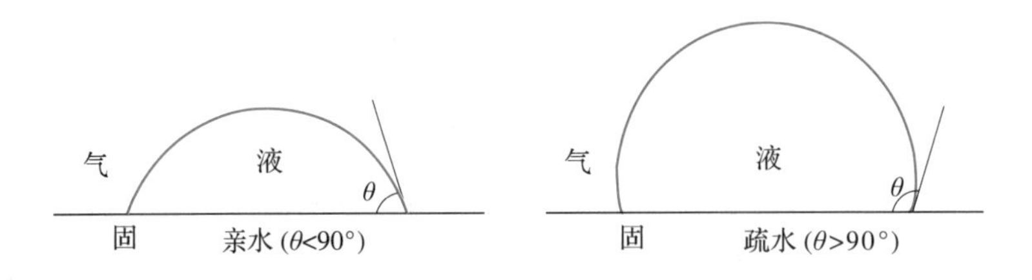

图 2-7　接触角示意图

将一根细管插入液体后，由于表面张力的作用，液体会在细管内爬升或下降，这种现象称为毛细现象。当 $\theta < 90°$时，初始时刻，液面形状为凹面，液面在细管内将上升，根据拉普拉斯公式，可计算出细管内液柱上升高度 h 为

$$h = \frac{2\sigma\cos\theta}{\rho g r} \tag{2-4-30}$$

同理，当 $\theta > 90°$时，细管中液柱高度将会降低 h。

在多孔介质中，毛细力是多孔介质孔隙率、固有渗透率、流体表面张力以及润湿相流

体饱和度的函数。在多孔介质中，流体互相驱替的过程中，毛细力既可以是流动的推动力，也可以是阻力。目前，有不少研究学者通过实验研究和理论分析的手段获得了多孔介质中毛细力与流体饱和度之间的经验公式，其中应用最广泛的就是莱弗里特(Leverett)通过J方程定义的毛细力表达式：

$$P_c = P_g - P_l = \sigma\cos\theta\left(\frac{\varepsilon}{K}\right)^{0.5} J(s) \tag{2-4-31}$$

$$J(s)=\begin{cases}1.42(1-s)-2.12(1-s)^2+1.26(1-s)^3, & \theta<90^\circ\\ 1.42s-2.12s^2+1.26s^3, & \theta>90^\circ\end{cases} \tag{2-4-32}$$

式中：P_c 为毛细力；K 为渗透率；ε 为孔隙率。

实例 2-3 一维相变传质解析模型——Stefan问题

图2-8所示为一维斯特凡(Stefan)问题的基本示意图。Stefan问题已被广泛用于验证相变现象，包括凝结和蒸发过程。如图2-8所示，液体和蒸气被认为是不可压缩的，二者最初处于静态平衡状态。蒸气在固体边界上经历温度升高过程，并且在蒸气驱动界面处的传质过程中产生了温度分布。随着水蒸气的推动，液体被推离固体边界，相界面也移离固体边界。

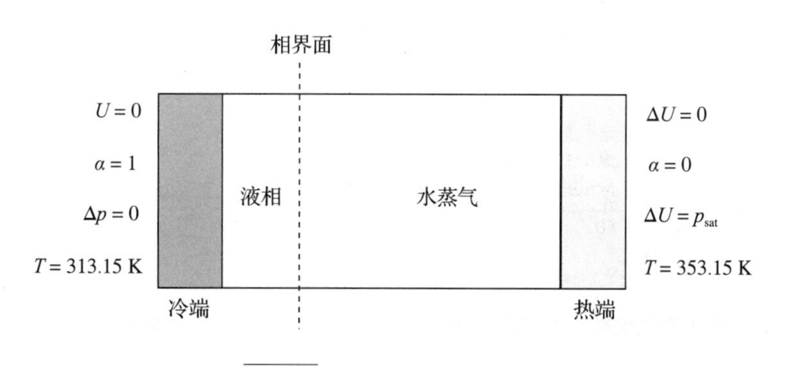

图2-8 **Stefan 问题区域定义**

假设液体轮廓是均匀的，则气相中的能量方程可以表示为[20]

$$\frac{\partial T}{\partial t} = \alpha\frac{\partial^2 T}{\partial x^2},\ 0\leqslant x\leqslant\delta(t) \tag{2-4-33}$$

式中，T 为温度；$\delta(t)$为相界面坐标，边界条件为

$$T(x=\delta(t),\ t) = T_{sat} \tag{2-4-34}$$

$$T(x=0,\ t) = T_{wall} \tag{2-4-35}$$

界面能阶跃条件为

$$\rho_{g} u_{s} h_{lg} = -\lambda_{s} \left.\frac{\partial T}{\partial x}\right|_{x=\delta(t)} \tag{2-4-36}$$

式中：u_s为相界面移动速度；h_{lg}为焓；ρ_g 为密度。此单相问题的纽曼(Neumann)解为

$$\delta(t) = 2\lambda\sqrt{\alpha t} \tag{2-4-37}$$

$$\nu(x,\ t) = \nu_{wall} + \left(\frac{\nu_{sat} - \nu_{wall}}{\mathrm{erf}(\lambda)}\right)\mathrm{erf}\left(\frac{x}{2\sqrt{\alpha t}}\right) \tag{2-4-38}$$

式中：erf 为误差函数；λ 为先验方程的解，表达式为

$$\lambda\exp(\lambda^{2})\mathrm{erf}(\lambda) = \frac{c_{p}(\nu_{wall} - \nu_{sat})}{h_{lg}\sqrt{\pi}} \tag{2-4-39}$$

图 2-9 和图 2-10 所示为 Stefan 问题中，水蒸气温度以及相界面随温度的变化规律，此解析模型可用于对三维相变数值模型可靠性进行验证。

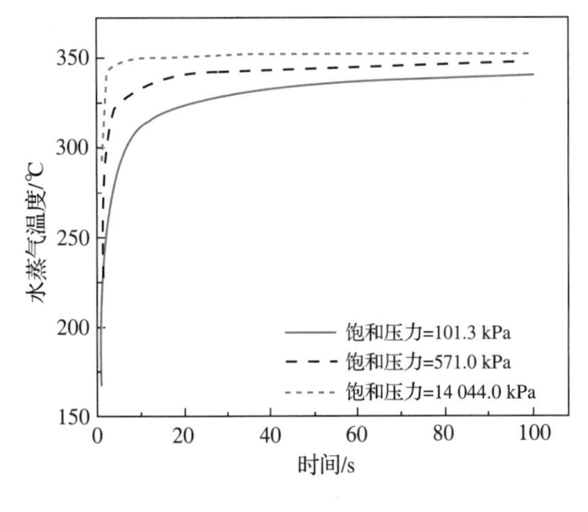

图 2-9　水蒸气界面温度随时间变化规律

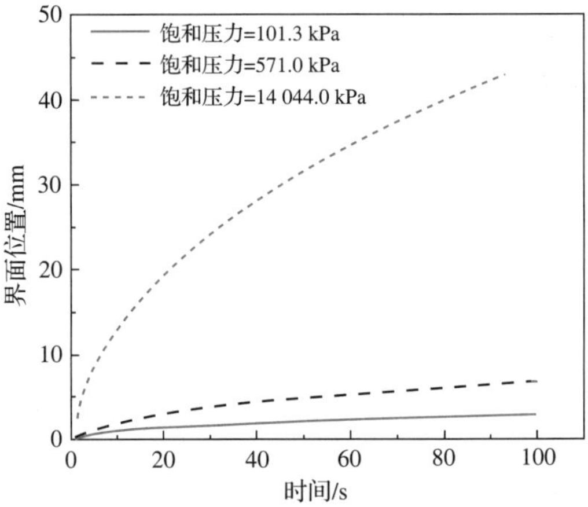

图 2-10　相界面位置随时间变化规律

参考文献

[1] 周光坰，严宗毅，许世雄，等．流体力学：下册[M]．2版．北京：高等教育出版社，2002.

[2] 吴望一．流体力学：上册[M]．北京：北京大学出版社，1983.

[3] 李东岳．无痛苦 N-S 方程笔记[M/OL]．[2021-06-15]．http://www.dyfluid.cn/theory.pdf.

[4] BERNOULLI D. Hydrodynamica [M]. Argentorati：Johannis Reinholdi Dulseckeri，1738.

[5] PRANDTL L. Flüssig keitsbewegung bei sehr kleiner Reibung[C]//Proc. 3rd International Math. Congress，Heidelberg，1904.

[6] H. 史里希廷．边界层理论 [M]．北京：科学出版社，1988.

[7] WENDL M C. General solution for the Couette flow profile[J]. Physical review E, 1999, 60 (5): 6192.

[8] POPE S. Turbulent Flows [M]. Cambridge: Cambridge University Press, 2000.

[9] 张兆顺，崔桂香，许春晓. 湍流理论与模拟 [M]. 北京：清华大学出版社，2005.

[10] DOU H. Singularity of Navier-Stokes equations leading to turbulence [J]. Advances in applied mathematics and mechanics, 2021, 13: 527 - 553.

[11] 张兆顺. 湍流[M]. 北京：国防工业出版社，2002.

[12] BLOCKEN B. LES over RANS in building simulation for outdoor and indoor applications: a foregone conclusion? [J]. Building simulation, 2018, 11(5): 821 - 870.

[13] 周力行. 湍流两相流动与燃烧的数值模拟 [M]. 北京：清华大学出版社，1991.

[14] 车得福，李会雄. 多相流及其应用 [M]. 西安：西安交通大学出版社，2007.

[15] 林宗虎，王树众，王栋. 气液两相流和沸腾传热 [M]. 西安：西安交通大学出版社，2003.

[16] 吕俊复，吴玉新，李舟航，等. 气液两相流动与沸腾传热 [M]. 北京：科学出版社，2017.

[17] 陈彩霞，夏梓洪. 计算流体力学基础与多相流模拟应用 [M]. 北京：科学出版社，2021.

[18] ZHANG G, WU L, QIN Z, et al. A comprehensive three-dimensional model coupling channel multi-phase flow and electrochemical reactions in proton exchange membrane fuel cell[J]. Advances in applied energy, 2021, 2: 100033.

[19] JIAO K, LI X. Water transport in polymer electrolyte membrane fuel cells[J]. Progress in energy and combustion science, 2011, 37(3): 221 - 291.

[20] WELCH S W J, WILSON J. A volume of fluid based method for fluid flows with phase change[J]. Journal of computational physics, 2000, 160(2): 662 - 682.

第3章 多物理场解析模型

在本书第1章和第2章中，我们分别对实际工程装置中多物理场传热传质问题涉及的传热传质和多相流基础知识进行了系统介绍。对这些基础知识的深入理解是针对实际工程装置建立合理的多物理场解析模型的基础。在本书的后续章节中，我们将重点介绍利用这些基础知识建立解析模型的方法。在本章中，我们首先系统地介绍搭建解析模型时的通用步骤和方法。

3.1 多物理场传热传质问题研究方法

一般来说，流动与传热传质问题的研究方法主要可以分为实验研究方法和数学分析方法两大类，如图3-1所示。需要指出的是，每种研究方法都有自身的优势和局限性，在实际应用过程中研究者需针对具体研究目的合理选择，综合使用多种研究方法。

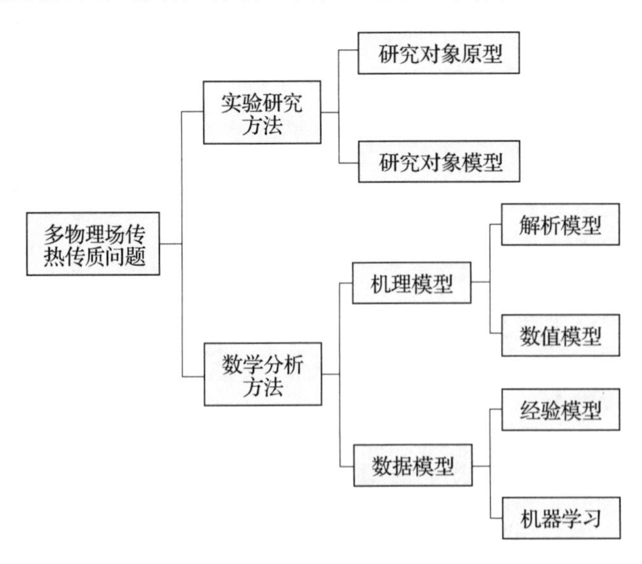

图3-1 多物理场传热传质问题研究方法

3.1.1 实验研究方法

实验研究是探究流动与传热传质问题的最基本方法。实验测试得到的数据和物理机制也是建立各种数学模型的基石，而在建立数学模型中应用到的各种物质的物性参数和传输过程的传输系数(如扩散系数、导热系数等)在绝大多数情况下也都需要通过实验测试方法得到。不仅如此，数学模型的计算结果往往也需要与实验数据对比验证之后才能真正应用于实际问题分析中。

根据实验过程中工程装置是否处于运行状态，可以将实验测试方法分为在线测试和离线测试两种。其中，在线测试是指对处于工作状态下的工程装置进行实验测试，如利用实验测试台测量各种工程装置在不同工况下的性能表现。举例来说：利用可视化测试技术观测燃料电池在工作状态下的内部液态物质分布[1]，基于可视化实验装置获取极端工况下锂离子电池内部的温度和气体分布情况[2]，利用台架实验测试内燃机的特性曲线或借助高速摄像机观察内燃机的缸内燃烧过程[3]等。显然，在线测试中，工程装置必须组合完整才能处于正常工作状态，这时各物理过程必然是耦合在一起同步发生的。在实际应用中，有时还需针对工程装置中的某一组成部件或某一现象进行测试，这就需要进行离线测试。一般来说，离线测试是指在工程装置处于非工作状态下的测试，如利用实验装置测量工程装置中各组成部件的物性参数或观测其微观结构，或针对工程装置中的某一物理过程搭建对应的实验装置测试其详细机理等。

除此之外，根据实验研究对象的不同，还可以将实验研究方法分为两种。第一种是对研究对象原型进行实验测试，在采集到数据之后对其进行分析、归纳、总结，最后抽象得出物理规律。这种研究方法是人们认识自然世界基本规律的最基本方法，准确性高，但往往成本较高且实施难度较大，尤其是对于大型工程装置来说。第二种则是利用物理相似性准则[4]，搭建出研究对象模型，然后以此作为研究对象进行研究。例如：在利用风洞实验设计机翼、汽车外形时，受限于风洞的尺寸，常常是先制造实际机翼、汽车外形的等比例缩放模型再进行实验测试。这主要是由于在设计实验时，保证实验条件与工程实际完全一样往往是不太现实或者不经济的。这就要求模拟条件与工程实际具有一定的对应关系，对于以流动为主的工程问题，需满足二者之间的几何相似、运动相似和动力相似。其中几何相似是动力相似的前提条件，动力相似是运动相似的决定因素，运动相似则是几何相似和动力相似的表现。此外，当流动中传热影响不可忽略时，还应保证热力学相似。

1. 物理相似性准则

(1)几何相似

几何相似指模拟流动与实际流动有相似的边界形状，且对应的线性尺寸成比例，如相似三角形等。

(2)运动相似

运动相似指在满足几何相似的同时，模拟流动与实际流动在对应时刻，对应点的流动速度和加速度的方向一致，大小比例相等。

(3)动力相似

动力相似指模拟流动与实际流动所有对应点受到的各种力(压力、重力、惯性力等)方向相同，大小比例相等。

(4)热力学相似

模拟流动与实际流动传热方式相同，通过对应点上对应面元的热流方式(导热、对流传热及热辐射)相同，大小比例相等。

2. 单项力相似准则

根据牛顿第二定律可以证明，对于满足动力相似的两个流动过程，其流场作用力与惯性力的比值(牛顿数)$Ne=\frac{F}{\rho l^2 v^2}$必定相等，反之亦然。由此可知，作用在流场中的各种性质的力都应满足牛顿相似准则，也即各单项力相似准则。

(1)黏性力相似准则

模拟流动与实际流动黏性力相似，则其雷诺数 $Re=\frac{\rho vl}{\mu}=\frac{vl}{\nu}$必定相等，反之亦然。

(2)重力相似准则

模拟流动与实际流动重力相似，则其弗劳德数 $Fr=\frac{v}{(gl)^{\frac{1}{2}}}$必定相等，反之亦然。

(3)压力相似准则

模拟流动与实际流动压力相似，则其欧拉数 $Eu=\frac{p}{\rho v^2}$必定相等，反之亦然。

(4)表面力相似准则

模拟流动与实际流动表面力相似，则其韦伯数 $We=\frac{\rho v^2 l}{\sigma}$必定相等，反之亦然。

(5)非定常性相似准则

模拟流动与实际流动非定常性相似，则其斯特劳哈尔数 $Sr=\frac{l}{vt}$必定相等，反之亦然。

但是，对于工作过程涉及多物理场传输过程的实际工程装置来说，其缩放过程中的相似规律相比上述以流动为主的过程要复杂得多。在这种情况下，往往只能尽可能满足几何相似和工况参数(温度、压力、湿度等)相同这两条相似准则，造成基于实验室尺度的小型装置得出的实验结果与基于实际大尺度装置得出的结果有较明显的区别，其原因一方面可能是二者的实际工况存在明显区别，另一方面也可能是由于某些传输过程在不同尺度下影响程度并不相同。例如，对于车载质子交换膜燃料电池而言[5]，车用单片电池的面积大概是 300～400 cm^2，但是实验室中研究用小型燃料电池的面积常常小于 50 cm^2。在实验室针对小尺度燃料电池进行实验测试时，很难模拟车载燃料电池内部温度分布不均匀的情况，而且相同流场结构设计在大尺度燃料电池中更容易出现反应气体分布不均匀的情况，导致其他各物理量分布不均匀性也相应增加。除此之外，二者之间反应面积的差别也导致进气量存在明显不同，流动过程中的压降等也会明显不同，从而导致二者在相同工况下的宏观性能等方面也不尽相同。再比如，进行锂离子电池的热管理研究时，实验室常常针对小型单电池进行研究，这与车载大电池堆的散热条件明显不同[6]。当然，并不是所有差别都会对研究结果产生明显的影响，在实验过程中应具体情况具体分析，保证研究结果与实际装置的匹配性。

3.1.2　数学分析方法

实验研究方法因其准确性高，在研究流动与传热传质问题中具有不可忽视的重要作用，但是受限于实验场地、设备等因素，使用这种方法往往导致高昂的实验测试成本或较长的测试时间。不仅如此，对于实际工程装置中的多物理场传热传质问题，实验研究方法一方面常常难以实现同步观测，另一方面由于工作状态下的工程装置中多个物理传输过程的相互影响，很难定量研究某一传输过程对其他物理过程和装置性能的影响。

除实验研究方法之外，数学分析方法也早已成为研究传热传质问题的重要途径之一，并且在成本方面相比实验测试手段具有显著优势。数学分析方法的本质是将包含多物理场传热传质在内的物理过程演绎为由相应方程(组)表示的数学问题(数学模型)，然后借助数学方法进行求解，模型计算结果即是所要探究的物理过程的“答案”。

基于基本流动与传热传质机理，以及质量、动量和能量守恒定律等第一性原理搭建的数学模型常称为机理模型。机理模型可以很好地弥补实验研究方法无法深入揭示实际工程装置中多物理场耦合传输机理方面的不足。对于描述流动与传热传质等物理过程的模型，其一般形式为包含时间项、对流项、扩散项和源项在内的二阶偏微分方程。对于特定物理问题，还需给定其边界条件和初始条件作为定解条件才能进行求解。也就是说，工程装置中的多物理场传热传质问题可以由包含若干个二阶偏微分方程的方程组进行描述。

根据模型求解方法，可进一步将机理模型分为解析模型和数值模型两种。传统解析模型通过数学分析方法求解偏微分方程，得到以函数形式表示的解，如分离变量法、拉普拉斯变换等[7]。但是，目前能用数学分析方法获得解析解的方程非常有限。除此之外，目前研究学者还提出了一些传热传质优化理论来解决实际工程装置的优化设计问题，如熵产生最小化理论、场协同理论、火积理论、分形理论、构形理论等[8]。但是，这类以理论分析为主的传统解析模型仍然很难处理实际工程装置中的具有高度耦合关系的多物理场传热传质问题，在处理实际工程问题时面临很大的局限性。

不同于解析模型，数值模型是以离散数学为基础，借助有限体积法（Finite Volume Method，FVM）、有限元（Finite Element Method，FEM）等算法将偏微分方程组离散为代数方程组进行求解[9]。随着计算机技术的飞速发展，基于数值算法的计算传热传质学和计算流体力学（Computational Fluid Dynamics，CFD）等也获得了极大的发展。数值模型可以很好地处理具有复杂三维结构的实际工程装置中的多物理场传热传质问题，计算结果准确度高，借助后处理工具可以获得实际工程装置在工作过程中的多物理场分布信息，对于深入理解工程装置中的多物理场耦合作用机理以及提升正向设计开发能力具有至关重要的作用。但是，数值模型也存在着计算效率和稳定性较差、获得收敛解的难度较高、时间周期较长等问题。随着计算域的增大，计算效率和稳定性还将进一步下降，常常难以满足工程实际中的大规模仿真计算需求。

不同于机理模型，在实际应用中还有另一种基于实验测试或机理模型计算得到的原始数据库搭建的模型，称为数据模型。当原始数据库较小时，可以通过数据拟合、回归分析等数学工具对其进行分析得到经验模型，常见的各种经验公式，如描述多孔介质中气体扩散系数的布鲁格曼（Bruggeman）修正式，反映木材内平衡水含量与环境相对湿度的辛普森（Simpson）公式[10]等，就是属于这类模型范畴。显然，经验模型只是基于原始数据（常常为实验数据）获得，并没有实际物理含义，因此普适性相比机理模型要差，但得益于计算简单，在工程实际中仍得到了大量应用。需要注意的是，在应用经验模型时，需明确其适用范围，超出该范围之后，经验模型将不再适用。

近年来，随着人工智能技术的飞速发展，人工神经网络（ANN，Artificial Neural Network）、支持向量机（SVM，Support Vector Machine）等机器学习算法在多物理场传热传质分析中也得到了比较广泛的应用，其主体思路是利用由实验测试或机理模型得到的大量原始数据对人工神经网络等机器学习算法进行训练、测试，训练通过之后即可以在很短时间内给出与实验测试或机理模型相近的预测结果[11]。从效果上来看，通过数据训练之后的机器学习算法可以在某种程度上代替原始实验方法或机理模型的作用，因此这类模型也常常被称为数据驱动－代理模型，其相比原始实验方法和机理模型在计算效率上具有无可比拟的巨大优势。相比于经验模型，以机器学习算法为基础的数据驱动－代理模型在处理大量原始数据方面也具有更加明显的优势。此外，数据驱动－代理模型与遗传算法等优化算法结合后也可以很容易地处理实际应用中的多目标优化问题[12]，从而为实际工程装置的设计优化节省大量的资金和时间成本。但是，该方法仍然需要使用原始数据对其进行训练、测试，无法独立应用，因此很难从根本上取代机理模型。

综上所述，可以看出，机理模型由于物理含义明确，可以用于对工程装置中的多物理场传热传质机理进行深入细致的分析，在实际应用中普适性也更高。但是，直接求解偏微分方程获得分析结果的传统解析模型只适用于少数几种简单情况，难以适用于真正的工程实际，而以离散数学为基础的数值模型则在计算效率和稳定性方面尚有不足，难以满足工程应用中的大规模仿真计算需求。相比之下，本书重点关注的多物理场解析模型通过简化工程装置中的多物理场传热传质过程，在合理假设的基础上对计算域和多物理过程进行大幅简化，将偏微分方程转化为代数方程对物理过程进行描述，避免了直接对复杂偏微分方程进行求解，从而可以对实际工程装置中遇到的多物理场传热传质问题进行高效率仿真计算，并为工程装置优化设计提供必要的理论指导。需要注意的是，当工程装置中的多物理过程之间存在耦合影响或控制方程中传输系数或源项与输运标量相关时，多物理场解析模型在求解过程中也不可避免地会涉及迭代计算，但是这种迭代计算往往只需少数几个迭代步即可满足计算精度需求，这与数值模型计算过程中的迭代计算具有显著不同。接下来，我们将对建立多物理场传热传质解析模型的主要步骤进行概述。

3.2 多物理场解析模型搭建步骤

图 3-2 所示为解决多物理场传热传质问题建立解析模型的主要步骤，在建立解析模型之前，首先需要对所涉及的多物理场传输过程及其相互之间的耦合关系有一个全面而深入的理解。在此基础上，根据本书前面两章介绍的传热传质与多相流动机理对多物理场传热传质过程进行归纳、总结，然后结合研究目标，基于若干假设进行合理简化后搭建出物理模型。一般来说，物理模型主要包括确定计算域和明确物理过程两部分内容。之后，基于物理模型搭建控制方程组，构成解析模型的骨架部分，并给定其初始条件和边界条件作为定解条件，状态方程则作为控制方程组的重要补充存在于解析模型中。可以说，控制方程组的建立与求解是求解机理模型最重要的特征。除此之外，对于控制方程中的某些传输系数，出于简化模型计算的目的，还需在解析模型中引入一些必要的经验公式，这些经验公式在一定程度上丰富了模型的内容。在解析模型搭建完成之后需利用数学工具将其转化为代数方程组进行求解。对于模型求解结果，还需利用实验数据对其进行必要的验证和标定。模型验证与标定的区别：前者主要是验证模型框架与搭建方法的准确性；后者主要侧重通过修改模型中相关参数使计算结果与具体工程装置相对应，从而可以对工程装置的优化设计方案进行准确的定量化分析。上述步骤是将模型应用于实际问题分析之前的必备工作，若无法通过实验验证，还需回溯到最初物理模型的搭建步骤，查找问题根源，直到通过模型验证和标定为止。

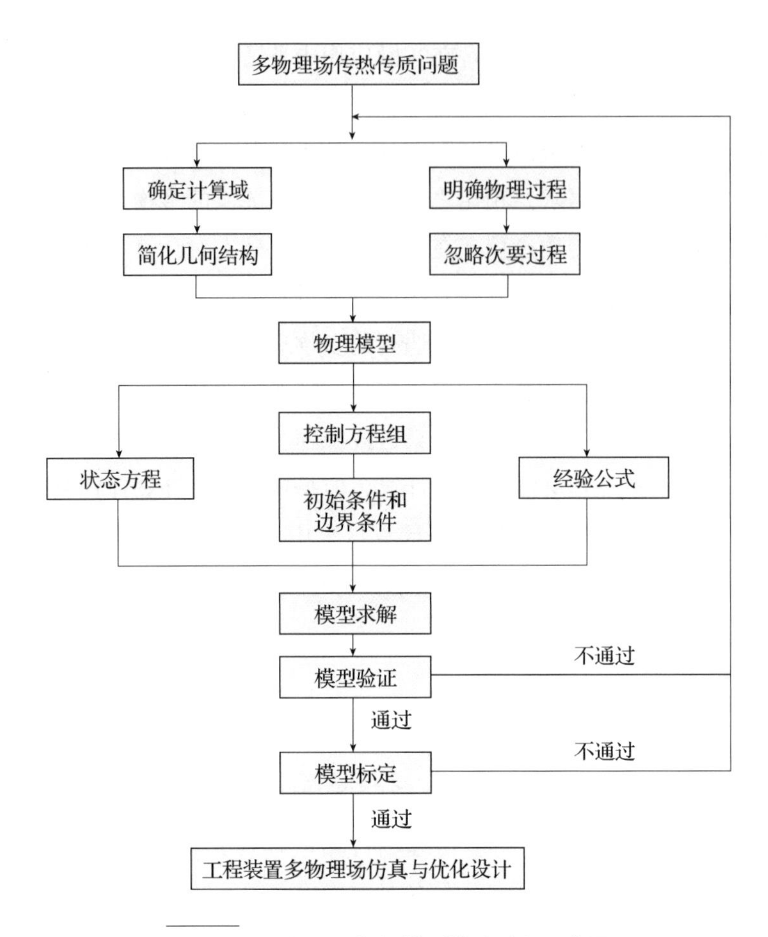

图 3－2　多物理场解析模型搭建过程示意图

3.2.1　物理模型

如前所述，反映工程装置实际工作过程的物理模型是建立一切机理模型的基础[13]。如图 3－2 所示，物理模型的建立过程主要包括确定计算域和明确物理过程两部分内容。实际上，相应的简化也主要体现为简化计算域的几何结构和忽略次要物理过程。在简化过程中，需要兼顾保持实际问题真实性和便于后续建立解析模型二者之间的平衡。一般来说，物理模型越接近实际情况，所建立的解析模型及后续求解也就越复杂，准确度一般也越高；反之，物理模型简化越多，相对应的解析模型和求解过程往往也更为简单，但模型的准确性也会受到一定影响。对于解析模型而言，往往需要比数值模型做出更多假设才能摆脱对数值计算的依赖。因此，我们必须对所采用假设与实际问题之间的差异有清楚的认识，这一点在后续分析模型计算结果时非常重要，否则很容易导致模型结果与实际偏差较大，无法通过实验验证与标定环节。

1. 确定计算域

在建立物理模型时，首先要根据研究目的选定工程装置的主要组成部件作为计算域。

需要注意的是，计算域的物理边界并不一定是真实存在的，在这个过程中需保证对研究目的有重要影响的主要物理过程均发生在这些部件内，以此为基础合理忽略或简化其他影响较小的部件。例如，当研究一个房间里的暖气片的最佳安装位置时，就没必要仔细考虑暖气片内部的复杂的对流换热过程，而将暖气片安装位置简化为一个具有放热能力的实体块或实体面即可。再比如，在对温差发电器进行结构优化过程中，考虑到我们实际关心的是温差发电器本身的性能，因此所选择的研究对象就可以只包括冷热端导体(一般为铜)和P/N型半导体热电材料，而冷热端流体与固体之间的换热则可以假定冷热源流体温度和换热系数保持恒定，从而通过牛顿冷却公式进行计算。

考虑到解析模型并不能像数值模型那样基于真实三维几何结构建立计算域并划分网格进行数值计算，在实际应用中往往需要将研究对象的几何特征抽象为相应的几何参数，如长度、高度、厚度等。对于不规则的几何结构，则可以考虑引入修正系数进行修正。例如，水力直径就是取非圆管的过流断面面积与周长之比的4倍值作为与圆管直径等效的特征长度；对于多孔介质材料，则常常忽略多孔介质材料的真实孔隙结构，简化为充满流体的规则六面体空间域，引入孔隙率、孔径、迂曲率等结构参数来表征其内部复杂的几何结构。

尽管如此，在三维空间内对多物理场传热传质问题进行解析计算仍然是十分困难的。因此，在实际工程装置中，当某一维度的传输过程远比其他两个维度更为显著时，就可以仅选择该维度的传热传质物理过程进行研究，这样就可以将三维计算域降维处理并简化成一维计算域，这将大大降低了模型复杂程度和计算量。例如，对于换热器或散热器管内的流体流动，由于管径相比流动路径要小得多，就可以只考虑轴向的流动过程。再比如，单个燃料电池的几何结构大多为明显的平板结构，主要传热传质和电化学反应等物理过程均发生在垂直平面内；同样，在分析锂电池中与电化学反应紧密相关的传热传质特性时，也往往主要分析“正极片(铝箔)-正极电极-隔膜-负极电极-负极片(铜箔)”方向(一维)的传输过程。

当另外两个维度的影响较为显著时，可以考虑将其影响以修正系数或修正式的形式耦合到一维计算中。例如，在设计散热器等换热装置时，常常通过采用设计肋结构的方式来增强其换热能力，在分析中，三维空间内的复杂肋结构的影响常常以肋效率的形式耦合到一维导热方程之中。分析二维和三维稳态导热问题时，常用的导热形状因子 S 具有长度的量纲[14]，表达式为

$$S=\frac{1}{\int\frac{\mathrm{d}n}{A}}=\frac{A_{\mathrm{ave}}}{\delta_{\mathrm{ave}}}\qquad(3-2-1)$$

式中：A_{ave}(m^2)和 δ_{ave}(m)分别为平均有效导热面积和两个等温面之间的平均距离。

从式(3-2-1)中可以看出 S 反映的是等温面面积随热流方向 n 改变的性质，只取决于导热物体的形状和尺寸。在已知导热形状因子的情况下，就可以将一维导热公式(1-2-9)

拓展到二维和三维情况。除此之外，还可以在一维模型的基础上叠加另一维度或另外两个维度上物理量的变化来提升模型准确性，建立 1+1 维或 1+2 维模型，或称为准二维或准三维模型，而非真正的二维或三维模型来达到简化计算的目的。目前，这类模型也已经在工程实际中得到了比较广泛的应用[15,16]。

2. 明确物理过程

对于工程装置中的多个物理过程，首先需要确认其处于稳定状态还是非稳定状态。若其处于非稳定状态，后续建立数学模型时就必须考虑时间项，一般称这类模型为瞬态模型；若处于稳定状态，则可以忽略时间的影响，这类模型一般称为稳态模型。一般来说，由于没有时间项，稳态模型求解相比瞬态模型要相对简单。严格来说，自然界和工程装置中的物理过程并不存在真正的稳定状态，但是对于随时间变化并不大的物理过程，如果我们并不关注其随时间变化的波动过程，就可以假设其处于稳定状态，从而简化模型计算。例如，对于湍流过程，其特点就是流场随时间进行无规则的变化，并不存在真正意义上的稳定状态，但在雷诺方程中，通过将湍流进行时均处理后即可以计算得出稳定状态的湍流特性，虽然这种方法计算得到的湍流过程与实际情况有较大出入，但由于计算简单，在工程领域仍得到了广泛的应用。

显然，忽略多物理场传热传质问题中的次要传输过程对于简化模型计算是有益的，尤其是对压力、温度这类等对物性参数影响较大的物理量而言。例如，对于正常工作状况下的质子交换膜燃料电池而言，当其处于良好冷却工况下时，温度变化范围较小，就可以假定全电池温度为恒定值，忽略传热过程。同时，由于温度这一参数对燃料电池各主要传输过程的传输参数均有一定影响，假定其为定值也将大大降低计算量。

实际上，对多物理场解析模型来说，流体流动的合理简化往往是非常重要的，这主要是因为描述流体流动的纳维－斯托克斯方程具有高度非线性，且需解决速度与压力的耦合问题，即使采用数值方法也需借助专门算法进行计算，典型算法有压力耦合方程组的半隐式方法（Semi-Implicit Method for Pressure Linked Equations，SIMPLE）、SIMPLEC（SIMPLE-Consistent）和 PISO（Pressure-Implicit with Splitting of Operators）算法等[17]。这就导致解析模型难以处理实际流体的流动过程，常常需要进行较大简化。例如，当流动过程中压降较小时，可以假定压力为定值从而简化流体流动过程。

同时，流体流动引起的对流传质和对流换热也会对模型求解造成很大困难，在多物理场解析模型中也应尽可能地对其进行简化处理。对于对流传质过程，如果其影响相比扩散作用要小很多，可以考虑忽略其影响。例如，燃料电池中反应气体在膜电极中的传输主要以扩散传输为主，分析计算时往往选择忽略对流传输作用。对于对流换热过程，则常采用牛顿冷却公式进行简化计算，其中对流换热系数可以根据流体流动状态（如雷诺数）进行估算。对于两相流的流动过程，当某一相的影响较小时，可以考虑将两相流简化为单相流。无法简化为单相流动的情况下，考虑到解析模型几乎不可能准确描述相界面的影响，可以采用将某一相对其他相的影响以修正参数的形式考虑在内。例如，在第二章中我们提到，对于多孔介质中的气液两相流的流动，可以通过引入相对渗透率反映一相传输对另一相的影响，从而将单相达西定律拓展为两相达西定律对其进行描述。

在实际应用中，可以采用“数量级”分析方法判定某一传输过程是否可以忽略。例如，在分析外界流体对固体传热的瞬态导热问题时，当对流换热引起的外热阻远大于固体内部导热引起的内热阻时，就可以采用集总分析法将固体看作一个质点，从而忽略其内部温度分布。判断外热阻和内热阻的相对重要性时，常常引入毕渥数(Biot number)这一无量纲数，其物理含义为材料内部导热热阻与外部放热热阻的比值，即 $Bi=\dfrac{\frac{l_0}{\lambda}}{\frac{1}{h}}=\dfrac{hl_0}{\lambda}$，其中 h 为表面传热系数，l_0 为特征长度；λ 为固体热导率。当 $Bi\ll 1$ 时，可以认为外热阻起主要作用。在第 2 章边界层部分，流动方程的简化同样采用了数量级分析方法。

3.2.2 多物理场解析模型

在构建出物理模型之后，接下来就可以将其演绎为数学问题，建立起相应的多物理场解析模型。首先，针对物理模型中的各物理过程，分别以第一、二章中介绍的描述传热传质和多相流流动过程的实验定律(如傅里叶定律等)，结合质量、动量和能量守恒等自然法则建立通用微分方程(控制方程)。由若干控制方程组成的控制方程组构成了所有机理模型的主体骨架内容。可以说，解析模型和数值模型即是以控制方程组的求解结果是解析解还是数值解来划分的。如前所述，在多物理场传热传质问题中，控制方程的形式一般均可以表示为二阶偏微分方程的形式，以 φ 为输运标量表示的通用控制方程的具体形式为

$$\frac{\partial\varphi}{\partial t}+\nabla\cdot(u\varphi)=\nabla\cdot(\Gamma\,\nabla\varphi)+S_{\varphi} \tag{3-2-2}$$

式中：φ 为通用变量，对于质量、动量、能量和组分质量守恒方程而言，φ 分别表示 ρ、$\boldsymbol{u}$、T 和 Y_i，所对应的广义扩散系数 Γ 则分别为 0、$\dfrac{\mu}{\rho}$、$\dfrac{\lambda}{(\rho c_{\mathrm{p}})}$和 D；S_{φ} 为广义源项。

式(3-2-2)中对流项和扩散项均以散度符号表示，其物理含义为单位控制体体积内经由对流作用和扩散作用流经控制体的净通量。也就是说，对由对流和扩散作用引起的净通量取散度后，其特性类似于控制体内源项的作用。散度为正，表明净通量为正值，对流(或扩散)通量的综合影响等价于控制体内存在生成源项；反之，散度为负，表明净通量为负值，对流(或扩散)通量的综合影响等价于控制体内存在消耗源项。由于上述方程形式对于任何控制体都满足守恒特性，数值计算中将其定义为守恒型控制方程。在其他数值算法中，有时也会通过将散度展开从而将其写为非守恒形式，二者在数学上是等价的，本书中不做赘述，有兴趣的读者可以阅读相关文献。

对于燃料电池、电解池、锂电池、液流电池等电化学反应装置，常常需要分析电子和离子的传输过程，其控制方程同样符合以上通用形式，具体表达式为

$$\frac{\partial(aC\varphi_e)}{\partial t}=\nabla\cdot(\kappa_e\nabla\varphi_e)+S_e \tag{3-2-3}$$

$$\frac{\partial(aC\varphi_{ion})}{\partial t}=\nabla\cdot(\kappa_{ion}\nabla\varphi_{ion})+S_{ion} \tag{3-2-4}$$

式中：a 为比表面积(m^2/m^3)；C 为单位面积电容（F/m^2 或 $C/(V\cdot m^2)$）；φ_e 和 φ_{ion} 分别为电子和离子电势(V)；κ_e 和 κ_{ion} 分别为电子和离子电导率（S/m）；S_e 和 S_{ion} 分别为电子和离子电势源项（A/m^3）。对于由电化学反应产生的源项，常常采用巴特勒－沃尔默方程或塔菲尔公式进行计算。实际上，由于在电化学反应装置中，电子和离子的充放电过程要比其他传热传质等传输过程快得多(这一点可以通过估算各传输过程的时间常数进行判断)。因此，在多物理场分析中可以假设其在一瞬间完成，从而忽略方程中的瞬态项，简化为泊松方程(Poisson's equation)形式：

$$0=\nabla\cdot(\kappa_e\nabla\varphi_e)+S_e \tag{3-2-5}$$

$$0=\nabla\cdot(\kappa_{ion}\nabla\varphi_{ion})+S_{ion} \tag{3-2-6}$$

综上所述，多物理场传热传质问题中的各种传输过程均可采用二阶偏微分方程进行描述，方程中包括描述输运标量随时间变化特性的瞬态项、由于流体自身宏观运动引起的对流项、由于输运标量自身梯度引起的扩散项及与控制体内产生或消耗相关的源项。在解析模型中，控制方程本身与数值模型并无明显不同，均为二阶偏微分方程，但是为降低计算难度、提升计算效率，这里的控制方程在大多数情况下是建立在比较大的控制体上的，而不需要像数值模型中需要进行细致的网格划分，这也就使得解析模型的精确度很难与数值模型相媲美。对于控制方程中的各系数，如对流项和扩散项中的速度、扩散系数等变量，在其变化不大时，通常使用定值以简化计算，该定值可以通过在一定范围内计算其平均值获得。例如，导热系数常常为温度的函数，在温度区间 $T_1\sim T_2$ 内的平均导热系数可由下式计算得到：

$$\bar{\lambda}=\frac{\int_{T_1}^{T_2}\lambda(T)\mathrm{d}T}{T_2-T_1} \tag{3-2-7}$$

不仅如此，为避免高维度复杂计算，解析模型常常仅关注某一维度的传输过程，一维 x 方向的通用控制方程表达式为

$$\frac{\partial\varphi}{\partial t}+\frac{\partial u\varphi}{\partial x}=\frac{\partial}{\partial x}\left(\Gamma\frac{\partial\varphi}{\partial x}\right)+S_\varphi \tag{3-2-8}$$

上式等号左侧第一项为瞬态项。对于稳态模型而言，由于不考虑时间的影响，该项可以忽略。对于瞬态模型来说，可以采用一阶差分格式将其转化为代数形式(假定密度保持不变)，即可转化为

$$\frac{\partial\varphi}{\partial t}\approx\frac{\varphi_t-\varphi_{t-\Delta t}}{\Delta t} \tag{3-2-9}$$

对于式(3-2-8)等号左侧第二项描述的对流传质过程，当其作用远小于扩散传质时，可以忽略其影响。在这种情况下，对于稳态解析模型，式(3-2-8)表示的控制方程即可以简化为泊松方程形式：

$$0=\frac{\partial}{\partial x}\left(\Gamma\frac{\partial\varphi}{\partial x}\right)+S_\varphi \tag{3-2-10}$$

式(3-2-10)描述的是含有源项的扩散过程，如含有内热源的导热过程或含有电子、离子源项的电子、离子传导过程。更进一步地，当源项为零时，式(3-2-10)可以进一步简化为拉普拉斯方程(Laplace's equation，又称调和方程或位势方程)形式，

$$0=\frac{\partial}{\partial x}\left(\Gamma\frac{\partial\varphi}{\partial x}\right) \tag{3-2-11}$$

在解析模型中，常常将其写为一阶方程形式，并且扩散通量可利用一阶差分格式进行简化：

$$q=-\Gamma\frac{\partial\varphi}{\partial x}=-\Gamma\frac{\varphi_1-\varphi_2}{\delta} \tag{3-2-12}$$

式中：q 为由于输运标量扩散引起的通量；负号表示扩散通量方向与标量梯度方向相反。例如，对于导热过程，q 即为热流密度，Γ 为导热系数；对于导电过程，q 即为电流密度，Γ 为导电率。

当控制体(厚度为 δ)内源项并不为零时，可以将源项的影响等价转化为通量，即

$$q=\overline{S_\varphi}\delta \tag{3-2-13}$$

当源项平均值为正时，对应通量流出控制体；反之，当源项平均值为负时，对应通量流入控制体。当该标量可经两侧边界面通过控制体时，应根据实际情况假定两侧端面通量值，但两侧通量值之和必须等于$\overline{S_\varphi}\delta$。当多个部件中仅有某一部件存在源项，且该部件只有一侧可供标量通过时，则该侧通量即为$\overline{S_\varphi}\delta$，从而有下式成立：

$$q=\overline{S_\varphi}\delta=-\Gamma\frac{\varphi_1-\varphi_2}{\delta} \tag{3-2-14}$$

对于多个不同部件中的扩散、导热及导电过程，解析模型中常常采用上式进行计算，由此就可以在已知计算域中某一处值的情况下确定物理量的分布情况。例如，对于多层平

板中的导热问题，仅有一个区域存在热源项时，在已知源项大小和该区域厚度的情况下可以计算出热流密度，当已知其他区域中某一点温度后，即可计算得到所有区域的温度分布。

当对流传质或对流传热作用影响较大时，直接忽略对流作用的影响就可能会对模型计算结果造成显著影响。对于对流扩散同时存在的传输过程，当对流传质作用影响较大时，可以通过舍伍德数(Sherwood number，表征对流传质与扩散传质的比值)对扩散传质进行修正，从而考虑二者之间的综合作用。例如，在燃料电池中，当分析反应气体经由流道向多孔电极的传质过程中同时存在对流和扩散作用时，为简化计算，可通过估算舍伍德数的方法对扩散作用进行修正[18]。对于对流换热过程，则可以借助努塞尔数(Nusselt number，表征对流换热强烈程度的一个无量纲数，又表示流体层的导热阻力与对流传热阻力的比)确定对流换热系数，而努塞尔数则可以利用不同流动状态下的无因次判别式计算得到，由此就可以将求解流体的对流换热问题简化为利用牛顿冷却公式进行计算。

当扩散作用很弱且主要以对流作用传质时，这时就可以忽略控制方程中的扩散项。例如，水冷式散热器中热量主要是被冷却水对流作用带走，对于稳态过程，式(3-2-8)即简化为

$$\frac{\partial u\varphi}{\partial x}=S_{\varphi} \tag{3-2-15}$$

在速度为常数的情况下，对流项可以利用一阶差分格式写为

$$\frac{\partial u\varphi}{\partial x}=u\,\frac{\varphi_1-\varphi_2}{\delta} \tag{3-2-16}$$

从而下式成立：

$$u\,\frac{\varphi_1-\varphi_2}{\delta}=S_{\varphi} \tag{3-2-17}$$

对于上述公式中的速度，通过耦合求解连续性方程和纳维-斯托克斯方程的方法对于多物理场解析模型常常是不太现实的，在速度变化范围不大时可以将其简化为常数。需要注意的是，在标量传输过程中，对流项并不一定是由流体宏观流动引起，也有可能是由于其他物理量的传输过程导致。也就是说，在上述通用控制方程中，对流项的速度并不一定只局限于流体宏观流动速度。

对于由流动引起的压降，可以考虑借助一些经验公式简单计算流动过程中压降与速度之间的关系。例如，描述长圆管内部层流流动压降的哈根-泊肃叶(Hagen-Poiseuille)公式的表达式为

$$\Delta p=-\frac{8\mu l}{R^2}u \quad 或 \quad \Delta p=-\frac{8\mu l}{\pi R^4}Q \tag{3-2-18}$$

式中：l 为圆管长度(m)；R 为圆管半径(m)；u 为流动平均速度(m/s)；Q 为体积流量(m^3/s)。

当流动管道内包含复杂拐角时，可以采用流体网络法计算得到流动过程中各节点压降[19]。对于多孔介质中的流体流动，当流体流动速度较低时(蠕动流)，可以采用达西定律代替复杂的纳维－斯托克斯方程。在达西定律中，流体流动速度与压降呈线性关系，利用这一特性可以大大降低计算量，当流动速度较高导致用达西定律所得结果与实际结果有较大偏差时，可以引入修正项，如本书第一章中提到的福熙海麦定律(Forchheimer's Law)。同时，对于多孔介质中的传热过程，可以忽略对流换热的影响，而只考虑导热过程并认为流体和固体骨架接触面处，二者温度相同。这就是在分析多孔介质中传热传质问题时经常用到的“局部热平衡”假设。

对于多相流来说，由于目前并没有统一描述多相流流动的控制方程组，在实际问题中，针对不同多相流流动过程，通常需要建立不同的控制方程组对其进行描述。一般来说，多相流流动的复杂程度要远远高于单相流流动，而且解析模型中基本不可能细致考虑相界面的影响。因此，当多相流中某一相影响并不大时，应尽可能忽略其影响，从而将多相流简化为单相流，或者采用简单方法对单相流进行修正。例如，当锂离子电池热失控时，电极材料分解反应产生的气体会喷出电池，并且带出一定的液态电解液和固体电极颗粒，但由于液态电解液和固体电极颗粒受电池温度变化的影响较小，分析过程中常常忽略该多相过程，而只重点关注气体的喷出过程[20]。实际上，质子交换膜燃料电池流道中的气液两相流的流动过程也常常被简化为气体的单相流流动。对于多孔介质中的气液两相流的流动过程，则常常采用第二章介绍的两相达西定律进行描述。

需要注意的是，前面提到的控制方程是具有普适性的，对于具体情况，还需满足以下定解条件才能获得特定计算结果。

(1)几何条件

几何条件是指以物理模型中的几何形状为基础抽象出的解析模型的空间定义域，即计算域的几何特征参数。例如，对于平板材料而言，几何条件就是其长度、宽度和厚度。

(2)物理条件

物理条件是指数学模型中涉及到的各种物性参数、热力学参数和传输系数，如密度、导热系数、扩散系数等。在实际情况下，这些物性参数往往并不是定值，而是与其他物理量相关，如材料导热系数常常与温度相关。为简化计算，可以选取适宜的平均值并取定值处理。

(3)时间条件

对于瞬态模型，如要求得到某一时刻的特定解，则必须给定其在初始时刻 $t = t_0$ 时的状态，即方程组所求解的所有变量在这一时刻所对应的实际值，即**初始条件**。否则模型求解得到的解是没有实际物理意义的。对于稳态模型，从理论上来说，其解与初始条件无关。但是，在实际计算过程中，若初始值与实际值相差过大，有可能导致计算发散。

(4)边界条件

对于某一特定控制方程，为保证其具有确定解，在控制体边界处仍需给定所求解控制方程中变量或其导数随时间和空间位置的变化规律，称为边界条件。总体来说，主要包括以下三种边界条件。第一类边界条件，称为狄利克雷边界条件(Dirichlet boundary condition)，是指直接给出微分方程中求解变量在控制体边界上的数值。例如，对于能量方程，即为给定边界处温度；对于电势方程，即为给定边界处电势值。第二类边界条件，称为诺依曼边界条件(Neumann boundary condition)，是指给出控制方程中求解变量在控制体边界处的导数或偏导数。例如，对于能量方程，即为给定边界处热流密度，特别地，当热流密度为0时，为绝热边界条件；对于电势方程，即为给定边界处电流密度。第三类边界条件则是给出控制方程中求解变量在控制体边界处的数值和方向导数的线性组合。例如，对于能量方程，是指给出边界处物体与周围流体间的表面换热系数和周围流体的温度。对于计算域中存在的真实物理边界，常见的边界条件有以下几种。

Ⅰ. 流固分界面处边界条件

一般来说，对于黏性流体，流体将黏附在固体表面上。因此在流固分界面处，流体在一点的速度等于固体在该点的速度，即$u|_{流} = u|_{固}$。这类边界条件也被称为黏附条件或无滑移边界条件。特别地，当固体壁面静止时$u|_{流} = 0$；对于理想流体(无黏流体)，其可以在固体壁面上滑移，但不能离开壁面，因此流体法向速度分量等于固体法向速度分量，即$u_{n}|_{流} = u_{n}|_{固}$，这类边界条件称为滑移边界条件。可以说，切应力的存在以及无滑移边界条件(固壁处)构成了真实流体和理想流体之间的本质区别。对于压力来说，在无滑移边界和滑移边界中均为零梯度边界条件，即$\frac{\partial p}{\partial n} = 0$。对于能量方程，在流固界面处，应满足温度值和热流密度均相等，对应边界条件则为$T|_{流} = T|_{固}$，$\lambda_{流}\frac{\partial T}{\partial n}\Big|_{流} = \lambda_{固}\frac{\partial T}{\partial n}\Big|_{固}$。

Ⅱ. 液体与液体分界面边界条件

一般来说，两种液体分界面两侧应满足下述边界条件：

$$\begin{cases} \boldsymbol{u}_1 = \boldsymbol{u}_2 \\ T_1 = T_2 \\ p_1 = p_2 \end{cases} \tag{3-2-19}$$

$$\mu_1 \frac{\partial \boldsymbol{u}}{\partial n}\Big|_1 = \mu_2 \frac{\partial \boldsymbol{u}}{\partial n}\Big|_2 \tag{3-2-20}$$

$$\lambda_1 \frac{\partial T}{\partial n}\Big|_1 = \lambda_2 \frac{\partial T}{\partial n}\Big|_2 \tag{3-2-21}$$

Ⅲ. 无限远边界条件

当流体域为无限远时，无限远处 $r\to\infty$ 的边界条件为

$$\begin{cases}\boldsymbol{u}=\boldsymbol{u}_{\infty}\\ p=p_{\infty}\\ \rho=\rho_{\infty}\\ T=T_{\infty}\end{cases}\tag{3-2-22}$$

在解析模型中，给定合理初始条件和边界条件对于保证模型计算准确性具有至关重要的作用。对于瞬态模型，初始条件应保证与实际物理情况相符，否则模型计算结果将与实际物理情况相悖。对于稳态解析模型，在理想状况下，模型中不存在迭代计算过程，此时无须给定初始条件，若需采取简单迭代提高模型准确性，初始条件则需谨慎选取，以最大限度地降低迭代次数。需要注意的是，本书关注的多物理场解析模型中的迭代过程只有在两个或更多物理量之间具有耦合影响时才会涉及，而且一般仅需简单几步即可满足精度要求，这与数值模型需进行大量的迭代过程来得到收敛解具有本质不同。

对于同一控制方程而言，不同边界条件对应的求解难度和结果也大不相同[21]。以一维扩散方程为例进行说明。当计算域两侧均为第一类边界条件时，例如对于两侧温度值固定的能量方程，及两侧电势值固定的电势方程，此时控制方程具有唯一解，求解也相对简单一些。当一侧为第一类边界条件，另一侧为第二类或第三类边界条件时，例如对于能量方程，一侧温度值固定，另一侧热流密度或对流换热边界中对流换热系数和流体温度固定；对于一侧电势值固定，另一侧电流密度值固定的电势方程，控制方程同样具有唯一解，但此时控制方程求解难度相比上一种边界条件要困难一些。当控制方程两侧均为第二类或第三类边界条件时，控制方程解可能并不唯一，这时必须借助其他条件才能确定其唯一解，例如对于燃料电池膜和催化层中的离子传输过程，在计算域两侧离子电流密度均为零，即在两侧均为第二类边界条件情况下，需与电子电势方程耦合求解，其中电子电势边界条件一般为恒定值与零通量的组合。离子电势与电子电势差值与活化过电势相关，并进而与离子电势控制方程中源项相关，由此可以确定离子电势分布情况。显然，第三种情况使得模型求解计算困难大大增加。在给定控制方程边界条件时，应在不违背物理实际情况的前提下进行合理选择。例如，对于输运标量不能通过的边界处，如绝热边界，就需给定第二类边界条件，且通量值为 0；对于对流换热边界，一般应给定第三类边界条件，即给出对流换热系数和流体温度。但当流体与固体换热非常充分时（对流换热系数非常大时），如恒温箱中的实验装置，就可假定边界处温度保持恒定，从而给定第一类边界条件以简化计算。

除描述物质传输规律的控制方程外，在解析模型建立过程中，为保证模型中方程具有封闭性，往往还需要引入一些状态方程作为补充。典型的状态方程就是理想气体状态方程，即 $PM=\rho RT$。考虑到状态方程中物理量变化对计算过程具有较大影响，在其变化范

围不大时可尽量将其简化为常数。对于自然对流中由于密度变化引起的流动，如果密度变化仅仅与温度有关，就可以借助容积膨胀系数这一流体性质考虑这一变化，其定义为

$$\beta = -\frac{1}{\rho}\left(\frac{\partial \rho}{\partial T}\right)_P \tag{3-2-23}$$

流体的这一热力学性质表示的是定压条件下由于温度变化导致的密度变化量，可以借助布西涅斯克近似(Boussinesq approximation)[22]将密度变化表示为以下形式：

$$\beta \approx -\frac{1}{\rho}\times\frac{\Delta\rho}{\Delta T} = -\frac{1}{\rho}\times\frac{\rho_\infty - \rho}{T_\infty - T} \tag{3-2-24}$$

$$\rho_\infty - \rho \approx \rho\beta(T - T_\infty) \tag{3-2-25}$$

在实际工程应用中，除经严格的数学推导得出的控制方程和状态方程之外，也常将对实验数据进行分析与拟合得到的(半)经验公式耦合到模型之中，这一做法对简化模型计算起着至关重要的作用。此外，工程装置中的物理过程并不全都是流动与传热传质过程，还可能会涉及一些相变过程、化学反应或者电化学反应等，这些过程往往与流动和传热传质过程高度耦合，在实际问题分析中也起着非常重要的作用，往往并不能忽略。在多物理场解析模型中，这些物理过程常常用代数方程进行描述，并耦合到描述传热传质过程的控制方程中的源项之中。例如，对于锂电池、燃料电池、电解池、液流电池等电化学反应装置，往往采用塔菲尔公式或巴特勒－沃尔默方程计算电化学反应速率[23]，并借助法拉第定律将其转化为其他物质的反应速率，然后作为源项耦合到对应的控制方程中。

除此之外，经验公式也经常用来修正控制方程的传输系数。例如，对于多孔介质中的气体扩散或导热过程，就可以采用 Bruggeman 经验式修正固有扩散系数或导热系数，得到有效扩散系数或导热系数的值，或者计算燃料电池关键部件之一的膜的离子电导率与含水量的关系式[24]。不仅如此，引入经验公式还可以在已知控制方程求解获得的变量之后计算另一个物理量，从而避免复杂的求解过程。例如，在燃料电池模型中引入描述多孔介质材料中毛细压力与液态水饱和度的 $P_c - s$ 曲线之后，就可以在由控制方程求解获得毛细压力(液态水饱和度)之后，借助 Leverett－J 方程获得液态水压力(毛细压力)[25]。

3.2.3 多物理场解析模型求解

总体来看，解析模型是由描述传热传质过程的控制方程组(含状态方程)和经验公式两部分组成。由于经验公式基本都是代数方程的形式，经简单的代数计算即可获得结果。因此，解析模型的求解主要是对控制方程组的求解。在数值模型中，求解微分方程的方法是利用离散数学的知识将微分方程转换为代数方程进行求解。对于复杂计算，则需专门编写程序或借助专业软件。而在解析模型中，常见的求解方法主要有以下两种。

1. 解析解法

解析解法又称分析解法，是以数学分析为基础直接求解微分方程，得到将因变量表示成自变量(时间和空间坐标)的公式及在定解条件下由各参数所构成的函数。解析解法能清晰地揭示计算域内对应物理量的分布或随时间的变化关系以及参与过程各相关物理量之间的内在联系。解析解法又可分为精确解析解法和近似解析解法，二者在计算域内均满足守恒定律，区别是前者在计算域内逐点满足微分方程，如分离变量法(如求解二维稳定导热问题时所用的拉普拉斯方程)，而后者在计算域内逐点近似满足微分方程，如积分方程法。解析解法的缺点是其仅适用于较简单的微分方程问题，如稳态多层平板导热(导电)或可与之比拟的多层气体扩散、多孔介质中的蠕动流(可用达西定律描述)、集总热容物体温度变化等。

2. 数值解法

数值解法是以离散数学为基础的一种求解方法，就是将微分方程形式的数学模型转换成代数方程形式(代数方程组)，求解代数方程得到的解可以认为是微分方程的近似解。需要注意的是，这里仅仅是借用数学思想将微分方程转化为可简单求解的代数方程。为使偏微分方程的计算成为可能，并尽可能提升计算效率，在离散时，往往是将工程装置中的某一部件处理为一个或少数几个质点，而不是像数值模型那样划分出很多计算节点。显然，这样的处理方式是以牺牲模型的准确性为代价的。建立代数方程时，可以直接从微分方程出发，用差分代替微分，用差商代替微商，将微分方程直接转换成代数方程，或者还可以针对具体的控制单元根据守恒定律和传输机理建立代数方程。

经由上述两种方法，就可以将多物理场解析模型中由偏微分方程形式表示的控制方程转换为代数方程形式，模型中状态方程和控制方程也均为代数方程形式。在模型中方程数目较少时，可以考虑通过联立求解的方式得到计算结果。但是，工程装置中的多物理过程常常具有非常强的耦合性，求解过程中选择合适的方程求解顺序实现解耦计算就变得非常重要。一般来说，求解方程时，应先求解与其他物理量耦合较少或边界条件为第一类定值的控制方程，在得到其计算结果后将其代入其他与其相关的控制方程中。对于高度耦合的少数几个控制方程，则可以考虑通过联立求解，获得计算结果。当控制方程中某一物理量的求解涉及的传输系数与自身相关时，就不得不引入简单的迭代过程，此时需设置合适的收敛标准保证计算结果的准确性。考虑到计算效率，收敛标准不宜过低。

3.2.4 多物理场解析模型验证与结果分析

在利用模型分析实际的工作过程之前，还必须先对模型进行细致的验证工作。这里的验证是指利用相同工况与几何特征下的实验数据与仿真结果进行对比，当误差处于一定范围内时，一般可以认为模型具有较高的可靠性。从理论上来说，模型计算得到的所有物理量均需与相应的实验数据进行对比，才能充分证明模型的准确性。但在实际应用中，受限于实验测试的困难，往往很难获得所有实验数据。实际上，利用模型计算获取实际实验不能得到或者很难得到的物理量也是建立多物理场解析模型的重要目的之一。因此，在实际应用中，往往只是选取最关键的某几个变量值或分布特性来作为判定模型准确性的依据。例如，对于锂离子电池而言，大多数情况下是对其充放电过程中的电压－电流或温度变化曲线进行验证；对于燃料电池而言，往往是将表征其宏观性能的极化曲线或各项损失（如欧姆损失）作为模型验证的重要依据。

另外，考虑到模型中众多参数之间的耦合性，某一参数的影响可能会被其他参数抵消，导致由不同参数的组合可以得到大致相同的仿真结果，从而影响模型准确性的判定。为避免这一点，可以考虑进一步验证模型对不同工况和几何特征等参数的敏感性，验证改变条件后模型计算结果是否与实验结果相吻合。同时，与同一组实验测试得到的不同物理量进行同步验证也更有助于说明模型可靠性。例如，对锂电池放电过程中的电压变化和温度变化曲线进行同步验证比仅验证电压变化曲线更为可靠。对于瞬态模型而言，还需特别针对其瞬态特性进行验证。对于多物理场解析模型来说，除与实验测试结果进行验证之外，也可以考虑与相同计算域的数值模型结果进行对比验证，尤其是验证三维数值模型的计算结果。需要注意的是，如果通过验证发现模型准确性较差，先要检查模型计算是否有误，在此前提下进行追本溯源，查找问题根源所在。一般来说，导致模型准确性较差的原因大多数情况下与建立模型时采取的假设有关，因此在解决该问题时需要在之前假设的基础上进行修正或采用更加合理的假设。

然而，上述验证方式仅仅是对模型框架和搭建方法可靠性的验证。通过模型验证之后，从理论上来讲，该模型是适合所有该类型工程装置的。因此，在将其应用于具体问题分析时，还应根据具体实验测试数据进行大量的模型标定工作，主要是通过模型计算结果对所关注参数进行敏感性标定。这主要是考虑多物理场模型中常常会包含多达几十个模型参数，其中有些参数与实际值不可避免地会存在一定偏差，甚至有些参数可能只是由经验值估算得到的。只有在用具体工程装置实验数据进行标定从而确定模型参数之后，才可以认为该模型能够在一定程度上反映某一具体工程装置中的多物理过程及性能特征。模型标定也是后续利用模型进行定量化设计优化的必经过程。

标定之后，就可以对解析模型在不同输入参数下计算得到的数据进行分析、归纳、总结并绘制成相应的曲线或图表，并以此为基础对工程装置在不同工况下的运行规律进行探究，并进一步为工程装置的设计优化以及自主开发提供必要的理论指导。特别是解析模型的高计算效率使进行大量计算成为可能，在此基础上结合必要的统计学方法进行敏感性分析（如蒙特卡罗随机试验等）可以筛选出对工程装置性能具有关键影响的参数，这一点对于降低产品开发周期和成本尤为重要。

总而言之，针对工程装置中的多物理场传热传质问题建立并利用解析模型的步骤如下。首先，需要明确研究目标，经合理简化之后建立物理模型；然后，基于相应的传热传质机理及质量、动量和能量等守恒定律构建描述传输过程的微分方程组(控制方程组)并给定具体初始和边界条件，构成解析模型的“骨架”；为保证方程组封闭，还需引入必要的状态方程；在此基础上，常常同步引入必要的经验公式以简化计算并丰富模型内容；之后，基于分析解法或数值解法将模型中的微分方程组转化为代数方程组，进行求解计算；此后，与相同工况和几何特征下的实验测试结果或高维度数值模型计算结果进行验证；最后，通过实验数据验证和模型标定证明模型准确性之后，就可以利用模型计算结果绘制图表进行分析，从而探究工程装置中复杂多物理场传热传质机理并进行正向设计开发。

参考文献

[1] AKITOMO F, SASABE T, YOSHIDA T, et al. Investigation of effects of high temperature and pressure on a polymer electrolyte fuel cell with polarization analysis and X-ray imaging of liquid water[J]. Journal of power sources, 2019, 431: 205-209.

[2] FINEGAN D P, SCHEEL M, ROBINSON J B, et al. In-operando high-speed tomography of lithium-ion batteries during thermal runaway[J]. Nature communications, 2015, 6(1): 1-10.

[3] PETERSON B, BAUM E, BÖHM B, et al. High-speed PIV and LIF imaging of temperature stratification in an internal combustion engine[J]. Proceedings of the combustion institute, 2013, 34(2): 3653-3660.

[4] 周光垌，严宗毅，许世雄，等. 流体力学：下册(第二版). 北京：高等教育出版社，2002.

[5] WANG J. Theory and practice of flow field designs for fuel cell scaling-up: a critical review[J]. Applied energy, 2015, 157: 640-663.

[6] HE X, RESTUCCIA F, ZHANG Y, et al. Experimental study of self-heating ignition of lithium-ion batteries during storage: effect of the number of cells[J]. Fire technology, 2020, 56(6): 2649-2669.

[7] 孙德兴，吴荣华，张承虎. 高等传热学：导热与对流的数理解析[M]. 2版. 北京：中国建筑工业出版社，2014.

[8] 陈林根，冯辉君. 流动和传热传质过程的多目标构形优化[M]. 北京：科学出版社，2017.

[9] 陶文铨. 数值传热学[M]. 2版. 西安：西安交通大学出版社，2001.

[10] SIMPSON W T. Equilibrium moisture content of wood in outdoor locations in the United States and worldwide: FPL-RN-0268[R]. Washington DC: US Department of Agriculture, Forest Products Laboratory, 1998.

[11] WANG B, ZHANG G, WANG H, et al. Multi-physics-resolved digital twin of proton exchange membrane fuel cells with a data-driven surrogate model[J]. Energy and AI, 2020, 1: 100004.

[12] WANG B, XIE B, XUAN J, et al. AI-based optimization of PEM fuel cell catalyst layers for maximum power density via data-driven surrogate modeling[J]. Energy conversion and management, 2020, 205: 112460.

[13] 俞昌铭. 多孔材料传热传质及其数值分析[M]. 北京：清华大学出版社，2011.

[14] BERGMAN T L, NCROPERA F P, DEWITT D P, et al. Fundamentals of heat and mass transfer

[M]. New York: John Wiley & Sons, 2011.

[15] WANG B, WU K, YANG Z, et al. A quasi-2D transient model of proton exchange membrane fuel cell with anode recirculation[J]. Energy conversion and management, 2018, 171: 1463-1475.

[16] CAI L, WHITE R E. Reduction of model order based on proper orthogonal decomposition for lithium-ion battery simulations[J]. Journal of the electrochemical Society, 2008, 156(3): A154.

[17] ANDERSON J D, WENDT J. Computational fluid dynamics[M]. New York: McGraw-Hill, 1995.

[18] JIANG Y, YANG Z, JIAO K, et al. Sensitivity analysis of uncertain parameters based on an improved proton exchange membrane fuel cell analytical model [J]. Energy conversion and management, 2018, 164: 639-654.

[19] YANG Z, JIAO K, LIU Z, et al. Investigation of performance heterogeneity of PEMFC stack based on 1 + 1D and flow distribution models[J]. Energy conversion and management, 2020, 207: 112502.

[20] FENG X, OUYANG M, LIU X, et al. Thermal runaway mechanism of lithium ion battery for electric vehicles: a review[J]. Energy storage materials, 2018, 10: 246-267.

[21] 熊洪允，曾绍标，毛云英. 应用数学基础：下册 [M]. 4版. 天津：天津大学出版社，2004.

[22] BOUSSINESQ J. Théorie analytique de la chaleur mise en harmonie avec la thermodynamique et avec la théorie mécanique de la lumière[M]. Paris: Gauthier-Villars, 1903.

[23] ZHANG G, JIAO K. Multi-phase models for water and thermal management of proton exchange membrane fuel cell: a review[J]. Journal of power sources, 2018, 391: 120-133.

[24] JIAO K, LI X. Water transport in polymer electrolyte membrane fuel cells[J]. Progress in energy and combustion science, 2011, 37(3): 221-291.

[25] LEVERETT M C. Capillary behavior in porous solids[J]. Transactions of the AIME, 1941, 142(1): 152-169.

第 4 章 工程装置建模实例一

4.1 翅片管式散热器解析模型

实例 4-1 翅片管式散热器解析模型

相比其他类型的换热器，翅片管式散热器具有体积小、传热面积大、效率高等优势，因此广泛应用于石油、化工、能源、冶金、暖通等领域。近年来，与翅片管式散热器相关的强化传热理论和应用技术得到了飞速的发展。翅片管按照翅片位置(管内或管外)分为内翅片管和外翅片管；依据翅片与管轴线方向的不同可分为纵向翅片管和径向翅片管等。从散热器结构来看，翅片管是散热器的核心部件。建立相关的解析模型，对翅片管散热器的总体性能进行预测在实际工业应用中具有非常重要的作用。本实例中，建立了沿冷却液流动方向的一维翅片管式散热器的稳态解析模型。应用该模型，能够快速预测翅片管散热器内部的温度分布，并能够给出性能提升的优化方案。

4.1.1 物理问题介绍

图 4-1 所示为一维翅片管式散热器工作原理图。冷却液以一定速度进入散热器内部，空气沿垂直方向进入，空气与冷却液通过翅片管进行换热，流动的空气带走冷却液的热量，从而实现冷却液的散热。因此，冷却液出口温度以及空气出口温度是评价散热器性能的重要指标。

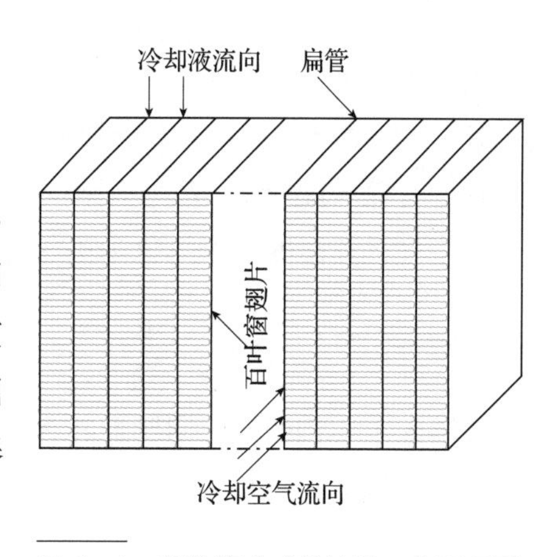

图 4-1　翅片管式式散热器工作原理图

4.1.2 解析模型建立

1. 模型基本假设

1)流体流动处于稳定状态，且仅考虑流动方向这个维度。

2)物性参数和对流传热系数是温度的函数。

3)忽略流体的轴向热传导。

4)交换器中没有发生流体相变。

5)翅片间距均匀，管子的排列错开。

6)垂直于壁表面没有导热阻力。

2. 控制方程

在每排翅片管中，沿气流方向，空气的温度分布已被忽略。传热的数学模型可以从换热器芯中的流体和固体表面的能量平衡获得。因此，微分形式的各控制方程如下[1]。

冷却液的控制方程为

$$\rho_h C_h a_h \left(u_h \frac{\partial T_h}{\partial x} + \frac{\partial T_h}{\partial t} \right) = P_h \overline{h}_h (T_w - T_h) \tag{4-1-1}$$

翅片管的控制方程为

$$\begin{aligned} &(a_w \rho_w C_w + a_f \rho_f C_f) \frac{\partial T_w}{\partial t} \\ &= \overline{h}_h P_h (T_h - T_w) + \overline{h}_c P_c \eta_f (T_c - T_w) + a_w \lambda_w \frac{\partial^2 T_w}{\partial x^2} \end{aligned} \tag{4-1-2}$$

空气的控制方程为

$$a_c \rho_c C_c \frac{\partial T_c}{\partial t} = \overline{h}_c P_c \eta_0 (T_w - T_c) + \rho_c C_c L_3 u_c (T_{c,in} - T_{c,o}) \tag{4-1-3}$$

式中：下标 f、h、c 和 w 分别指翅片、冷却液、空气和管壁；ρ 为密度(kg/m^3)；C 为比热容[J/(mol·K)]；$\overline{h}$ 为平均对流换热系数[W/(m^2·K)]；η_f 为翅片表面效率；L_3 为翅片的有效长度(m)；P 为有效周长(m)；u 为流体的平均流速；a 为面积；λ 为热导率。

空气进气温度可以简化为进气与排气温度的平均值，即：

$$T_c = \frac{1}{2}(T_{c,in} + T_{c,o}) \tag{4-1-4}$$

因此本实例的核心问题即转换为对于冷却液以及翅片管温度的求解。在稳态条件下，二者的控制方程可分别简化为

$$\rho_h C_h a_h u_h \frac{\partial T_h}{\partial x} = P_h \overline{h}_h (T_w - T_h) \tag{4-1-5}$$

$$-a_{\mathrm{w}}\lambda_{\mathrm{w}}\frac{\partial^2 T_{\mathrm{w}}}{\partial x^2}=\overline{h}_{\mathrm{h}}P_{\mathrm{h}}(T_{\mathrm{h}}-T_{\mathrm{w}})+\overline{h}_{\mathrm{c}}P_{\mathrm{c}}\eta_0(T_{\mathrm{c}}-T_{\mathrm{w}}) \tag{4-1-6}$$

对于冷却液，其边界条件为

$$T_{\mathrm{h,in}}=T_0 \tag{4-1-7}$$

由给定边界条件，可以解得：

$$T_{\mathrm{h}}=T_{\mathrm{w}}+(T_0-T_{\mathrm{w}})\exp\left(-\frac{P_{\mathrm{h}}\overline{h}_{\mathrm{h}}}{\rho_{\mathrm{h}}C_{\mathrm{h}}a_{\mathrm{h}}u_{\mathrm{h}}}x\right) \tag{4-1-8}$$

对于翅片管端，其边界条件为

$$\frac{\mathrm{d}T_{\mathrm{w,in}}}{\mathrm{d}x}=0 \tag{4-1-9}$$

$$\frac{\mathrm{d}T_{\mathrm{w,out}}}{\mathrm{d}x}=0 \tag{4-1-10}$$

将式(4－1－6)进行整理，可得：

$$\frac{\partial^2 T_{\mathrm{w}}}{\partial x^2}-\left(\frac{\overline{h_{\mathrm{h}}}P_{\mathrm{h}}}{a_{\mathrm{w}}\lambda_{\mathrm{w}}}+\frac{\overline{h}_{\mathrm{c}}P_{\mathrm{c}}\eta_0}{a_{\mathrm{w}}\lambda_{\mathrm{w}}}\right)T_{\mathrm{w}}+\left(\frac{\overline{h_{\mathrm{h}}}P_{\mathrm{h}}}{a_{\mathrm{w}}\lambda_{\mathrm{w}}}T_{\mathrm{h}}+\frac{\overline{h}_{\mathrm{c}}P_{\mathrm{c}}\eta_0}{a_{\mathrm{w}}\lambda_{\mathrm{w}}}T_{\mathrm{c}}\right)=0 \tag{4-1-11}$$

可以解得，在稳态条件下，翅片管的温度为

$$T_{\mathrm{w}}=\frac{\left(\frac{\overline{h_{\mathrm{h}}}P_{\mathrm{h}}}{a_{\mathrm{w}}\lambda_{\mathrm{w}}}T_{\mathrm{h}}+\frac{\overline{h}_{\mathrm{c}}P_{\mathrm{c}}\eta_0}{a_{\mathrm{w}}\lambda_{\mathrm{w}}}T_{\mathrm{c}}\right)}{\left(\frac{\overline{h_{\mathrm{h}}}P_{\mathrm{h}}}{a_{\mathrm{w}}\lambda_{\mathrm{w}}}+\frac{\overline{h}_{\mathrm{c}}P_{\mathrm{c}}\eta_0}{a_{\mathrm{w}}\lambda_{\mathrm{w}}}\right)} \tag{4-1-12}$$

3. 传热参数计算

传热系数在对流传热中非常重要。在翅片管式散热器中，由于冷却液以一定速度进入翅片管内，因此存在强制对流换热。对于不同的雷诺数，努塞尔数(Nusselt Number)的计算公式为[1]

$$\begin{cases} Nu=2.97\dfrac{L}{D} & Re<2200 \\ Nu=\dfrac{(Re-1000)Pr\left(\dfrac{f_i}{2}\right)}{1.07+12.7\sqrt{\dfrac{f_i}{2}}(Pr^{\frac{2}{3}}-1)} & 2200\leqslant Re<10^4 \\ Nu=0.023Re^{0.8}Pr^{0.3} & Re\geqslant 10^4 \end{cases} \tag{4-1-13}$$

管内冷却液的雷诺数为

$$Re=\frac{uL}{\nu_{\mathrm{lq}}} \tag{4-1-14}$$

式中：u 为流体的平均流速(m/s)；ν_{lq}为冷却液的运动黏度(m^2/s)；L 为管长(m)。

冷却液的对流扩散系数为[2]

$$h_h = \frac{Nu\lambda}{L} \tag{4-1-15}$$

式中：Nu 为努塞尔数；λ 为热导率。

空气侧的传热系数为[2]

$$\overline{h_c} = j\rho_c u_c C_c (Pr)^{-\frac{2}{3}} \tag{4-1-16}$$

式中：j 为柯尔本(Colburn)因子，可由雷诺数计算得到[2]：

$$j = \exp(12.61 - 5.82r + 0.666r^2 - 0.027r^3) \tag{4-1-17}$$

$$r = \ln(Re) \tag{4-1-18}$$

4. 翅片表面效率

翅片表面效率取决于翅片材料以及管上翅片的设置，计算公式为[1]

$$\eta_o = 1 - \frac{n_f a_f}{a_t}(1 - \eta_f) \tag{4-1-19}$$

式中：η_f 为翅片表面效率；a_f 为翅片换热面积(m^2)；n_f 为翅片数目。

翅片效率可由下式进行计算：

$$\eta_f = \frac{\tanh ml}{ml} \tag{4-1-20}$$

式中：l 为翅片长度(m)；m 为翅片常数，由下式计算：

$$m = \sqrt{\frac{\overline{h}_c P_{fc}}{K_f a_{fc}}} \tag{4-1-21}$$

4.1.3 计算结果分析

翅片管式散热器的一维稳态模型可通过将上述方程简单编程进行计算。首先，给定换热器的尺寸并沿着换热器的长度方向划分节点，给定翅片与扁管结构参数、冷却液和空气的入口温度及流量、冷却液以及空气的初始温度分布，并由此得出与此相对应的流动和各项物性参数。然后，计算第一个节点处冷却液和空气的流速与雷诺数，依据冷却液的雷诺数得到对应范围的努塞尔数，再由努塞尔数得到对流换热系数。空气端同理，首先计算空气的雷诺数，进而确定空气的传热因子，然后得到空气端的对流换热系数。依据式(4-1-12)得到对应冷却液和空气温度条件下的翅片管壁温度，由此温度更新冷却液温度，再由翅片管壁的温度修正空气的温度分布。经此循环，直至前后两次修正的空气温度差值小于 10^{-7}。结束循环，并输出冷却液、翅片管壁和空气的温度分布。

为保证模型的准确性与可靠性，对该模型进行实验验证，其中实验数据来自于任庆鑫[3]对一款车用百叶窗式翅片管式换热器所进行的风洞实验。基于模型的仿真结果与实验数据的对照如图 4-2 所示，主要对不同空气质量流量与冷却液流量下冷却液出口温度的实验数据与仿真结果进行了对比。换热器中沿冷却液流道方向的冷却液温度、翅片管壁温度与空气温度如图 4-3 所示。可以看出，一维稳态模型在准确模拟流道温度分布的同时也与实验数据中的冷却液出口温度吻合良好，仿真结果可信度高，可以用来反映换热器内部的温度分布和整体的换热效率。

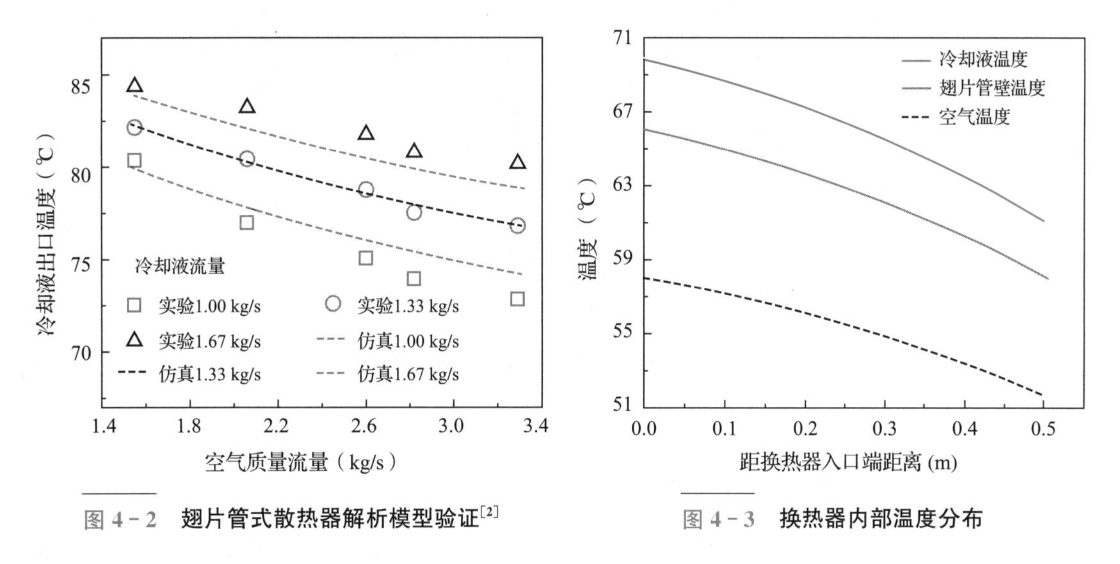

图 4-2 **翅片管式散热器解析模型验证**[2]

图 4-3 **换热器内部温度分布**

基于上述一维翅片管式散热器稳态模型的仿真结果，可以迅速得出对应工况参数条件与换热器结果参数条件下的冷却液、翅片管壁和空气的温度分布。通过此温度分布，可以清楚直观地了解换热器各部分的换热情况以及对应的总体换热效率，从而为快速预测换热器的热效率提供数据支撑，也能为提升局部区域的换热性能提供重要参考。

4.2 金属蜂窝材料换热性能分析

实例 4-2 金属蜂窝材料换热性能分析

如图 4-4 所示，在二维金属蜂窝材料中，存在一个易于流体流动的方向，与该方向垂直的平面内，微尺度蜂窝结构(～1 mm)的表面积密度，即单位体积内的表面积可高达 3000 m^2/m^3。这种独特的结构具有优异的比刚度、比强度和散热性能，且质量很轻。

因此，这类金属蜂窝材料目前广泛应用于各式紧凑型换热器的内核，用以增强换热器的换热性能，尤其是当换热器质量需要尽可能低时。显然，填充金属蜂窝材料的换热器中的流动传热现象属于典型的流－固耦合传热问题。因此，研究二维金属蜂窝材料中的强迫对流换热问题对于优化换热器的结构具有非常重要的理论意义和应用价值。

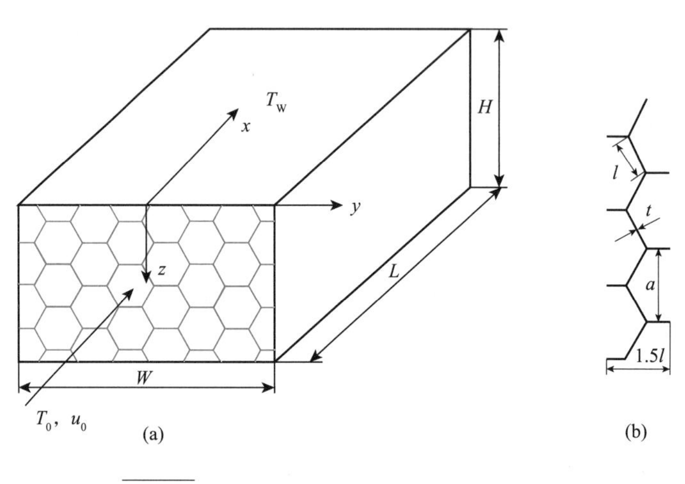

图 4－4　金属蜂窝材料强迫对流换热示意图
(a)整体结构　(b)切片

4.2.1　物理问题介绍

在实例 4－2 中[4－5]，将以填满金属蜂窝材料的方形管道为研究对象，探究其换热性能。图 4－4(a)所示为热交换器的整体结构，管道内部填满二维金属蜂窝材料，冷却流体沿 x 方向在棱柱内流动，入口处流体温度、速度和压力分别为 T_0、u_0 和 p_0；热交换器的长度、宽度和高度分别为 L，W 和 H。图 4－4(b)所示为热交换器的一个切片，常见的重复单元结构为正三角形、正四边形或正六边形(图中仅以正六边形为示例)，边长为 l，单元壁厚为 t。一般情况下，热交换器宽度 W 远远大于重复单元的结构尺寸 a($a=\sqrt{3}l$)，因此可以假设，换热器中温度场、流体的速度场和压力场与坐标 y 无关。同时，假设热交换器左右两侧绝热，上下两侧均有热量传入，假定上、下端面温度分别为 T_w 和 T_0，二者均保持恒定值且 $T_w > T_0$。

4.2.2　解析模型建立

该模型主要包含以下假设。

1)假定冷却流体流动为层流且处于稳定状态。

2)流体和固体各物性参数保持恒定。

3)蜂窝材料的重复单元结构可以用单元尺寸 l，壁厚 t 和相对密度 ρ(固体骨架密度与阵列结构密度比值)等参数表示。

4)壁面 t 均匀且各重复单元不存在结构上的错位等问题。

根据以上假设，有下式成立：

$$\frac{t}{l}=c_{\mathrm{t}}(1-\sqrt{1-\rho}) \tag{4-2-1}$$

式中：c_{t}为单元壁厚的比例系数。

表面积密度 $\alpha_{\mathrm{a}}(\mathrm{m}^2/\mathrm{m}^3)$可以表示为

$$\alpha_{\mathrm{a}}=c_{\mathrm{a}}\frac{\sqrt{1-\rho}}{l} \tag{4-2-2}$$

式中：c_{a}为表面积密度的比例系数。

水力直径 $D_{\mathrm{h}}(\mathrm{m})$可以表示为

$$D_{\mathrm{h}}=4\frac{1-\rho}{\alpha_{\mathrm{a}}}=4\frac{l\sqrt{1-\rho}}{c_{\mathrm{a}}} \tag{4-2-3}$$

式中：ρ 为蜂窝材料的相对密度。

对于通过给定单元结构的强迫对流换热，局部换热系数的周长平均值与努塞尔数的关系式可以表示为

$$h=\frac{Nu\lambda_{\mathrm{f}}}{D_{\mathrm{h}}}=0.25c_{\mathrm{a}}\frac{Nu\lambda_{\mathrm{f}}}{l\sqrt{1-\rho}} \tag{4-2-4}$$

式中：$\lambda_{\mathrm{f}}[\mathrm{W}/(\mathrm{m}\cdot\mathrm{K})]$为流体的热导率；对于三角形、正方形和六边形单元结构，努塞尔数分别为2.35，2.98和3.35。

其他各单元结构比例系数见表4-1。

表4-1　不同重复单元结构比例系数

参数	三角形	正方形	六边形
c_{t}	0.58	1.00	1.73
c_{a}	6.93	4.00	2.31
c_{kz}	0.33	0.50	0.50
c_{ky}	0.50	0.50	0.50

注：c_{t} 为单元壁厚比例系数；c_{a} 为表面积密度比例系数；c_{kz}和 c_{ky} 分别为 Oz 和 Oy 轴方向的有效导热系数比例系数。

接下来，我们采用文献[4]中提到的基于体积平均方法的有效介质模型(Effective medium model)来求解换热器内部温度场。该模型核心思想为将多孔介质中的多相介质假设为一种单相介质，该单相介质的宏观特性与多相介质的平均值相同。选取如图 4-4(b)所示代表单元为研究对象，Oz 轴方向的有效导热系数κ_z可以表示为

$$\lambda_z = c_{kz}\rho\lambda_s + (1-\rho)\lambda_f \cong c_{kz}\rho\lambda_s \tag{4-2-5}$$

假定热传递方向与流动方向垂直，即忽略 Ox 轴方向的热量传递，则稳定状态下该单元体内的能量守恒方程为

$$\frac{d^2T}{dz^2} - \alpha_a \frac{h}{\lambda_z}[T(x,\ z) - T_f(x)] = 0 \tag{4-2-6}$$

式中：T 为温度(K)，结合边界条件 T 有如下关系：

$$\begin{cases} z=0,\ t=T_w \\ z=H,\ t=T_w \end{cases} \tag{4-2-7}$$

可以得出方程解析解，其表达式为

$$T(x,\ z) = T_f(x) + [T_w - T_f(x)]\frac{\cosh\left(\chi\left(\frac{H}{2}-z\right)\right)}{\cosh\left(\chi\frac{H}{2}\right)} \tag{4-2-8}$$

式中：T_f表示流体温度(K)；$\chi = \sqrt{h\alpha_a\lambda_z}$。

在 x 方向，热流密度 q(W/m^2)可以表示为

$$\begin{aligned} q &= \rho_f c_p u_0 H \frac{dT_f(x)}{dx} \\ &= h\alpha_a H \frac{2\int_0^{\frac{H}{2}}[T(x,z) - T_f(x)]dz}{H} = h\alpha_a H[T_w - T_f(x)]\eta \end{aligned} \tag{4-2-9}$$

式中：$\eta = \dfrac{\tanh\left(\chi\frac{H}{2}\right)}{\left(\chi\frac{H}{2}\right)}$为翅片换热系数。

根据式(4-2-9)，结合入口边界条件 $x = 0$，$t = T_0$，可以推导得出：

$$T_f(x) = T_w - (T_w - T_0)\exp\left(-\frac{x}{L^*}\right) \tag{4-2-10}$$

式中：L^*为特征长度，其表达式为

$$L^* = \frac{\rho_f c_p u_0}{h\alpha_a\eta} \tag{4-2-11}$$

根据式(4-2-10)，可以计算流体的平均温度$\overline{T_f}$，表达式为

$$\overline{T_f}=\frac{\int_0^L T_f(x)dx}{L}=T_0+(T_w-T_0)\left[1-\frac{L^*}{L}\left(1-\exp\left(\frac{-L}{L^*}\right)\right)\right] \quad (4-2-12)$$

换热器耗散的全部热量为

$$Q=\dot{m}c_p[T_f(L)-T_0]=\rho_f u_0 c_p HW(T_w-T_0)\left(1-\exp\left(\frac{-L}{L^*}\right)\right) \quad (4-2-13)$$

全局换热系数可由下式推导得到：

$$\overline{h}=\frac{Q}{2LW(T_w-\overline{T_f})} \quad (4-2-14)$$

$$\overline{h}=\frac{c_a}{2l}\sqrt{Nu\lambda_f c_{kz}\lambda_s\rho}\tanh\left(\frac{c_a H}{4l}\sqrt{\frac{Nu\lambda_f}{c_{kz}\lambda_s\rho}}\right) \quad (4-2-15)$$

无量纲化全局换热系数则可以表示为

$$\frac{\overline{h}}{\frac{\lambda_s}{a}}=\frac{\sqrt{3}c_a}{2\lambda_s}\sqrt{Nu\lambda_f c_{kz}\lambda_s\rho}\tanh\left(\frac{c_a H}{4l}\sqrt{\frac{Nu\lambda_f}{c_{kz}\lambda_s\rho}}\right) \quad (4-2-16)$$

与此同时，根据哈根-泊肃叶方程(Hagen-Poiseuille equation)，可以推算出换热器内部冷却流体的单位长度流动压降为

$$\frac{\Delta p}{L}\equiv c_f\frac{4L}{D_h Re_{D_h}}\left(\frac{1}{2}\rho_f u_*^2\right)=\frac{c_f c_a^2}{8}\frac{\mu_f u_0}{(1-\rho)^2 l^2} \quad (4-2-17)$$

式中：

$$Re_{D_h}=\frac{\rho_f u_* D_h}{\mu_f} \quad (4-2-18)$$

$$u_*=\frac{u_0}{1-\rho} \quad (4-2-19)$$

c_f为流体在壁面上的摩擦系数，对于三角形、正方形和六边形微单元结构，其值分别为14.17，13.3和15.07。

分析式(4-2-16)和式(4-2-17)可以发现，$\overline{h}\sim c_a$，$\Delta p\sim c_a^2$。也就是说，在增加表面积密度提升换热器整体换热性能的同时，不可避免地会同时导致冷却流体压降的上升。因此，在设计换热器时，需要综合考虑两种因素的影响。定义换热器热工性能指标(Thermal performance index)为热传递速率与冷却流体强迫对流引起的压降的比值，即：

$$I = c_1 \frac{\overline{h}}{\Delta p} = \frac{4l\ (1-\rho)^2}{c_f c_a \lambda_s L} \sqrt{Nu\lambda_f c_{kz} \lambda_s \rho} \tanh\left(\frac{c_a H}{2l}\sqrt{\frac{Nu\lambda_f}{c_{kz}\lambda_s \rho}}\right) \tag{4-2-20}$$

$$c_1 = \frac{\mu_f u_0}{\lambda_s} \tag{4-2-21}$$

4.2.3 计算结果分析

图 4-5 所示为金属蜂窝材料中重复单元结构分别为三角形、四边形和六边形时的无量纲化全局换热系数随相对密度的变化曲线，各参数见表 4-2。可以明显看出，对于换热性能，三角形＞四边形＞六边形，但是由于 c_a 值的不同导致三角形单元的压降明显高于四边形和六边形单元。因此，综合来看，对于热工性能指标，三角形＜四边形＜六边形，如图 4-6 所示。同时还可以看出，三种不同微单元结构的性能指标均在相对密度为 0.1～0.2 时取得最大值。

需要注意的是，为简化计算，本实例中的有效介质模型采用了较多的假设，导致仿真结果与真实值之间有一定的出入。为获取更加精确的结果，有兴趣的读者可以阅读相关文献中采用的双方程有效介质模型[5]。

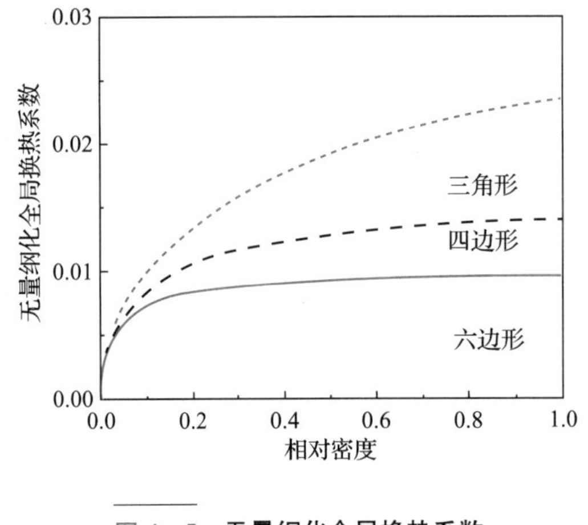

图 4-5　无量纲化全局换热系数

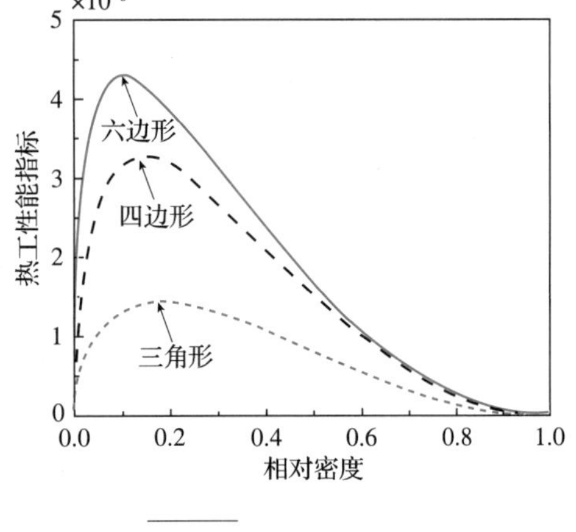

图 4-6　热工性能指标

表 4-2　金属蜂窝材料的换热计算参数

参数	数值	单位
λ_s(铝)	200	W/(m·K)
λ_f(空气)	0.026	W/(m·K)
l	0.001	m
H	0.01	m
L	0.1	m

4.3 液体射流不稳定性模型

实例 4－3 液体射流不稳定性模型

射流过程是工农业生产中广泛存在的一种现象，如内燃机喷雾、消防灭火、淋浴、公园喷泉、农业灌溉、生物制药、化学燃料喷涂等。该物理现象表现为一种液体通过喷嘴喷入另外一种流体介质中，最为常见的是液体喷入空气、混合气等气体介质中。在这个过程中，具有一定速度的液体与气体进行质量、动量及能量的交换，由于流体相对运动的存在，再加上不同喷嘴性质引起的射流状态的多样性，液体会发生破碎现象。射流过程不同，液体破碎的状态也不同，破碎的细小液滴的尺寸与数量也随之具有差异性。

射流过程依据不同的实际应用背景，也具有多种不同的形式。以工程应用为例，淋浴或消防水枪等产生的射流常表现为圆柱形的多孔或单孔的射流过程，射流以多个或单个圆形的液柱呈现。而在大多数工程应用背景中，如农药喷洒、农业自主灌溉、喷漆过程、火箭发动机喷射等，射流的形式可呈现出旋转射流、撞击射流等。不同的射流形式常常服务于不同的实际应用背景，如在动力机械为背景(汽、柴油机，航空发动机等)中的燃料喷射时，射流着重强调雾化破碎效果，以促进热量和质量的交换等。其中，优化射流形式的目的是为了促进雾化效果，改善燃油与空气的混合质量，这对于燃烧过程、燃烧品质乃至排放过程都起到至关重要的作用。通过控制射流参数、喷嘴结构参数等来提升燃油射流的雾化破碎性质，可提升内燃机的性能输出、燃油经济性等。因此，优化燃料喷射时的射流形式是内燃机优化设计研究过程中的一个重要课题。

当射流从喷嘴喷入气体介质中，射流的形态在时间及空间上不断变化。以圆柱型射流为例，液柱在喷出后其表面绝不会永远呈现光滑的规则形态。在同等条件下，射流的速度越高，射流表面越容易产生波动，发生碎裂的可能性就越高。这表明射流过程是不稳定的。因而，对射流破碎机理的研究可以归结于对射流不稳定理论的探讨。在本实例中，将介绍一种根据不稳定性理论建立的牛顿流体圆柱射流和破碎特征模型[6]。

4.3.1 物理问题介绍

液体射流过程可以描述为液体在一定的外界约束下保持一定规则的流动后，经由喷嘴喷入其他介质(如空气、混合气等)中，液柱不再保持原有流动规则，发生变形等的过程。由于边界条件不同，液柱可能会发生波动、扭曲、断裂，或者直接破碎成细小的液滴。以液体通过圆形平孔式喷嘴喷射到空气中为例，随着喷射压力的提高，射流速度也随之不断增大，液体压力和环境空气压力间的差异也随之不断增加。在此过程中，射流速度增加时，射流液体可以在环境气体中呈现出多种不同的破碎形态，而每一种破碎形态都具有规律不同的破碎结果和破碎特征。整体过程伴随着质量、能量的交换，并受惯性力、黏性作用力、表面张力等众多因素的影响，这是流体运动现象的一个重要研究难点。可以运用线性不稳定性理论，对符合牛顿流体特征的轴对称圆柱射流的不稳定性问题进行理论分析，获得相应的色散方程。通过对色散方程的数值求解，研究各种射流参数对于圆柱射流不稳定性的影响规律，进而揭示其射流破碎机理。

4.3.2 解析模型建立

1. 基础射流及流场表征

图 4 - 7 为液体圆柱射流及其不稳定表面波的示意图。考虑一般性，对于水、淀粉溶液、牙膏等流体，因为其流变特性存在不同，在被搅拌或受力时会呈现不同的性质。其中，水、汽柴油为牛顿流体，其黏度保持恒定值，不随剪切速率变化；而淀粉溶液会随着搅拌变得黏稠，表现为非牛顿流体。幂律流体是一种典型的非牛顿流体，一些膏状的火箭推进剂就属于该型流体。液体为幂律流体时[7]，幂律指数为 n；特别地，液体为牛顿流体时，$n=1$。流体的稠度系数(幂律流体)或动力黏度(牛顿流体)为 K；密度为 ρ_l，表面张力系数为 σ，初始状态下沿轴向运动速度为 U_0，射流半径为 a。周围气体的密度为 ρ_g，

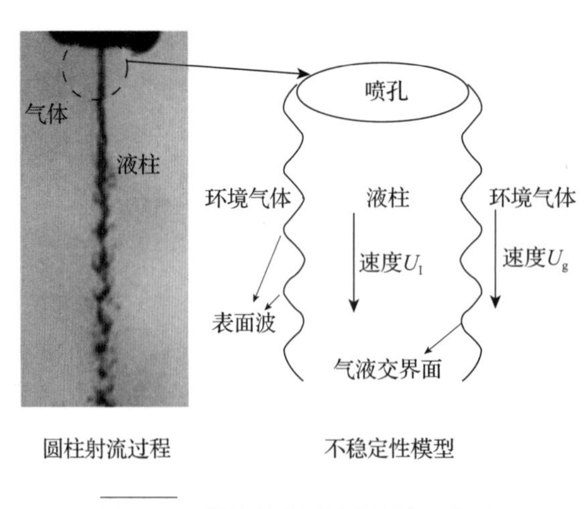

图 4 - 7　圆柱射流及其表面波示意图

假设液体为无黏流体，初始状态下保持静止。受到扰动后气液交界面不稳定表面波的振幅为 η。假设射流速度低于当地声速，流体均不可压缩，且不考虑温度的影响。为便于分析，建立柱坐标系（r，θ，z）。假设射流为轴对称的，则 θ 分量及 θ 方向的偏导数均为零。

根据以上初始设定，气体和液体的速度场分别为

$$\begin{cases}\overline{\boldsymbol{U}}_{\mathrm{g}} = (0,0) \\ \overline{\boldsymbol{U}}_{\mathrm{l}} = (0,\boldsymbol{U}_0)\end{cases} \tag{4-3-1}$$

初始情况下气相和液相的压力场分别为：

$$\begin{cases}\overline{P_{\mathrm{g}}} = P_{\mathrm{g}0} \\ \overline{P_{\mathrm{l}}} = P_{\mathrm{l}0}\end{cases} \tag{4-3-2}$$

气相和液相的压力在表面张力的作用下达到平衡，即在气液交界面（$r=a$）处，压力的关系式为

$$\overline{p}_{\mathrm{l}} = \overline{p}_{\mathrm{g}} + \frac{\sigma}{a} \tag{4-3-3}$$

由于射流扰动的存在，液柱在气液交界面处会发生形变，进而偏离平衡位置。此时液体的速度和压力将在扰动速度 $\boldsymbol{u}$ 和压力 p 的影响下发生变化，则扰动后的速度场可以表示为

$$\boldsymbol{U}_j = \overline{\boldsymbol{U}}_j + \boldsymbol{u}_j \tag{4-3-4}$$

式中：$\boldsymbol{u}_j = (u_{jr},\ u_{j\theta},\ u_{jz})$；下标 j 表示 g 或者 l，即分别代表气体和液体。

同时，此时的压力场可以表示为

$$\boldsymbol{P}_j = \overline{P}_j + p_j \tag{4-3-5}$$

在线性不稳定性分析中，通常采用正态模式来表示扰动量，如下所示：

$$(\boldsymbol{u}_j,\ p_j,\ \eta) = [\tilde{\boldsymbol{u}}_j(r),\ \tilde{p}_j(r),\ \eta_0]\mathrm{e}^{\mathrm{i}kz+st} \tag{4-3-6}$$

式中：k 是复数波数；s 是复数不稳定增长率；η_0 是气液界面的表面波的初始振幅；上标～表示扰动量的初始值。

2. 控制方程

此外，假设气体为无黏理想流体，射流破碎过程需满足流体运动过程的连续性方程和动量守恒方程。

连续性方程为

$$\nabla \cdot U_{\mathrm{g}} = 0 \tag{4-3-7}$$

或

$$\frac{\partial U_{gr}}{\partial r}+\frac{U_{gr}}{r}+\frac{\partial U_{gz}}{\partial z}=0 \tag{4-3-8}$$

代入扰动量等，即将式(4-3-1)、式(4-3-4)和式(4-3-6)代入上式，得

$$\frac{\mathrm{d}\,\tilde{u}_{gr}}{\mathrm{d}r}+\frac{\tilde{u}_{gr}}{r}+\mathrm{i}k\,\tilde{u}_{gz}=0 \tag{4-3-9}$$

动量方程为

$$\rho_{\mathrm{g}}\left(\frac{\partial}{\partial t}U_{\mathrm{g}}+(U_{\mathrm{g}}\cdot\nabla)U_{\mathrm{g}}\right)=-\nabla P_{\mathrm{g}} \tag{4-3-10}$$

或

$$\begin{cases}\rho_{\mathrm{g}}\left(\dfrac{\partial U_{gr}}{\partial t}+U_{gr}\dfrac{\partial U_{gr}}{\partial r}+U_{gz}\dfrac{\partial U_{gr}}{\partial z}\right)=-\dfrac{\partial P_{\mathrm{g}}}{\partial r}\\ \rho_{\mathrm{g}}\left(\dfrac{\partial U_{gz}}{\partial t}+U_{gr}\dfrac{\partial U_{gz}}{\partial r}+U_{gz}\dfrac{\partial U_{gz}}{\partial z}\right)=-\dfrac{\partial P_{\mathrm{g}}}{\partial z}\end{cases} \tag{4-3-11}$$

将式(4-3-1)、式(4-3-4)和式(4-3-6)代入上式，并根据不稳定性理论，考虑扰动量为无穷小量，略去扰动量的非线性项，得到：

$$\begin{cases}\rho_{\mathrm{g}}s\tilde{u}_{gr}=-\dfrac{\mathrm{d}\tilde{p}_{\mathrm{g}}}{\mathrm{d}r}\\ \rho_{\mathrm{g}}s\tilde{u}_{gz}=-\mathrm{i}k\tilde{p}_{\mathrm{g}}\end{cases} \tag{4-3-12}$$

液体是牛顿流体，其基本控制方程是黏性流体的连续性方程和动量方程，连续性方程为

$$\nabla\cdot U_{1}=0 \tag{4-3-13}$$

或

$$\frac{\partial U_{1r}}{\partial r}+\frac{U_{1r}}{r}+\frac{\partial U_{1z}}{\partial z}=0 \tag{4-3-14}$$

将式(4-3-1)、式(4-3-4)和式(4-3-6)代入上式，得

$$\frac{\mathrm{d}\tilde{u}_{1r}}{\mathrm{d}r}+\frac{\tilde{u}_{1r}}{r}+\mathrm{i}k\tilde{u}_{1z}=0 \tag{4-3-15}$$

动量方程为：

$$\rho_{1}\left(\frac{\partial}{\partial t}U_{1}+(U_{1}\cdot\nabla)U_{1}\right)=-\nabla P_{1}+\nabla\cdot\tau \tag{4-3-16}$$

或

$$\begin{cases}\rho_{1}\left(\dfrac{\partial U_{1r}}{\partial t}+U_{1r}\dfrac{\partial U_{1r}}{\partial r}+U_{1z}\dfrac{\partial U_{1r}}{\partial z}\right)=-\dfrac{\partial P_{1}}{\partial r}+\dfrac{1}{r}\dfrac{\partial(r\tau_{rr})}{\partial r}+\dfrac{\partial\tau_{zr}}{\partial z}\\ \rho_{1}\left(\dfrac{\partial U_{1z}}{\partial t}+U_{1r}\dfrac{\partial U_{1z}}{\partial r}+U_{1z}\dfrac{\partial U_{1z}}{\partial z}\right)=-\dfrac{\partial P_{1}}{\partial z}+\dfrac{1}{r}\dfrac{\partial(r\tau_{rz})}{\partial r}+\dfrac{\partial\tau_{zz}}{\partial z}\end{cases} \tag{4-3-17}$$

根据射流的实际情况，在保留轴向上的法向偏应力张量的同时，忽略其他偏应力张量，则式(4-3-17)变为

$$\begin{cases}\rho_1\left(\dfrac{\partial U_{1r}}{\partial t}+U_{1r}\dfrac{\partial U_{1r}}{\partial r}+U_{1z}\dfrac{\partial U_{1r}}{\partial z}\right)=-\dfrac{\partial P_1}{\partial r}\\ \rho_1\left(\dfrac{\partial U_{1z}}{\partial t}+U_{1r}\dfrac{\partial U_{1z}}{\partial r}+U_{1z}\dfrac{\partial U_{1z}}{\partial z}\right)=-\dfrac{\partial P_1}{\partial z}+\dfrac{\partial \tau_{zz}}{\partial z}\end{cases} \tag{4-3-18}$$

式中：

$$\tau_{zz}=K\left(2\frac{\partial U_{1z}}{\partial z}\right)^n \tag{4-3-19}$$

为实现控制方程组的线性化并保留流体的非线性特征，引入速度影响因子 g，其量纲为 s^{-1}，其表示速度随位移的变化情况，则有：

$$\begin{aligned}\tau_{zz}&=K\left(2\frac{\partial U_{1z}}{\partial z}\right)^n=K\left(2\frac{\partial U_{1z}}{\partial z}\right)^n\\&\approx K\left(2\frac{\partial}{\partial z}(u_{1z}+gz)\right)^n=K\left(2g+2\frac{\partial u_{1z}}{\partial z}\right)^n\end{aligned} \tag{4-3-20}$$

将式(4-3-20)用二项式定理展开，忽略高阶项，可得，

$$\tau_{zz}\approx K\left((2g)^n+2n\,(2g)^{n-1}\frac{\partial u_{1z}}{\partial z}\right) \tag{4-3-21}$$

再将式(4-3-21)代入控制方程组式(4-3-18)，并代入扰动量及其正态模式，忽略非线性项，得到

$$\begin{cases}\rho_1(s+\mathrm{i}kU_0)\tilde{u}_{1r}=-\dfrac{\mathrm{d}\tilde{p}_1}{\mathrm{d}r}\\ \rho_1(s+\mathrm{i}kU_0)\tilde{u}_{1z}=-\mathrm{i}k\tilde{p}_1-2nK(2g)^{n-1}k^2\tilde{u}_{1z}\end{cases} \tag{4-3-22}$$

3. 边界条件和色散方程

在射流不稳定性分析过程中，考虑到气液两相界面始终是紧密连接且不会分离，为实质面，其线性化之后的运动边界条件为

在气液两相交界面($r=a$)处：

$$u_{1r}=\frac{\partial \eta}{\partial t}+U_0\frac{\partial \eta}{\partial z} \tag{4-3-23}$$

$$u_{gr}=\frac{\partial \eta}{\partial t} \tag{4-3-24}$$

将扰动量的正态模式代入，得到：

$$\tilde{u}_{1r}=(s+\mathrm{i}kU_0)\eta_0 \tag{4-3-25}$$

$$\tilde{u}_{gr}=s\eta_0 \tag{4-3-26}$$

此外，考虑射流过程，气体和液体还必须要满足：$\boldsymbol{U}_1$和 P_1在 $r=0$ 处为有限量；$\boldsymbol{U}_g$和 P_g在 $r=\infty$处为有限量。

由于环境气体为理想流体，因此在气液交界面上液体的切向应力 τ 必须为零，同时交界面上的法向应力在表面张力的作用下达到平衡。故在气液交界面($r=a$)处有：

$$\tau_{1rz}=0 \tag{4-3-27}$$

$$p_{1rr}-p_{grr}+p_\sigma=0 \tag{4-3-28}$$

式中：p_σ 是由表面张力引起的附加压强，可取 $p_\sigma\approx-\frac{\sigma}{a^2}\left(\eta+a^2\frac{\partial^2\eta}{\partial z^2}\right)$，即

$$K\left(\frac{\partial u_{1r}}{\partial z}+\frac{\partial u_{1z}}{\partial r}\right)^n=0 \tag{4-3-29}$$

$$-p_1+p_g-\frac{\sigma}{a^2}\left(\eta+a^2\frac{\partial^2\eta}{\partial z^2}\right)=0 \tag{4-3-30}$$

将扰动量的正态模式代入，得

$$\frac{\mathrm{d}\tilde{u}_{1z}}{\mathrm{d}r}+\mathrm{i}k\tilde{u}_{1r}=0 \tag{4-3-31}$$

$$\tilde{p}_1-\tilde{p}_g+\frac{\sigma}{a^2}(1-k^2a^2)\eta_0=0 \tag{4-3-32}$$

根据气体的控制方程和边界条件，可求得其流场扰动量的初始值的表达式：

$$\tilde{p}_g(r)=CK_0(kr) \tag{4-3-33}$$

$$\begin{cases}\tilde{u}_{gr}(r)=\dfrac{k}{s\rho_g}CK_1(kr)\\[2ex]\tilde{u}_{gz}(r)=-\dfrac{\mathrm{i}k}{s\rho_g}CK_0(kr)\end{cases} \tag{4-3-34}$$

式中：$C=\frac{\rho_g s^2}{kK_1(ka)}\eta_0$；$K_m$为$m$ 阶第二类修正贝塞尔函数。

根据液体的控制方程和边界条件，也可求得其流场扰动量的初始值的表达式：

$$\tilde{p}_1(r)=DI_0(lr) \tag{4-3-35}$$

$$\begin{cases}\tilde{u}_{1r}(r)=-\dfrac{l}{\rho_1(s+\mathrm{i}kU_0)}DI_1(lr)\\[2ex]\tilde{u}_{1z}(r)=-\dfrac{\mathrm{i}l^2}{\rho_1(s+\mathrm{i}kU_0)k}DI_0(lr)\end{cases} \tag{4-3-36}$$

式中：I_m 为 m 阶第一类修正贝塞尔函数；$l=k\sqrt{\dfrac{\rho_1 g(s+\mathrm{i}kU_0)}{\rho_1 g(s+\mathrm{i}kU_0)+Knk^2(2g)^n}}$；$D=-\dfrac{\rho_l(s+ikU_0)^2}{lI_1(la)}\eta_0$。

将式(4-3-33)和式(4-3-35)代入式(4-3-32)，得到：

$$\frac{\rho_1(s+\mathrm{i}kU_0)^2}{l}\frac{I_0(la)}{I_1(la)}+\frac{\rho_g s^2}{k}\frac{K_0(ka)}{K_1(ka)}+\frac{\sigma}{a^2}(k^2a^2-1)=0 \tag{4-3-37}$$

式(4-3-37)即为表征流体轴对称圆柱射流不稳定性的色散方程。将该式进一步无量纲化，以体现一般性，引入 $\alpha=ka$，$L=la$，$S=\dfrac{sa}{U_0}$，$G=\dfrac{ga}{U_0}$，$We=\dfrac{\rho_1 {U_{10}}^2 a}{\sigma}$，$Re_n=\dfrac{\rho_1 {U_{10}}^{2-n}a^n}{K}$，$Q=\dfrac{\rho_g}{\rho_1}$，$L=\alpha\sqrt{\dfrac{Re_n(S+\mathrm{i}\alpha)}{Re_n(S+\mathrm{i}\alpha)+2n\alpha^2(2G)^{n-1}}}$，得到：

$$\frac{(S+\mathrm{i}\alpha)^2}{L}\frac{I_0(L)}{I_1(L)}+\frac{QS^2}{\alpha}\frac{K_0(\alpha)}{K_1(\alpha)}+\frac{\alpha^2-1}{We}=0 \tag{4-3-38}$$

式中：α 为无量纲不稳定波波数；Re_n为表观雷诺数；Q 为气液密度比；S 为无量纲不稳定波增长率；We 为韦伯数；G 为无量纲速度影响因子。

式(4-3-38)色散方程给出了波数 k 和无量纲不稳定波增长率 S 之间的关系式：$f(S,k)=0$。为了能够正常求解该复变函数方程，则方程的未知数的个数最多不能超过两个。当其他射流条件均已经确定后，需对色散方程的复变量的 S 和 k 进行一定的限制，即实部和虚部中必须要有一个为 0，这样才可以获得相应的解。那么在求解过程中，选择 S，k 为复数时可以表征时间模式(S 为复数)和空间模式(k 为复数)。

若选择时间模式求解，即 $k=K_r$、$S=S_r+\mathrm{i}S_i$，则扰动具有在时间上增长，空间上振荡的特点，此时扰动波的波数为 K_r，增长率为 S_r。若选择空间模式求解，即 $k=K_r-\mathrm{i}K_i$、$S=\mathrm{i}S_i S=\mathrm{i}\omega S=\mathrm{i}\omega$，则扰动具有在时间上振荡，空间上增长的特点，此时扰动波的波数为 K_r，增长率为 K_i。当采用该假设条件时，色散方程的未知数个数为 3，当继续给定扰动波数或频率时，则可以进一步求解方程中的其余两个未知量。实际上可以看出，无论采用时间模式还是空间模式，并不能真实地代表射流的实际情况，但考虑色散方程的实际求解过程，需要在二者中选择其一。

此外，推导获得的轴对称圆柱射流的色散方程很明显为非线性的复变函数方程。在求解时，即使给定各种射流参数，也并不足以获得如 $S=f(k)$或 $k=f(S)$类似形式表达的显式解析解，在实际求解过程中仍然需要采用数值解法。

4.3.3 计算结果分析

通过对色散方程进行数值求解，可以得到在给定条件下射流表面波的无量纲扰动增长

率 Sr 随无量纲波数 α 的变化曲线，如图 4－8 所示。从图中可以获得最大扰动增长率 Sr_{max} 和与其相对应的波数，即最不稳定波数或占优波数 α_{dom} 及截止波数 α_c。Sr_{max} 反映了射流破碎的难易与剧烈程度，与破碎长度相关；α_{dom} 则与破碎尺度相关；α_c 则反映了射流的不稳定性范围。在计算过程中，考虑流体为牛顿流体。

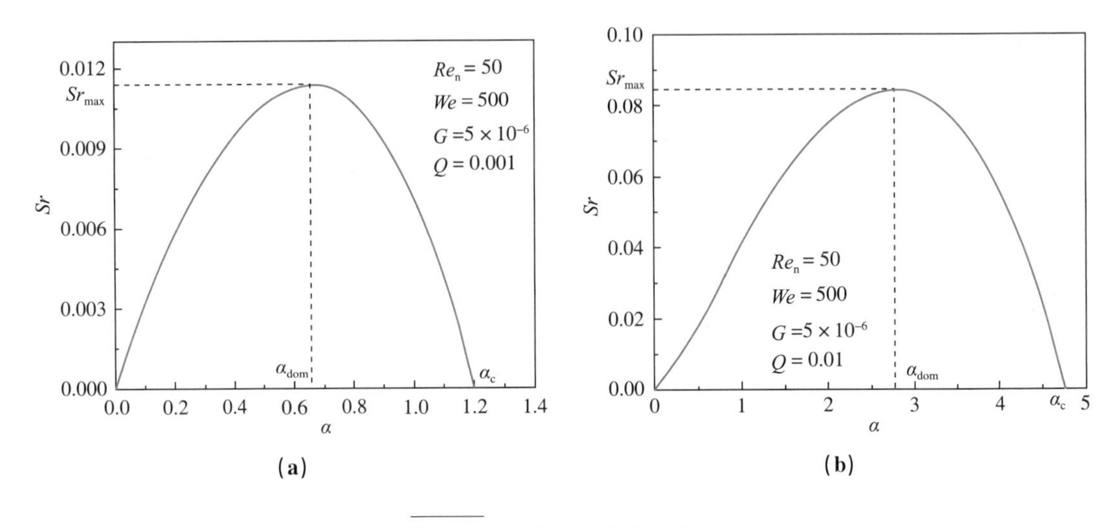

图 4－8　不稳定性曲线示意图

(a) 瑞利模式　(b) 泰勒模式

按照破碎速度及破碎尺度的不同，射流破碎模式常分为瑞利模式和泰勒模式两种。在瑞利模式中，一般射流速度较低，破碎的液滴尺度一般接近或大于射流直径。而泰勒模式常对应着较高的射流速度，破碎尺度通常小于射流直径。在低速射流情况即瑞利模式下，液体表面张力是促进射流破碎的因素，黏性力是抑制射流破碎的因素。而在高速射流情况即泰勒模式下，液体表面张力、黏性力都是抑制射流破碎的因素。在瑞利及泰勒模式下，气液间的相互作用力是促进液体射流破碎的因素[8-10]。从图 4－8 可以看出，在相同条件下，瑞利模式的射流比泰勒模式的射流的最大扰动增长率、截止波数和占优波数都小。此外，在瑞利模式下，射流的占优波数通常小于 1，而在泰勒模式下该值则大于 1。处于泰勒模式时，射流更不稳定，更容易破碎，破碎尺度也更小。

气液密度比 Q 反映了液体与气体两种介质的相互作用力的大小。图 4－9 比较了泰勒及瑞利模式下 Q 对圆柱射流不稳定性的影响。结果表明，气液密度比对瑞利模式及泰勒模式的射流破碎都具有一定的促进作用。随着 Q 的增大，瑞利模式的射流的最大扰动增长率、占优波数和截止波数都随之增大，射流也更容易破碎。因此，在瑞利模式下，气液密度比对影响圆柱射流不稳定性起正向作用。这种规律在泰勒模式下也存在且更为显著，表明气液间相互作用力是影响射流破碎过程的重要因素。

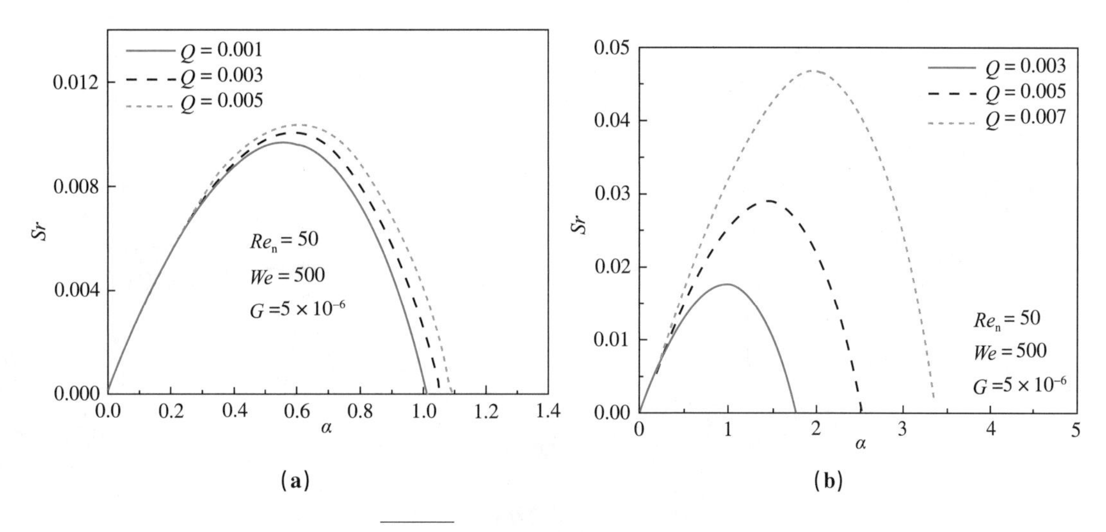

图 4－9　**不同气液密度比 Q 的影响**

(a) 瑞利模式　(b) 泰勒模式

4.4 燃料电池阳极引射器解析模型

实例 4－4 燃料电池阳极引射器解析模型

在质子交换膜燃料电池中，为避免阳极处出现局部燃料供应不足，通常采用通入过量氢气的方式保证电池的正常运行，因而在燃料电池电堆阳极出口废气中存在未完全反应的燃料气体，这部分未反应气体若不经处理直接排入环境，一方面会导致环境污染和安全问题，另一方面也会造成不必要的燃料浪费。加入额外的氢气循环回路将废气再引到阳极的入口进行混合是解决阳极废气问题的主要方式。由于阳极废气中包含了电化学反应生成的水蒸气与未完全反应的氢气，一方面利用废气中的水蒸气与热量对氢气进行加湿、加热可提高电堆的性能，另一方面对其利用也提高了燃料的利用率。

图 4－10 为典型的引射器结构。引射器主要由收缩管(渐缩喷管)，吸入室，二次流进口管，混合管以及扩散管组成。一次流穿过引射器喷嘴后，由高压低速流体变为低压高速流体，混合管内会产生相对低压区，从而吸入二次流，随着二次流的进入，一次流与二次流在混合管内充分混合。引射器利用高压一次流的压力势能吸入二次流，因此该装置不需要消耗额外的功率。

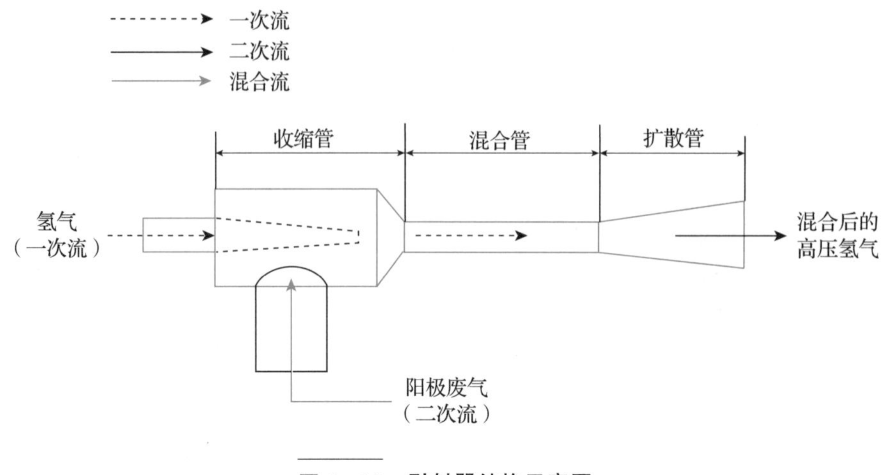

图 4-10　**引射器结构示意图**

引射器的结构参数对其性能具有重要影响。本实例建立了一个一维引射器模型，并依据模型对引射器的关键参数进行选型计算，对于引射器结构优化具有重要的指导意义[11]。

4.4.1　物理问题介绍

根据一次流的压力，引射器的工作状态可分为三类：回流状态、亚临界状态、临界状态。图 4-11 表示的是二次流的质量流量与一次流进口压力之间的关系。可以看出在回流状态下，二次流基本上不能被吸引入引射器；随着一次流压力的上升并达到亚临界状态，在这个状态下二次流流量随一次流压力的升高而迅速增大；当一次流进入临界状态时，二次流的质量流量基本不变。

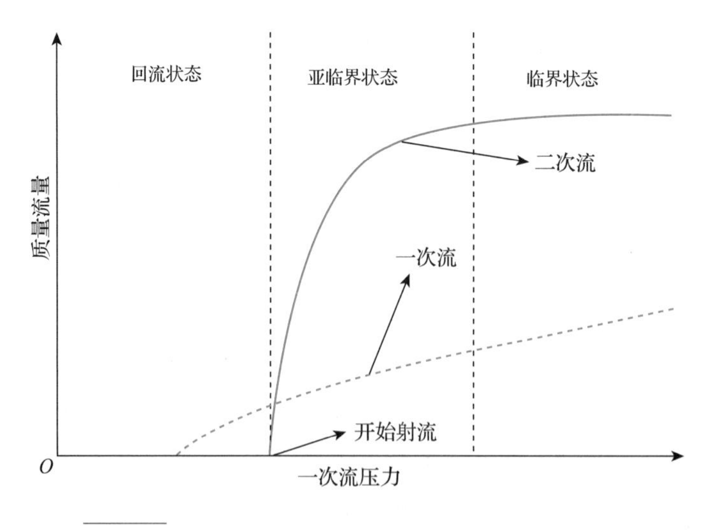

图 4-11　**二次流质量流量与一次流进口压力的关系**[12]

4.4.2 解析模型建立

1. 模型基本假设

1)一次流为理想气体。

2)一次流在引射器径向方向上的速度是均一的。

3)二次流在引射器径向方向上的速度不是均一的，在引射器边界处存在速度边界层。

4)一次流与二次流在引射器径向方向上的压力和温度不是均一分布的。

5)计算摩擦损失时，过程为等熵关系。

6)引射器内部壁面是绝热的。

7)为避免燃料电池系统中可能存在的水蒸气冷凝现象，喷管采用渐缩形式。

2. 一次流部分

本实例中，由于喷管采用的是渐缩的形式，因而所有的流动都处于亚声速状态，在引射器工况中存在一个临界参数 v_{cr}，其表达式为[13]

$$v_{cr}=\left(\frac{2}{k+1}\right)^{\frac{k}{(k-1)}} \tag{4-4-1}$$

式中：k 为气体绝热指数，表达式为

$$k=\frac{c_P}{c_V} \tag{4-4-2}$$

式中：c_P 为比定压热容；c_V 为比定容热容。

将 v_{cr} 和二次流与一次流压力的比值 $\frac{P_s}{P_p}$ 做比较，当引射器状态为 $\frac{P_s}{P_p}<v_{cr}$ 时，表示提高二次流的质量流量可以通过提高一次流的压力得到。此时，一次流的质量 m_p 与压力的计算公式为

$$m_p=P_pA_t\sqrt{\frac{\psi_p k_p}{R_{H_2}T_p}\left[\frac{2}{(k+1)}\right]^{\frac{(k+1)}{2(k+1)}}} \tag{4-4-3}$$

式中：T_p 为一次流温度(K)；R_{H_2} 为氢气的理想气体常数[J/(mol·K)]；A_t 为渐缩喷管的截面面积(m^2)；ψ_p 为损失系数。

当 $\frac{P_s}{P_p}\geqslant v_{cr}$ 时，引射器达到临界工作状态。在这个状态下，由于引射器采用的是渐缩喷管，内部流体无法超过声速，因而再提高一次流的压力也无法进一步提高二次流的质量流量。此时，一次流质量 m_p 与马赫数 Ma_t 的计算公式分别为

$$m_p=P_pA\sqrt{\frac{2\psi_p k_p\left[\left(\frac{P_S}{P_p}\right)^{\frac{2}{k}}-\left(\frac{P_S}{P_p}\right)^{\frac{(k+1)}{k}}\right]}{(k-1)R_{H_2}T_p}} \tag{4-4-4}$$

$$Ma_{\mathrm{t}}=\sqrt{\frac{2\left[1-\left(\frac{P_{\mathrm{S}}}{P_{\mathrm{p}}}\right)^{\frac{(k-1)}{k}}\right]}{k-1}} \tag{4-4-5}$$

3. 吸入室部分

吸入室是引射器中流动最复杂的区域，在此处一次流从喷管喷出并卷吸二次流。在之前研究者的研究中，通常假设吸入室处的压力与二次流进口处的压力相等。在本实例中，对吸入室处的压强 $P_{\mathrm{p},2}$进行修正：

$$P_{\mathrm{p},2}=\begin{cases}0.957P_{\mathrm{S}} & (P_{\mathrm{p}}\leqslant 125\ \mathrm{kPa})\\ 0.895P_{\mathrm{S}} & (125\ \mathrm{kPa}\leqslant P_{\mathrm{p}}\leqslant 150\ \mathrm{kPa})\\ 0.845P_{\mathrm{S}} & (150\ \mathrm{kPa}\leqslant P_{\mathrm{p}}\leqslant 175\ \mathrm{kPa})\\ 0.795P_{\mathrm{S}} & (175\ \mathrm{kPa}\leqslant P_{\mathrm{p}}\leqslant 200\ \mathrm{kPa})\\ 0.690P_{\mathrm{S}} & (200\ \mathrm{kPa}\leqslant P_{\mathrm{p}}\leqslant 250\ \mathrm{kPa})\\ 0.570P_{\mathrm{S}} & (250\ \mathrm{kPa}\leqslant P_{\mathrm{p}}\leqslant 300\ \mathrm{kPa})\\ 0.470P_{\mathrm{S}} & (300\ \mathrm{kPa}\leqslant P_{\mathrm{p}}\leqslant 400\ \mathrm{kPa})\\ 0.400P_{\mathrm{S}} & (400\ \mathrm{kPa}\leqslant P_{\mathrm{p}})\end{cases} \tag{4-4-6}$$

计算吸入室内流体的马赫数(Mach number)，公式为

$$\frac{P_{\mathrm{p}}}{P_{\mathrm{p},2}}=\left[1+0.5(k-1)Ma_{\mathrm{p},2}^{2}\right]^{\frac{k}{(k-1)}} \tag{4-4-7}$$

接着通过计算得到的马赫数计算温度 $T_{\mathrm{p},2}$，公式为

$$\frac{T_{\mathrm{p}}}{T_{\mathrm{p},2}}=1+0.5(k-1)Ma_{\mathrm{p},2}^{2} \tag{4-4-8}$$

吸入室内流体的速度为

$$V_{\mathrm{p},2}=Ma_{\mathrm{p},2}(kR_{\mathrm{H_2}}T_{\mathrm{p},2})^{0.5} \tag{4-4-9}$$

采用等熵关系计算一次流的核心半径 $D_{\mathrm{p},2}$，公式为

$$\sqrt{\xi_{\exp}}\frac{D_{\mathrm{p},2}}{D_{\mathrm{t}}}=\left(\frac{Ma_{\mathrm{t}}}{Ma_{\mathrm{p},2}}\right)^{0.5}\left[\frac{2+(k-1)Ma_{\mathrm{p},2}^{2}}{2+(k-1)Ma_{\mathrm{t}}^{2}}\right]^{\frac{(k+1)}{4(k-1)}} \tag{4-4-10}$$

4. 二次流部分

二次流的质量流量 m_{s}的计算公式如下：

$$m_{\mathrm{s}}=\frac{\pi\rho_{\mathrm{s}}V_{\mathrm{p},2}(D_{\mathrm{m}}-D_{\mathrm{p},2})\left[D_{\mathrm{m}}+(1+n_{1})D_{\mathrm{p},2}\right]}{2(n_{\mathrm{v}}+1)(n_{\mathrm{v}}+2)} \tag{4-4-11}$$

式中：D_{m} 为混合管的直径(m)；$V_{\mathrm{p},2}$ 为吸入室处的速度（m/s)；ρ_{s} 为二次流的密度(kg/m^3)；$D_{\mathrm{p},2}$ 为一次流核心的半径（m)。

由于燃料电池的阳极废气中包含有水蒸气、氮气、未反应的氢气，所以二次流的密度为混合气体的平均密度，计算公式为

$$\rho_{\mathrm{s}}=\left(\frac{P_{\mathrm{s}}}{T_{\mathrm{s}}}\right)\left(\frac{\sum_i c_{\mathrm{s}}^i M^i}{\sum_i c_{\mathrm{s}}^i R^i}\right) \tag{4-4-12}$$

式中：c_{s}^i 为组分 i 的质量分数，M^i 为组分 i 的摩尔质量(kg/mol)；R^i 为组分 i 的理想气体常数[J/(mol·K)]；P_{s} 为二次流的进口压强(Pa)；T_{s} 为二次流进口温度(K)；n_{v} 为速度系数，用来表示一次流、二次流之间压力的比值与混合管直径、喷嘴直径的关系，计算公式为

$$n_{\mathrm{v}}=1.393\times10^{-4}\exp\left(\frac{\beta_{\mathrm{p}}}{0.05}\right)+0.456\beta_{\mathrm{D}}+0.1668 \tag{4-4-13}$$

式中：

$$\beta_{\mathrm{p}}=\frac{P_{\mathrm{s}}^{0.8}}{P_{\mathrm{p}}^{1.1}} \tag{4-4-14}$$

$$\beta_{\mathrm{D}}=\frac{D_{\mathrm{m}}}{D_{\mathrm{t}}} \tag{4-4-15}$$

式(4-4-13)是通过对实验数据进行拟合后得到的，一般用于一次流压强为 175～1 050 kPa，二次流压强为 100～280 kPa，喷嘴直径为 2.1～3.2 mm，混合管直径为 5.2～8.0 mm 的引射器设计。

计算二次流在吸入室的速度 $V_{\mathrm{s},2}$ 公式为

$$V_{\mathrm{s},2}=\frac{2V_{\mathrm{p},2}[D_2+(1+n_{\mathrm{v}})D_{\mathrm{p},2}]}{(1+n_{\mathrm{v}})(2+n_{\mathrm{v}})(D_2+D_{\mathrm{p},2})} \tag{4-4-16}$$

计算二次流在吸入室内的马赫数 $Ma_{\mathrm{s},2}$，公式为

$$Ma_{\mathrm{s},2}=\frac{V_{\mathrm{s},2}}{(kR_{\mathrm{s}}T_{\mathrm{s},2})^{0.5}} \tag{4-4-17}$$

计算二次流在吸入室内的温度 $T_{\mathrm{s},2}$，公式为

$$\frac{T_{\mathrm{s}}}{T_{\mathrm{s},2}}=1+0.5(k-1)Ma_{\mathrm{s},2}^2 \tag{4-4-18}$$

5. 混合管部分

在混合管部位，一次流与二次流充分混合。在此部分的混合流的流速 V_{mix} 通过动量守恒方程计算得到，公式为

$$\psi_{mix}(m_p V_{p,2} + m_s V_{s,2}) = (m_p + m_s) V_{mix} \tag{4-4-19}$$

式中：ψ_{mix}为摩擦损失；V_{mix}为混合管中的气体流速(m/s)；m_p为一次流质量流量(kg/s)；m_s为二次流质量流量(kg/s)；$V_{p,2}$为一次流在吸入室流速(m/s)；$V_{s,2}$为二次流在吸入室流速(m/s)。

通过能量守恒计算混合流温度 T_{mix}，公式为

$$\begin{aligned} & m_p\left(C_{p,p,2} T_{p,2} + \frac{V_{p,2}^2}{2}\right) + m_s\left(C_{p,s,2} T_{s,2} + \frac{V_{s,2}^2}{2}\right) \\ & = (m_p + m_s)\left(C_{p,mix} T_{mix} + \frac{V_{mix}^2}{2}\right) \end{aligned} \tag{4-4-20}$$

式中：$C_{p,p,2}$，$C_{p,s,2}$，$C_{p,mix}$分别是一次流、二次流、混合流的定压比热[J/(kg・K)]；$T_{p,2}$为一次流在吸入室内的温度(K)；$T_{S,2}$为二次流在吸入室内的温度（K)。

计算混合流压力 P_{mix}，公式为

$$\frac{P_{mix} V_{mix} A_m}{R_{mix} T_{mix}} = m_p + m_s \tag{4-4-21}$$

计算混合流的马赫数 Ma_{mix}，公式为

$$Ma_{mix} = \frac{V_{mix}}{(k_{mix} R_{mix} T_{mix})^{0.5}} \tag{4-4-22}$$

在引射器的设计计算过程中，计算发现流体的马赫数在混合管中的改变不太明显，因而对其进行简化，认为流体在引射器入口和出口的状态是相同的。

6. 扩散管部分

在亚声速流动中，流体通过扩散管时，压力上升、温度上升、流速下降。在引射器出口部分，通过扩散管后，高速混合流的速度下降，压力、温度上升，满足燃料电池的入口条件。在混合管出口处流体的压力 P_b的计算公式为

$$\frac{P_b}{P_3} = [1 + 0.5(k-1) {Ma_3}^2]^{\frac{k}{(k-1)}} \tag{4-4-23}$$

一次流、二次流的能量损失 E_{loss}的计算公式为

$$E_{loss} = 0.5(1-\psi_p) m_p V_{p,2}^2 + 0.5(1-\psi_s) m_s V_{s,2}^2 \tag{4-4-24}$$

根据能量守恒，计算引射器出口处的流体温度 T_b，公式为

$$\sum_i m_p^i C_p^i T_p + \sum_i m_S^i C_p^i T_s = \sum_i (m_p^i + m_s^i) C_p^i T_p + E_{loss} \tag{4-4-25}$$

4.4.3 计算结果分析

模型计算结果与实验数据的对比如图 4 - 12 所示。其中，主要对一次流流量、二次流流量以及出口回流比的实验数据与计算结果进行了对比。可以看到，计算结果与实验数据吻合较好，所建立的引射器一维模型具有良好的可靠性，仿真结果可信。

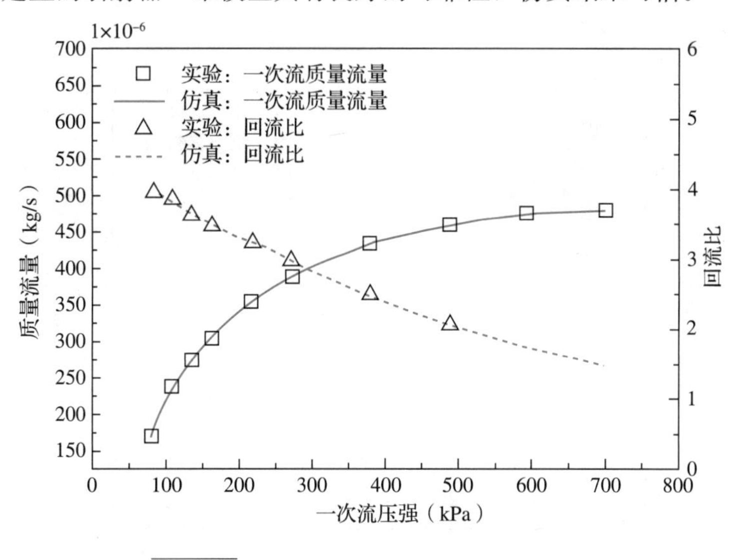

图 4 - 12 模型计算结果与实验数据对比[14]

图 4 - 13 为在一次流压强为 450 kPa 时，质量流量与喷嘴直径之间的关系。可以看到随着喷嘴直径的增大，一次流的质量流量也会随之增大，增大幅度与喷嘴直径基本呈线性正相关。二次流质量流量也会随着喷嘴直径的增大而增大，但增大的幅度逐渐放缓。

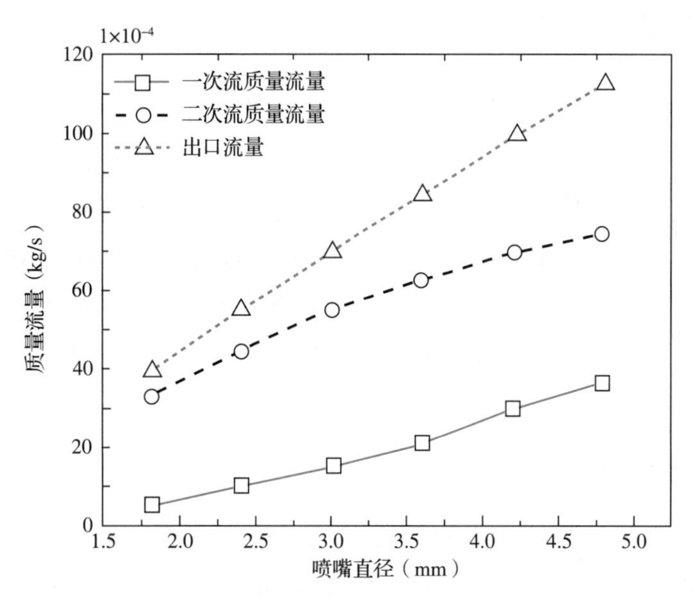

图 4 - 13 质量流量随喷嘴直径的变化关系

回流比、温度随喷嘴直径的变化如图 4 - 14 所示。回流比会随着喷嘴直径的增大而减小，这是由于喷嘴直径越大，一次流质量流量会显著上升，但二次流质量流量主要与一次流的压力有关，因而喷管直径的增大对二次流质量流量的影响较小。温度随着喷嘴直径的增大也呈现逐渐减小的趋势，这是由于一次流质量流量的增幅大于二次流质量流量，因此出口温度会更偏向于一次流的温度，在本实例中一次流的温度为室温(298 K)，因此出口温度会呈现下降趋势。

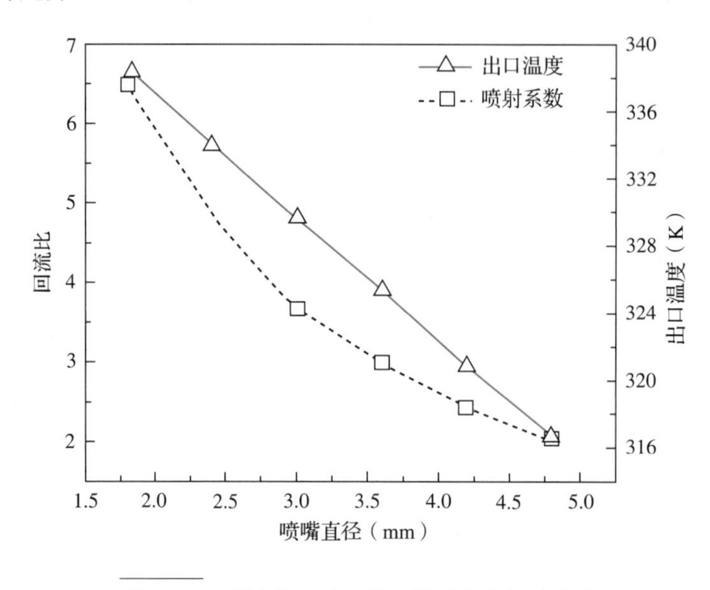

图 4 - 14 回流比、出口温度随喷嘴直径的变化

4.5 燃料单滴燃烧分析

实例 4 - 5 燃料单滴燃烧分析

由于全球对能源需求的增长，内燃机迫切需要替代燃料。丁醇和生物柴油是两种重要的生物质替代燃料，有望在压燃式发动机中替代柴油。使用不同的燃料，会对发动机性能产生重大影响，因此了解不同替代燃料混合物的燃烧特性非常重要。本实例主要介绍单滴燃料燃烧的分析过程，以探究单燃料的燃烧特性。

4.5.1 物理问题介绍

对单滴燃料燃烧进行分析时需同时考虑蒸发和燃烧过程。模型计算域如图 4 - 15 所示，包括液体燃料、空气 - 燃料蒸气混合物、火焰和空气。本实例采用了数值和解析方法相结合的方式。蒸发过程对于确定液滴的燃烧过程非常重要，液相内部的热量和质量传递主导着蒸发，因此分析液相内部的过程中应使用更精确的数值方法，而分析气相传输时则采用解析推导。采用有限体积法求解液体燃料区域的能量守恒方程和物质守恒方程，并开展各时间步长下的气相中传热传质和火焰动力学的解析计算。

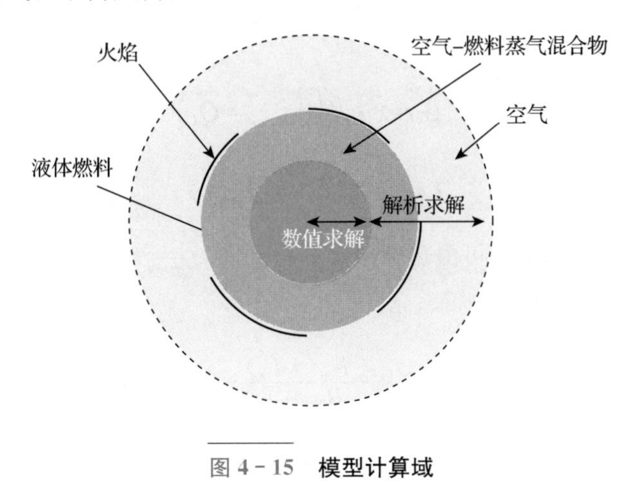

图 4－15　**模型计算域**

4.5.2　解析模型建立

1. 液相数值计算

针对液滴(液相)，求解组分守恒方程和能量守恒方程。

组分守恒方程为

$$\frac{\partial Y_i}{\partial t}=\frac{1}{r^2}\frac{\partial}{\partial r}\left(D_{\text{eff}}\cdot r^2\frac{\partial Y_i}{\partial r}\right)\tag{4-5-1}$$

能量守恒方程为

$$\frac{\partial T}{\partial t}=\frac{\alpha_{\text{eff}}}{r^2}\cdot\frac{\partial^2(r^2\cdot T)}{\partial r^2}+\frac{S_T}{\rho C_{\text{p}}}\tag{4-5-2}$$

式中：D_{eff}为有效质量扩散率；α_{eff}为有效传热速率[15]。

$$D_{\text{eff}}=D\left(1.86+0.86\tanh\left(2.225\log_{10}\left(\frac{Re\cdot Sc}{30}\right)\right)\right)\tag{4-5-3}$$

$$\alpha_{\text{eff}}=\alpha\left(1.86+0.86\tanh\left(2.225\log_{10}\left(\frac{Pe}{30}\right)\right)\right)\tag{4-5-4}$$

组分守恒方程的边界条件和初始条件如下：

$$\left.\frac{\partial Y_i}{\partial r}\right|_{r=0}=0\tag{4-5-5}$$

$$4\pi r^2\rho D\cdot\left.\frac{\partial Y_i}{\partial r}\right|_{r=r_{\text{s}}}=m_{\text{v,total}}\cdot Y_{i,\text{s}}-m_{i,\text{v}}\tag{4-5-6}$$

$$Y_i(r,\ t=0)=Y_{i,o}(r) \tag{4-5-7}$$

式中：Y 为质量分数；r 为液滴半径；下标 s 代表液滴的表面。

液滴中心的边界条件表明了液滴的对称性。能量守恒方程的边界条件和初始条件如下：

$$\left.\frac{\partial T}{\partial r}\right|_{r=0}=0 \tag{4-5-8}$$

$$4\pi r^2\lambda\cdot\left.\frac{\partial T}{\partial r}\right|_{r=r_s}=Q_l \tag{4-5-9}$$

$$T(r,t=0)=T_o(r) \tag{4-5-10}$$

式中：Q_l 为液相的吸热速率，可由热导率计算得到。

单纯考虑蒸发过程[15]时：

$$Q_l=\dot{m}\left(\frac{C_{p,f}(T_\infty-T_s)}{B_T}-L(T_s)\right) \tag{4-5-11}$$

$$B_T=(1+B_M)^\varphi-1 \tag{4-5-12}$$

式中：L 为蒸发潜热，其与表面温度相关。对于燃烧过程，需要考虑燃烧所释放的热量，且应用火焰温度替代环境温度：

$$Q_l=\dot{m}\left(\frac{C_{p,f}(T_f-T_s)+\left(\frac{Y_{o,\infty}}{\sigma_o}\right)q_c}{B_T}-L(T_s)\right) \tag{4-5-13}$$

式中：q_c为单位质量燃料燃烧所释放的热量(低位热值)(J/kg)，其数值取决于燃料的种类。

柴油、丁醇、生物质柴油燃料的相关物性参数见表 4-3 至表 4-5。

表 4-3　柴油(正十二烷)的物性参数

参数	数值	单位
比定压热容	$c_p=197.37+0.57566T+8.889\times10^{-5}T^2$	J/(mol·K)
动力黏度	$\mu=\exp\left(-4.562+\frac{1454}{T}\right)$	MPa·s
汽化熵	$\Delta H_v=329037.62+1883.02T-10.99644T^2$ $+0.021056T^3-1.44737\times10^{-5}T^4$	J/mol
蒸汽压强	$p_s=\exp\left[-13.98\ln(T)-\frac{11200.45}{T}+112.7229+5.78\times10^{-6}T^2\right]$	kPa
热导率	$\lambda=0.04008+2.402\times10^{-4}T+3.578\times10^{-7}T^2$	W/(m·K)
燃烧热	$HC=43.4\times10^6$	J/kg
质量化学计量比(氧化剂：燃料)	$\sigma=3.40$	—
沸点	$T_b=490$	K

表 4-4　丁醇物性参数

参数	数值	单位
比定压热容	$c_p = -235.3 + 4.02T - 1.43\times10^{-2}T^2 + 1.82\times10^{-5}T^3$	J/(mol·K)
动力黏度	$\mu = \exp\left(-9.722 + \frac{2\,602}{T} + 9.53\times10^{-3}T - 9.97\times10^{-6}T^2\right)$	MPa·s
汽化熵	$\Delta H_v = 67\,758 - 200T + 0.670\,5T^2 - 9.57\times10^{-4}T^3$	J/mol
蒸气压强	$p_s = \exp\left[-9.88\ln(T) - 9.13\times\frac{10^3}{T} + 56.7 + 1.43\times10^{-6}T^2\right]$	kPa
热导率	$\lambda = 0.228\,8 - 0.000\,269\,7T + 1.323\times10^{-8}T^2$	W/(m·K)
燃烧热	$HC = 33.075\times10^6$	J/kg
质量化学计量比（氧化剂：燃料）	$\sigma = 2.08$	—
沸点	$T_b = 390$	K

表 4-5 生物质柴油(蓖麻油)物性参数

参数	数值	单位
比定压热容	$c_p = 1\,800$	J/(mol·K)
动力黏度	$\mu = \exp\left[-2.56 + \frac{726.75}{(T - 171.35)}\right]$	MPa·s
汽化熵	$\Delta H_v = 120\,715$	J/mol
蒸气压强	$p_s = \exp\left[-38.2\ln(T) - 2.48\times\frac{10^4}{T} + 284 + 1.45\times10^{-5}T^2\right]$	kPa
热导率	$\lambda = 0.959 - 4.74\times10^{-3}T + 6.93\times10^{-6}T^2$	W/(m·K)
燃烧热	$HC = 37.27\times10^6$	J/kg
质量化学计量比（氧化剂：燃料）	$\sigma = 2.75$	—
沸点	$T_b = 630$	K

采用有限体积法对液体区域内的守恒方程进行离散，划分 200 个网格节点。在计算过程中，随着计算域的变化，采用网格数不变的移动网格。数值方法的算法是具有自适应时间步长的显式时间离散化方法，并利用四阶龙格－库塔法求解离散方程，该算法的更多细节可以在文献[16]中找到。相对误差为 10^{-9}，以保证有较好的精度。为了保证相对误差小于 1%，进行网格和时间步长无关性验证。

2. 蒸发和气相传输的解析计算

蒸发过程和气相传输采用解析法建模，总质量传输系数为

$$B_M = \frac{\sum_i Y_{i,vs} - \sum_i Y_{i,\infty}}{1 - \sum_i Y_{i,vs}} \tag{4-5-14}$$

式中：$Y_{i,vs}$和 $Y_{i,\infty}$分别为组分 i 在液滴表面处和环境中的质量分数，其计算过程包含了准稳态的假设。

$$X_{fs} = \frac{p_{fs}}{p} \tag{4-5-15}$$

$$Y_{fs} = \frac{m_{fs}}{m_{total}} = \frac{X_{fs} \cdot M_f}{\sum_i X_i \cdot M_i} \tag{4-5-16}$$

式中：X_{fs}和 Y_{fs}分别是燃料蒸气的摩尔分数和质量分数；M_f 为燃料的物质的量；p_{fs}是燃料的饱合蒸气压力；各种燃料的蒸气压力是关于温度的函数，见表 4-3、表 4-4 和表 4-5，其由相关实验数据拟合得到。

由总质量传输系数，可求得总质量蒸发率：

$$\dot{m} = 2\pi r_s \rho_v Sh^* D_v \cdot \ln(1 + B_M) \tag{4-5-17}$$

式中：r_s 为液滴直径；ρ_v 为气相密度；D_v 为气相扩散率；舍伍德数 Sh^* 是由薄膜理论修正后的修正值，表达式为

$$Sh^* = 2 + \frac{Sh_0 - 2}{F_M} \tag{4-5-18}$$

$$F_M = (1 + B_M)^{0.7} \frac{\ln(1 + B_M)}{B_M} \tag{4-5-19}$$

式中：F_M 为修正系数。

组分 i 的质量蒸发率为

$$\dot{m}_i = \varepsilon_i \cdot \dot{m} \tag{4-5-20}$$

式中：ε_i 为组分 i 的蒸汽质量分数，表达式为

$$\varepsilon_i = Y_{i,vs} + \frac{Y_{i,vs} - Y_{i,\infty}}{(1 + B_M)^{\eta_{k,i}} - 1} \tag{4-5-21}$$

式中：$\eta_{k,i}$是基于舍伍德数和气体混合物和组分 i 的扩散率，表达式为

$$\eta_{k,i} = \frac{D_g \cdot Sh}{D_i \cdot Sh_i} \tag{4-5-22}$$

式中，柴油、丁醇和生物质柴油的热物性见表 4－3 至表 4－5。本模型中的柴油和生物质柴油均由单一成分构成，即柴油为正十二烷，生物质柴油为蓖麻油。

3. 燃烧分析

根据能量守恒，燃烧释放热量的速率和火焰温度存在如下关系：

$$q_c = q_v + c_{p,f}(T_f - T_s) + C_{pf}(T_f - T_\infty)\left(\sigma_o + \frac{1 - Y_{o,\infty}}{Y_{o,\infty}}\sigma_o\right) \quad (4-5-23)$$

火焰温度可以表示为

$$T_f = \frac{\left(\frac{Y_{o,\infty}}{\sigma_o}\right)T_s + T_\infty}{\frac{Y_{o,\infty}}{\sigma_o} + 1} + \frac{\frac{(q_c - q_v)}{C_{pf}}}{\frac{\sigma_o}{Y_{o,\infty}} + 1} \quad (4-5-24)$$

火焰半径由火焰分压比决定，火焰分压比与蒸发速率和液滴半径存在如下关系[17]：

$$\frac{r_f}{r_d} = \frac{\dot{m}}{M_F} \cdot \frac{\nu_o(1 + \varepsilon_{wi})}{4\pi r_d \nu_f n D_o X_{o,\infty}(1 + \varphi\varepsilon_{wi})} \quad (4-5-25)$$

4.5.3 计算结果分析

将模型计算结果与 Botero 等[18]的实验结果进行对照，验证模型的有效性。模型中的参数根据实验条件进行调整，乙醇和柴油以两种不同的比例混合。初始温度设定为 293.15 K，环境压强为 100 kPa，初始液滴直径 $d_0 = 235\ \mu m$。不同配比的乙醇－柴油混合物液滴 d^2 的模型计算与实验结果对比，如图 4－16 所示。结果表明，两种液滴的绝对误差均小于 0.06，模型有效性得以验证。

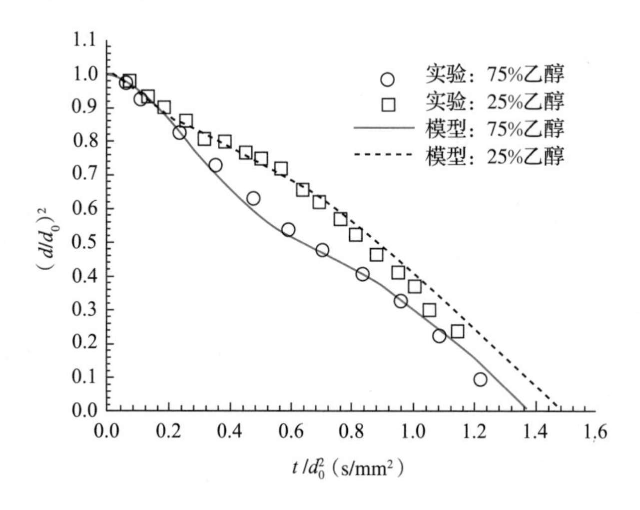

图 4－16　不同配比的乙醇一柴油混合物液滴 d^2 规律的模型计算与实验结果对比[20]

图 4 - 17 和图 4 - 18 所示为生物柴油 - 柴油(30%生物柴油)和丁醇 - 柴油(30%丁醇)两种不同混合物液滴的燃烧过程比较。初始液滴直径 $d_0 = 220\ \mu m$，环境压强为 100 kPa，初始温度为 293.15 K，环境温度为 1 000 K。如图 4 - 17 所示，由于丁醇的蒸气压力高于生物柴油，因此丁醇 - 柴油液滴尺寸的减小速度比生物柴油 - 柴油液滴尺寸的减小速度更快，且生物柴油 - 柴油液滴需要更高的表面温度。由于在两个阶段发生了不同物质的蒸发过程，两种液滴的质量燃烧率和液体吸热率如图 4 - 18 所示。对于生物柴油 - 柴油液滴和丁醇 - 柴油液滴，最初由于温度升高，质量燃烧率在开始时都增加。之后，随着第一组分的消耗，燃烧率降低。随着表面温度接近挥发性较弱的组分的平衡温度，燃烧率开始第二次上升。最后，随着液滴尺寸变小，燃烧速率降低。比较两种液滴燃烧速率的演变，可以看出生物柴油 - 柴油液滴的燃烧速率始终低于丁醇 - 柴油液滴的燃烧速率。另一个区别是丁醇 - 柴油液滴的第二个燃烧速率峰高于第一个峰，而生物柴油 - 柴油液滴的趋势则相反。这是因为丁醇的挥发性比柴油和生物柴油高得多，且丁醇 - 柴油混合物的扩散系数大于生物柴油 - 柴油混合物的扩散系数。因此，丁醇在液滴表面快速蒸发，同时浓度梯度驱使内部区域中的丁醇向外扩散至液滴表面。由于两种燃料之间的高扩散阻力，液滴表面上失去的丁醇不能足够快速地得到补充，因此其在液滴表面的质量分数迅速下降，这导致燃烧速率快速下降。在第一次燃烧速率升高期间，燃烧速率主要由丁醇贡献。对于生物柴油 - 柴油液滴，因为柴油和生物柴油的蒸气压力都低，温度增加在第一阶段不仅有助于柴油的蒸发，而且更有助于生物柴油的蒸发，因此燃烧率高于第二个峰值。如图 4 - 18 所示，液滴吸热率受燃烧速率的影响较大，潜热占总热量的很大一部分。因此在开始阶段，热吸收率随着燃烧速率的升高而急剧下降并在最后阶段下降到零，此时处于平衡状态，向液体的总传热几乎等于潜热。

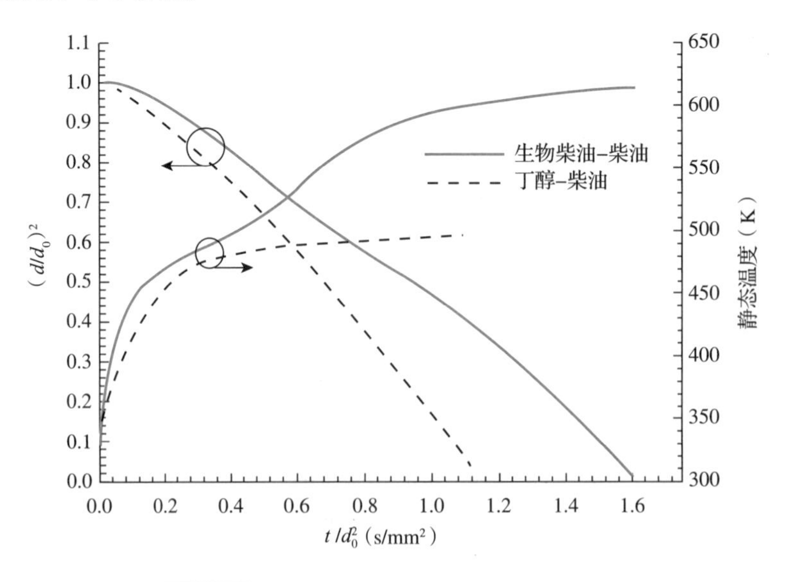

图 4 - 17　**液滴直径和表面温度随时间的变化**

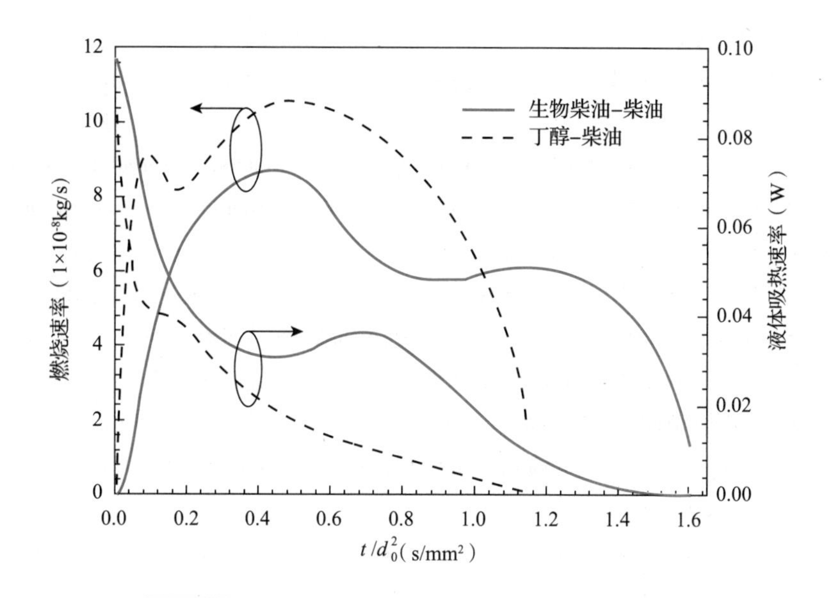

图 4-18　燃烧质量速率和液体吸热速率随时间的变化

参考文献

[1] VAISIA，TALEBI S，ESMAEILPOUR M. Transient behavior simulation of fin-and-tube heat exchangers for the variation of the inlet temperatures of both fluids[J]. International communications in heat and mass transfer，2011，38(7)：951-957.

[2] YANG Z，JIAO K，WU K，et al. Numerical investigations of assisted heating cold start strategies for proton exchange membrane fuel cell systems[J]. Energy，2021，222(40)：119910

[3] 任庆鑫. 换热器特征结构设计及其拓展模拟方法研究[D]. 长春：吉林大学，2017.

[4] GU S，LU T J，EVANS A G. On the design of two-dimensional cellular metals for combined heat dissipation and structural load capacity[J]. International journal of heat and mass transfer，2001，44(11)：2163-2175.

[5] LIU H，YU Q N，ZHANG Z C，et al. Two-equation method for heat transfer efficiency in metal honeycombs：an analytical solution[J]. International journal of heat and mass transfer，2016，97：201-210.

[6] 曹建明. 液体喷雾学 [M]. 北京：北京大学出版社. 2013.

[7] PASCAL H. Gravity flow of a non-Newtonian fluid sheet on an inclined plane [J]. International journal of engineering science，1991，29(10)：1307-1313.

[8] LEROUX S，DUMOUCHEL C，LEDOUX M. The stability curve of Newtonian liquid jets[J]. Atomization and sprays，1996，6(6)：623-647.

[9] LIN S P，REITZ R D. Drop and spray formation from a liquid jet[J]. Annual review of fluid mechanics，1998，30(1)：85-105.

[10] 解茂昭. 燃油喷雾场结构与雾化机理[J]. 力学与实践，1990，12(4)：9.

[11] 赵静野，孙厚钧，高军. 引射器基本工作原理及其应用 [J]. 北京建筑工程学院学报，2001，17(3)：12-15.

[12] DADVAR M，AFSHARI E. Analysis of design parameters in anodic recirculation system based on ejector technology for PEM fuel cells：A new approach in designing[J]. International journal of hydrogen energy，2014，39(23)：12061-12073.

[13] MAGHSOODI A，AFSHARI E，AHMADIKIA H. Optimization of geometric parameters fordesign a high-performance ejector in the proton exchange membrane fuel cellsystem using artificial neural network and genetic algorithm [J]. Applied thermal engineering，2014，71(1)：410-418.

[14] NIKIFOROW K，KOSKI P，KARIMÄKI H，et al. Designing a hydrogen gas ejector for 5 kW stationary PEMFC system-CFD-modeling and experimental validation[J]. International journal of hydrogen energy，2016，41(33)：14952-14970.

[15] SAHA K，ABU-RAMADAN E，LI X. Multicomponent evaporation model for pure and blended biodiesel droplets in high temperature convective environment[J]. Applied energy. 2012；93：71-9.

[16] CHAPRA S C. Applied numerical methods with MATLAB for engineers and scientists[M]. New York：McGraw-Hill Higher Education，2008.

[17] NAYAGAM V. Quasi-steady flame standoff ratios during methanol droplet combustion in microgravity[J]. Combustion and flame，2010，157(1)：204-205.

[18] BOTERO M L，HUANG Y，ZHU D L，et al. Synergistic combustion of droplets of ethanol，diesel and biodiesel mixtures[J]. Fuel，2012，94：342-347.

第 5 章
工程装置建模实例二

5.1 温差发电器建模分析

实例 5－1 温差发电器建模分析

目前世界各国都提出了在本世纪中期实现“碳中和”的重要战略目标。在这一背景下，工业界对能量转换装置提出了高转换效率、高利用率的要求。温差发电器(Thermoelectric generator，TEG)作为一种直接将热能转换为电能的装置，具有零排放、低噪声及高可靠性等优点，在多种场合中得到了广泛应用，如在内燃机排放装置中将尾气的热能转换为电能。然而，温差发电器目前还存在热电转换效率和输出功率低的问题。本实例介绍提高温差发电器热电转换效率和输出功率的结构优化方法，具体实例来自于文献[1－3]。

5.1.1 物理问题介绍

温差发电器是利用热电材料的塞贝克效应(Seebeck effect)实现热电转换的，如图 5－1 所示，一般温差发电器包括 p 型和 n 型热电材料单元、集流的导体(如铜)以及外电路等。在温差发电器两端分别有热源和冷源来实现温度差，根据塞贝克效应可知：

$$V_s = \alpha_{pn}\Delta T \tag{5-1-1}$$

式中：V_s为塞贝克电势(V)；α_{pn}为 p 型与 n 型单元间的相对塞贝克系数(V/K)；ΔT 为温差发电器两端的温差(K)。

具体来说，冷热端温差会在 p 型单元的顶部形成高压，在 n 型单元的顶部形成低压，从而在连通的外电路中产生电流。此外，温差发电器中还存在帕尔贴效应(Peltier effect)和汤姆逊效应(Thomson effect)。其中，帕尔贴效应又称热电第二效应，该效应是指当直流电流通过两种不同的材料构成的闭合回路时，两种材料之间的接触点会产生吸热和放热

现象。接触点处吸收的热量或放出的热量与电路中的电流关系为

$$Q_P = \pi_{AB} I \tag{5-1-2}$$

式中：Q_P 代表触点处的换热量(W)；π_{AB}为 A 和 B 两种半导体材料的帕尔贴系数(W/A)；I 为电路中的电流值(A)。

接触点处是吸收热量还是释放热量由热电材料的相对帕尔贴系数和电流方向共同决定。汤姆逊效应又称热电第三效应，该效应表明当具有温度梯度的均匀导体中通过电流时，将吸收或放出一定热量，此部分热为汤姆逊热。单位长度吸收或放出的汤姆逊热与温度梯度和通过的电流的乘积成正比，具体表达式为

$$Q_T = \tau I \Delta T \tag{5-1-3}$$

式中：Q_T 为导体中产生的汤姆逊热(W)；τ 为材料的汤姆逊系数(V/K)；I 为导体中流经的电流(A)；ΔT 为导体两端温差(K)。

此外，电路中还会产生焦耳热，表达式为

$$Q_J = I^2 R \tag{5-1-4}$$

式中：Q_J 为导体中产生的焦耳热，也为欧姆热(W)；I 导体中流过的电流值(A)；R 为导体的电阻值(Ω)。

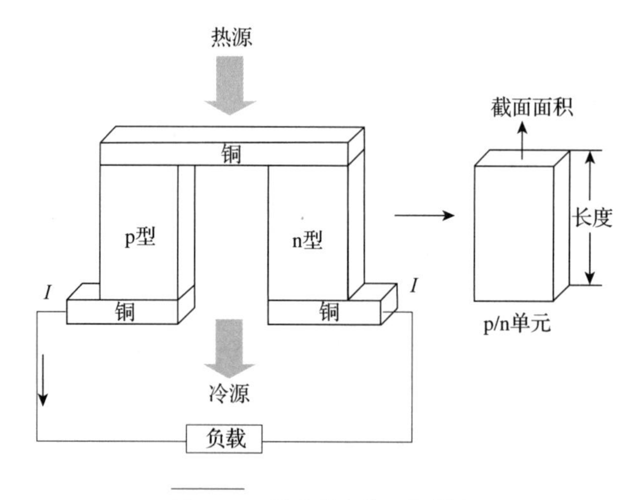

图 5-1　温差发电器工作原理

5.1.2　热电材料长度和截面积的优化分析

为提高温差发电器的输出功率，应该选用具有高塞贝克系数的热电材料，同时尽量增加 p/n 单元的热阻以提高温差发电器两端的温差、降低 p/n 单元的电阻以提高电路中的电流。p/n 单元的长度和截面面积会影响温差发电器内部的热阻及电阻，从而影响温差发电器的输出功率及热电转换效率。接下来将主要分析温差发电器中 p/n 单元的长度和截面面

积对温差发电器的输出功率及热电转换效率的影响，并对长度和截面面积进行优化。所分析的温差发电器的几何结构如图5-1所示。温差发电器的p/n单元均为矩形，而且两种单元的几何尺寸相同，与p/n单元底部相连接的铜导体的几何尺寸也相同；温差发电器的顶端与热源接触，底端与冷源接触。

1. 解析模型建立

为简化模型计算，研究中采用以下几点假设：

1)忽略温差发电器的接触电阻和接触热阻；

2)忽略铜导体的电阻和热阻；

3)忽略汤姆逊热、帕尔贴热和焦耳热，即将温差发电器视为普通的导热体进行热传导分析。

基于上述假设，温差发电器单元中的相关热阻可以表示为

$$R_h=\frac{1}{A_h h_1} \tag{5-1-5}$$

$$R_c=\frac{1}{A_c h_2} \tag{5-1-6}$$

$$R_{pn}=\frac{l}{A(\overline{\lambda_p}+\overline{\lambda_n})} \tag{5-1-7}$$

式中：R_h为温差发电器和热源之间的传热热阻(K/W)；R_c为温差发电器和冷源之间的传热热阻（K/W)；R_{pn}为温差发电器中p/n单元内部的导热热阻（K/W)；A_h为温差发电器与热源之间的接触表面积（m^2)；A_c为温差发电器与冷源之间的接触表面积(m^2)；A为温差发电器中p/n单元的横截面面积(m^2)；l为p/n单元的长度（m）；h_1为温差发电器与热源之间的表面换热系数［$W/(m^2 \cdot K)$］；h_2为温差发电器与冷源之间的表面换热系数［$W/(m^2 \cdot K)$］；$\overline{\lambda_{p/n}}$为p/n单元的平均热导率［$W/(m \cdot K)$］。

同时，根据温差发电器的基本原理，其塞贝克电势(V_s)以及内部电阻(r)可分别表示为

$$V_s=(\overline{\alpha_p}-\overline{\alpha_n})\Delta T \tag{5-1-8}$$

$$r=\frac{l}{A}(\overline{\rho_p}+\overline{\rho_n}) \tag{5-1-9}$$

式中：$\overline{\alpha_{p/n}}$为p/n单元的平均塞贝克系数(V/K)；ΔT为温差发电器单元两端的温差(K)，由于忽略了铜导体的热阻，ΔT也可以用来表示p/n单元两端的温差；l为p/n单元的长度；$\overline{\rho_{p/n}}$为p/n单元的平均电阻率($\Omega \cdot m$)。

需要注意的是，由于忽略了铜导体的电阻，温差发电器中p/n单元的电阻即为温差发电器的内部电阻。我们知道，当电路中的内阻与外阻相等时，整个电路的输出功率达到最大值，即温差发电器组成电路中的内阻和外阻相同时，温差发电器将获得最大输出功率，

即峰值输出功率(P)，其表达式为

$$P=\frac{V_s^2}{4r}=\frac{1}{4}\frac{(\overline{\alpha_p}-\overline{\alpha_n})^2}{(\overline{\rho_p}+\overline{\rho_n})}\frac{\Delta T^2 A}{l} \tag{5-1-10}$$

同时峰值输出功率密度(P_d)可表示为

$$P_d=\frac{P}{lA}=\frac{1}{4}\frac{(\overline{\alpha_p}-\overline{\alpha_n})^2}{(\overline{\rho_p}+\overline{\rho_n})}\frac{\Delta T^2}{l^2} \tag{5-1-11}$$

(1)第一类热边界条件

根据本书前面的介绍，第一类热边界条件意味着温差发电器两端表面温度是恒定的，即温差 ΔT 为恒定值，此时温差发电器顶端与热源之间的热流量(Q_h)可以表示为

$$Q_h=\frac{\Delta T}{R_{pn}}=\frac{\Delta T}{l}A(\overline{\lambda_p}+\overline{\lambda_n}) \tag{5-1-12}$$

温差发电器的热电转换效率(η)可表示为峰值输出功率(P)与热流量(Q_h)的比值，表达式为

$$\eta=\frac{P}{Q_h}=\frac{1}{4}\frac{(\overline{\alpha_p}-\overline{\alpha_n})^2}{(\overline{\rho_p}+\overline{\rho_n})(\overline{\lambda_p}+\overline{\lambda_n})}\Delta T \tag{5-1-13}$$

基于以上对温差发电器的峰值输出功率、峰值输出功率密度和热电转换效率的数学推导结果，可以总结出：在第一类热边界条件下，温差发电器的峰值输出功率与 p/n 单元的长度成反比，与横截面面积成正比；峰值输出功率密度与 p/n 单元长度成反比，与横截面面积无关；热电转换效率与单元长度和横截面面积均无关。

(2)第三类热边界条件

在第三类热边界条件下，温差发电器的热源温度(T_h)、冷源温度(T_c)，以及温差发电器与热源之间的表面换热系数(h_1)和其与冷源之间的表面换热系数(h_2)均为已知恒定值。经传热分析可知，p/n 单元顶端和底端的温度(T_1、T_2)可以分别表示为

$$T_1=T_h-\frac{T_h-T_c}{R_h+R_c+R_{pn}}R_h \tag{5-1-14}$$

$$T_2=T_c+\frac{T_h-T_c}{R_h+R_c+R_{pn}}R_c \tag{5-1-15}$$

式中：T_1、T_2分别表示 p/n 单元顶端和底端温度。

$$\begin{aligned}T_1&=T_h-\frac{T_h-T_c}{\frac{1}{A_h h_1}+\frac{1}{A_c h_2}+\frac{l}{A(\overline{\lambda_p}+\overline{\lambda_n})}}\frac{1}{A_h h_1}\\&=T_h-\frac{(T_h-T_c)}{A_h h_1}\frac{(\overline{\lambda_p}+\overline{\lambda_n})}{\left(\frac{1}{A_h h_1}+\frac{1}{A_c h_2}\right)(\overline{\lambda_p}+\overline{\lambda_n})+\frac{l}{A}}\end{aligned} \tag{5-1-16}$$

$$
\begin{aligned}
T_2 &= T_c + \frac{T_h - T_c}{\dfrac{1}{A_h h_1} + \dfrac{1}{A_c h_2} + \dfrac{l}{A(\overline{\lambda_p} + \overline{\lambda_n})}} \frac{1}{A_c h_2} \\
&= T_c + \frac{(T_h - T_c)}{A_c h_2} \frac{(\overline{\lambda_p} + \overline{\lambda_n})}{\left(\dfrac{1}{A_h h_1} + \dfrac{1}{A_c h_2}\right)(\overline{\lambda_p} + \overline{\lambda_n}) + \dfrac{l}{A}}
\end{aligned}
\tag{5-1-17}
$$

因此，p/n 单元两端的温差(ΔT)为

$$
\Delta T = T_1 - T_2 = \frac{(T_h - T_c)\dfrac{l}{A}}{\left(\dfrac{1}{A_h h_1} + \dfrac{1}{A_c h_2}\right)(\overline{\lambda_p} + \overline{\lambda_n}) + \dfrac{l}{A}}
\tag{5-1-18}
$$

此时温差发电器的峰值输出功率(P)、峰值输出功率密度(P_d)及热电转换效率(η)分别为

$$
P = \frac{1}{4} \frac{(\overline{\alpha_p} - \overline{\alpha_n})^2}{(\overline{\rho_p} + \overline{\rho_n})} \frac{(T_h - T_c)^2}{\left[\sqrt{\dfrac{A}{l}}\left(\dfrac{1}{A_h h_1} + \dfrac{1}{A_c h_2}\right)(\overline{\lambda_p} + \overline{\lambda_n}) + \sqrt{\dfrac{l}{A}}\right]^2}
\tag{5-1-19}
$$

$$
P_d = \frac{1}{4} \frac{(\overline{\alpha_p} - \overline{\alpha_n})^2}{(\overline{\rho_p} + \overline{\rho_n})} \frac{(T_h - T_c)^2}{\left[A\left(\dfrac{1}{A_h h_1} + \dfrac{1}{A_c h_2}\right)(\overline{\lambda_p} + \overline{\lambda_n}) + l\right]^2}
\tag{5-1-20}
$$

$$
\eta = \frac{1}{4} \frac{(\overline{\alpha_p} - \overline{\alpha_n})^2}{(\overline{\rho_p} + \overline{\rho_n})(\overline{\lambda_p} + \overline{\lambda_n})} \frac{T_h - T_c}{\left[\dfrac{A}{l}\left(\dfrac{1}{A_h h_1} + \dfrac{1}{A_c h_2}\right)(\overline{\lambda_p} + \overline{\lambda_n}) + 1\right]}
\tag{5-1-21}
$$

根据以上对温差发电器的峰值输出功率(P)、峰值输出功率密度(P_d)和热电转换效率(η)的数学推导结果，可以得出以下结论：在第三类热边界条件下，峰值输出功率密度(P_d)与 p/n 单元的长度和横截面面积均成反比；热电转换效率(η)与 p/n 单元的长度成正比，与横截面面积成反比；峰值输出功率(P)随着 p/n 单元的长度或横截面面积的比值，会存在某一最大值。因此，可以通过优化 p/n 单元的长度和横截面面积的比值 $s\left(s = \dfrac{l}{A}\right)$，使峰值输出功率取得最大值 P_m。接下来将建立解析模型来优化 s。

在第三类热边界条件下，根据峰值输出功率(P)与 p/n 单元长度和横截面面积的比值 s 的关系式，当$\dfrac{dP}{ds} = 0$时，峰值输出功率取得最大值，而对应的比值(s)也为最佳比例值(s_m)。为了简化解析模型建立过程中表达式的书写，定义了以下几个变量：

$$
\overline{\lambda} = \overline{\lambda_p} + \overline{\lambda_n}
\tag{5-1-22}
$$

$$
\lambda'(T) = \lambda_p'(T) + \lambda_n'(T)
\tag{5-1-23}
$$

$$\overline{\alpha}=\overline{\alpha_{p}}-\overline{\alpha_{n}} \tag{5-1-24}$$

$$\alpha'(T)=\alpha'_{p}(T)-\alpha'_{n}(T) \tag{5-1-25}$$

$$\overline{\rho}=\overline{\rho_{p}}+\overline{\rho_{n}} \tag{5-1-26}$$

$$\rho'(T)=\rho'_{p}(T)+\rho'_{n}(T) \tag{5-1-27}$$

式中：$\lambda'_{p/n}(T)$、$\alpha'_{p/n}(T)$、$\rho'_{p/n}(T)$分别表示 p/n 单元的热导率、塞贝克系数和电阻率对温度的导数。

由于 p/n 单元的平均热导率($\overline{\lambda_{p/n}}$)、平均塞贝克系数($\overline{\alpha_{p/n}}$)和平均电阻率($\overline{\rho_{p/n}}$)均为关于温度的积分函数，为简化计算过程，将$\overline{\lambda_{p/n}}$、$\overline{\alpha_{p/n}}$和$\overline{\rho_{p/n}}$分别简化为

$$\overline{\lambda_{p/n}}=\frac{\lambda_{p/n}(T_{1})+\lambda_{p/n}(T_{2})+2\lambda_{p/n}(T_{a})}{4} \tag{5-1-28}$$

$$\overline{\alpha_{p/n}}=\frac{\alpha_{p/n}(T_{1})+\alpha_{p/n}(T_{2})+2\alpha_{p/n}(T_{a})}{4} \tag{5-1-29}$$

$$\overline{\rho_{p/n}}=\frac{\rho_{p/n}(T_{1})+\rho_{p/n}(T_{2})+2\rho_{p/n}(T_{a})}{4} \tag{5-1-30}$$

$$T_{a}=\frac{T_{1}+T_{2}}{2} \tag{5-1-31}$$

式中：T_a表示温差发电器两端温度的平均值；$\lambda_{p/n}(T_x)$、$\alpha_{p/n}(T_x)$、$\rho_{p/n}(T_x)$，$x=1$、2、a，分别表示温度为 T_x时，p/n 单元的导热系数、塞贝克系数、电阻率。

利用以上假设，可以进一步得到：

$$\overline{\lambda}'=(\overline{\lambda_{p}}+\overline{\lambda_{n}})'=\frac{\dfrac{dT_{1}}{ds}[\lambda'(T_{1})+\lambda'(T_{a})]+\dfrac{dT_{2}}{ds}[\lambda'(T_{2})+\lambda'(T_{a})]}{4} \tag{5-1-32}$$

$$\overline{\alpha}'=(\overline{\alpha_{p}}-\overline{\alpha_{n}})'=\frac{\dfrac{dT_{1}}{ds}[\alpha'(T_{1})+\alpha'(T_{a})]+\dfrac{dT_{2}}{ds}[\alpha'(T_{2})+\alpha'(T_{a})]}{4} \tag{5-1-33}$$

$$\overline{\rho}'=(\overline{\rho_{p}}+\overline{\rho_{n}})'=\frac{\dfrac{dT_{1}}{ds}[\rho'(T_{1})+\rho'(T_{a})]+\dfrac{dT_{2}}{ds}[\rho'(T_{2})+\rho'(T_{a})]}{4} \tag{5-1-34}$$

此时，p/n 单元两端温度 T_1、T_2 关于 s 的导数可表示为

$$\frac{\mathrm{d}T_1}{\mathrm{d}s}=\frac{\dfrac{4\overline{\lambda}}{s}-[\lambda'(T_2)+\lambda'(T_a)]\dfrac{\mathrm{d}T_2}{\mathrm{d}s}}{\dfrac{4A_h h_1(\beta+s)^2}{(T_h-T_c)s}+\lambda'(T_1)+\lambda'(T_a)} \tag{5-1-35}$$

$$\frac{\mathrm{d}T_2}{\mathrm{d}s}=\frac{\dfrac{4\overline{\lambda}}{s}-[\lambda'(T_1)+\lambda'(T_a)]\dfrac{\mathrm{d}T_1}{\mathrm{d}s}}{-\dfrac{4A_c h_2(\beta+s)^2}{(T_h-T_c)s}+\lambda'(T_2)+\lambda'(T_a)} \tag{5-1-36}$$

联立式(5-1-35)和式(5-1-36)，可以进一步得到：

$$\frac{\mathrm{d}T_1}{\mathrm{d}s}=\frac{\overline{\lambda}(T_h-T_c)}{(\beta+s)^2}\frac{1}{A_h h_1}k_1 \tag{5-1-37}$$

$$\frac{\mathrm{d}T_2}{\mathrm{d}s}=-\frac{\overline{\lambda}(T_h-T_c)}{(\beta+s)^2}\frac{1}{A_c h_2}k_1 \tag{5-1-38}$$

$$k_1=\frac{\dfrac{4(\beta+s)^2}{(T_h-T_c)s}}{\dfrac{4(\beta+s)^2}{(T_h-T_c)s}+\dfrac{1}{A_h h_1}(\lambda'(T_1)+\lambda'(T_a))-\dfrac{1}{A_c h_2}(\lambda'(T_2)+\lambda'(T_a))} \tag{5-1-39}$$

$$\beta=\left(\frac{1}{A_h h_1}+\frac{1}{A_c h_2}\right)\overline{\lambda} \tag{5-1-40}$$

式中：变量 k_1是针对 p/n 单元的热导率(λ)随温度变化的修正因子，通过量纲分析发现变量 k_1是无量纲量，如果导热系数是恒定的，则修正因子 k_1将会等于 1。

接下来，可以推导出半导体两端温差(ΔT)关于变量 s 的导数为

$$\frac{\mathrm{d}\Delta T}{\mathrm{d}s}=\frac{\mathrm{d}(T_1-T_2)}{\mathrm{d}s}=\frac{\mathrm{d}T_1}{\mathrm{d}s}-\frac{\mathrm{d}T_2}{\mathrm{d}s}=\frac{\overline{\lambda}(T_h-T_c)}{(\beta+s)^2}\left(\frac{1}{A_h h_1}+\frac{1}{A_c h_2}\right)k_1 \tag{5-1-41}$$

根据式(5-1-10)中峰值输出功率(P)的表达式，为了求解方便，可以将其分成两部分：$P_1=\dfrac{(\overline{\alpha_p}-\overline{\alpha_n})^2}{(\overline{\rho_p}+\overline{\rho_n})}$、$P_2=\dfrac{\Delta T^2}{4s}$。基于以上推导结果，$P_1$、$P_2$关于变量 s 的导数可表示为

$$\frac{\mathrm{d}P_1}{\mathrm{d}s}=\frac{\overline{\alpha}^2}{\overline{\rho}(\beta+s)}\cdot k_1 k_2 \tag{5-1-42}$$

$$\begin{aligned}k_2=&\frac{(T_h-T_c)\overline{\lambda}}{2(\beta+s)\overline{\alpha}}\left[\frac{1}{A_h h_1}(\alpha'(T_1)+\alpha'(T_a))-\frac{1}{A_c h_2}(\alpha'(T_2)+\alpha'(T_a))\right]-\\&\frac{(T_h-T_c)\overline{\lambda}}{4(\beta+s)\overline{\rho}}\left[\frac{1}{A_h h_1}(\rho'(T_1)+\rho'(T_a))-\frac{1}{A_c h_2}(\rho'(T_2)+\rho'(T_a))\right]\end{aligned} \tag{5-1-43}$$

$$\frac{\mathrm{d}p_2}{\mathrm{d}s}=\frac{(T_\mathrm{h}-T_\mathrm{c})^2}{4(\beta+s)^3}(2\beta k_1-\beta-s) \tag{5-1-44}$$

由变量 k_2的表达式可以看出，其主要是由于 p/n 单元的塞贝克系数(α)、电阻率(ρ)随温度变化而产生的，即该变量是针对塞贝克系数、电阻率的修正因子，如果塞贝克系数、电阻率是恒定的，则修正因子 k_2将等于0，同时变量 k_2也是无量纲量。根据 P_1、P_2的表达式，可以推导出峰值输出功率(P)关于变量 s 的导数为

$$\begin{aligned}\frac{\mathrm{d}P}{\mathrm{d}s}&=\frac{\mathrm{d}(P_1P_2)}{\mathrm{d}s}=P_1\frac{\mathrm{d}p_2}{\mathrm{d}s}+P_2\frac{\mathrm{d}p_1}{\mathrm{d}s}\\&=\frac{1}{4}\frac{(T_\mathrm{h}-T_\mathrm{c})^2\,\overline{\alpha}^2}{\overline{\rho}\,(\beta+s)^3}(2\beta k_1-\beta-s+k_1k_2s)\end{aligned} \tag{5-1-45}$$

因此，当$\frac{\mathrm{d}P}{\mathrm{d}s}=0$时，就可以得出 p/n 单元长度与横截面面积的最佳比例值 s_m，其表达式为

$$s_\mathrm{m}=\frac{2\beta k_1-\beta}{1-k_1k_2} \tag{5-1-46}$$

我们可以发现最佳比例值 s_m与变量 β 以及修正因子k_1、k_2相关。而且如果导热系数、塞贝克系数以及电阻率都是恒定值，则修正因子 k_1等于1、修正因子 k_2等于0，此时最佳值 s_m可以简化为

$$s_\mathrm{m}=\beta=\left(\frac{1}{A_\mathrm{h}h_1}+\frac{1}{A_\mathrm{c}h_2}\right)(\lambda_\mathrm{p}+\lambda_\mathrm{n}) \tag{5-1-47}$$

式中：$\lambda_{\mathrm{p/n}}$是 p/n 单元的热导率。

所以说在某些特定情况下，如果半导体材料的导热系数、塞贝克系数以及电阻率可被视作恒定值，则此时只需要知道温差发电器两端的表面换热系数(h_1、h_2)、表面积(A_h、A_c)以及 p/n 单元的热导率($\lambda_{\mathrm{p/n}}$)，就可以直接获得长度和横截面面积的最佳比值 s_m。

但是在大多数情况下，半导体的热导率(λ)、塞贝克系数(α)以及电阻率(ρ)是温度的函数，此时则可以采用图 5-2 中的解析模型来计算最佳比例值 s_m。如图 5-2 所示，最佳比例值 s_m的求解只需几次迭代即可获得。该迭代过程中的迭代初值 T_{10}、T_{20}和 s_0(即 p/n 单元的两端温度 T_1、T_2以及其长度和横截面面积比值 s 的初始假设值)用于求取修正因子 k_1、k_2及变量 β，然后通过式(5-1-46)即可求得该循环的最佳比值 s_m，然后将该循环的最佳比例值 s_m与迭代初值 s_0比较，如果误差在一定范围内，则说明初值 s_0正确，否则此循环过程中的计算结果 s_m、T_1及 T_2将会作为下一循环的初值，进行循环运算。而且如果给定半导体的横截面积，即可根据最佳比例值(s_m)得到半导体的最佳长度(l_m)，同样如果给定半导体的长度，即可根据最佳比例值(s_m)得到半导体的最佳横截面面积(A_m)。

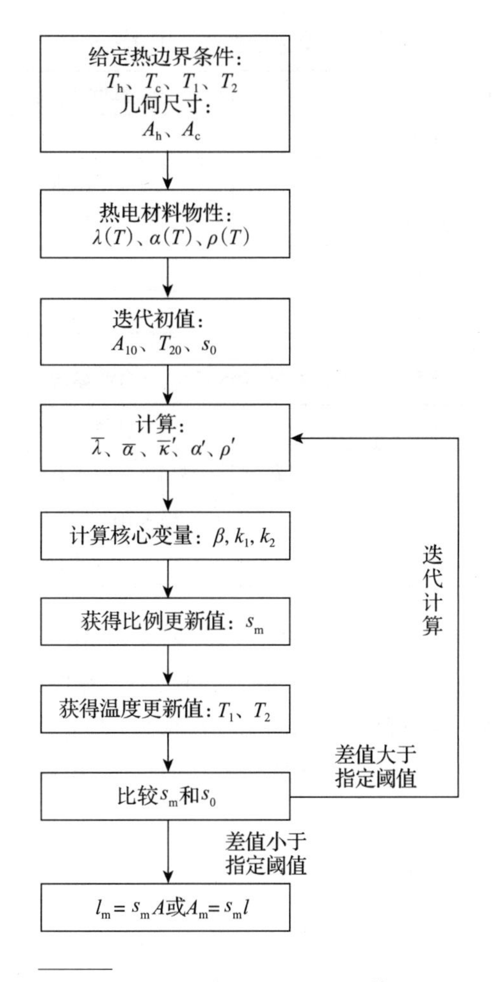

图 5-2 温差发电器解析模型计算流程图

2. 计算结果分析

前文中，我们推导出了在第三类热边界条件下通过优化 p/n 单元的长度和横截面面积来提高温差发电器峰值输出功率的解析模型。接下来我们将解析模型的计算结果与三维数值模型的模拟结果进行对比验证（该三维数值模型的模拟结果已与实验结果进行了对比[4]）。

表 5-1 热边界条件

参数	数值
热源温度 T_h(K)	750
温差发电器与热源的表面传热系数 h_1[W/(m^2·K)]	300
冷源温度 T_c(K)	298
温差发电器与冷源的表面传热系数 h_2[W/(m^2·K)]	500

表 5-2　温差发电器的几何尺寸

参数	算例 1	算例 2
温差发电器顶端面积 A_h (mm^2)	4.5×2.0	4.5×2.0
温差发电器底端面积 A_c (mm^2)	4.5×2.0	4.5×2.0
铜导体厚度 δ (mm)	0.5	0.5
p/n 单元长度 $l_{p/n}$ (mm)	—	3.0
p/n 单元横截面面积 $A_{p/n}$ (mm^2)	2.0×2.0	—

表 5-3　热电材料($BiSbTeC_{60}$)物性参数

参数	表达式
热导率[W/(m·K)]	$\lambda_p = 1.24\times10^{-7}T^3 - 1.68\times10^{-4}T^2 + 7.62\times10^{-2}T - 10.55$
塞贝克系数(V/K)	$\alpha_p = -1.13\times10^{-12}T^3 + 7.86\times10^{-10}T^2 + 1.45\times10^{-7}T + 5.28\times10^{-5}$
电阻率(Ω·m)	$\rho_p = (-4.88\times10^{-4}T^3 + 1.04T^2 - 7.84\times10^2T + 2.65\times10^5)^{-1}$

表 5-1 至表 5-3 分别给出了温差发电器的热边界条件、几何尺寸及热电材料的物性参数。其中，算例 1 中 p/n 单元的横截面面积是固定的，算例 2 中的 p/n 单元的长度是固定的。假设 p 型和 n 型单元的材料具有相同的物性参数(即 $\alpha_p = -\alpha_n$，$\rho_p = \rho_n$，$\lambda_p = \lambda_n$)。分别得到三维数值模型和该解析模型的计算结果，如图 5-3 和表 5-4 所示。

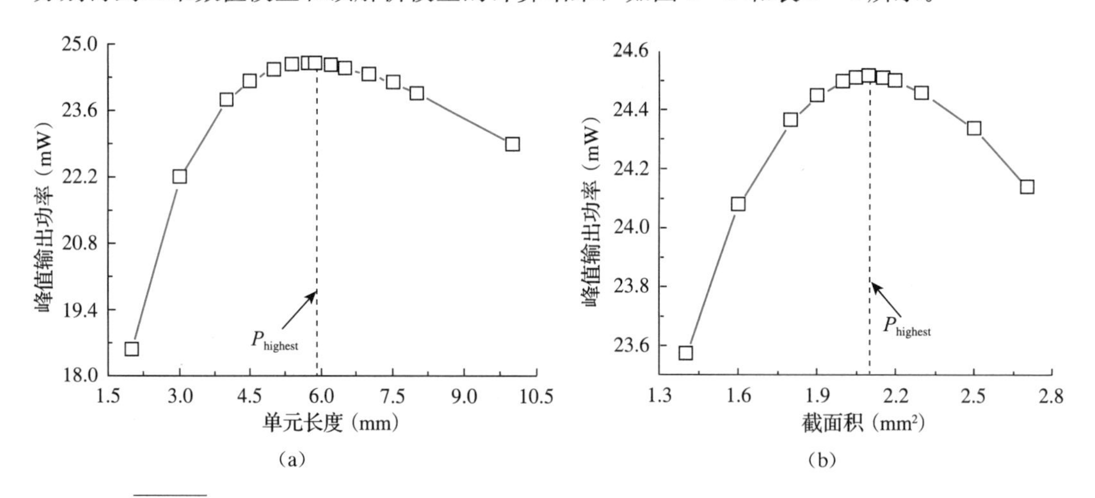

图 5-3　三维数值模型计算得到的峰值输出功率与 p/n 单元长度和横截面面积的关系

表 5-4　解析模型计算结果与三维数值模型模拟结果对比

算例	$s_{highest}$ (mm)	s_{cal} (mm)	误差	$P_{highest}$ (mW)	P_{cal} (mW)	误差
算例 1	1.475	1.475	0.00%	24.600	24.600	0.00%
算例 2	1.429	1.463	2.38%	24.515	24.509	-0.02%

表 5－4 中 $s_{highest}$、s_{cal} 分别为由三维数值模型和解析模型计算得到的最佳 p/n 单元长度和横截面面积的比值；$P_{highest}$、P_{cal} 分别为由三维数值模型和解析模型计算得到的最大峰值输出功率。

从图 5－3 中可以看出，在第三类热边界条件下，温差发电器的峰值输出功率随着 p/n 单元的长度和横截面面积的增大呈现出先增大后减小的趋势，即存在最大峰值输出功率，这与解析模型的推导结果是一致的。此外，表 5－4 中列出了解析模型的理论计算结果相较于三维数值模型模拟结果的误差。可以看出，两者关于最佳比例的误差小于 5%，而关于最佳峰值输出功率的误差小于 1%，都在合理的误差范围内。

5.1.3 分段式温差发电器结构优化

如前所述，热电材料的塞贝克系数、导热系数和电导率等参数是随温度变化的。在实际应用中，为了更加充分地利用周围环境热能，研究者更倾向于增大温差发电器的冷热端温差，但是半导体热电材料的最佳工作范围一般都很小，几乎没有一种热电材料能够在足够大的温度范围内保持较高的热电转换效率。为解决此问题，研究者提出了分段式温差发电器结构[5]，即在传热方向采用多种热电材料相连接，使不同热电材料均可在其各自的最佳温度范围内工作。实践证明，这种分段式的结构设计可以显著提升温差发电器的输出功率及热电转换效率，且分段比例直接关系到分段式温差发电器的性能。因此，接下来对分段式温差发电器的分段比例进行优化以提升温差发电器的性能。

分段式温差发电器的结构如图 5－4 所示。确定最佳分段比例时，最重要的是确定 p/n 单元中每节所对应的热电材料的最佳工作温度范围。为此，必须有明确的热电材料综合性能参数作为依据。

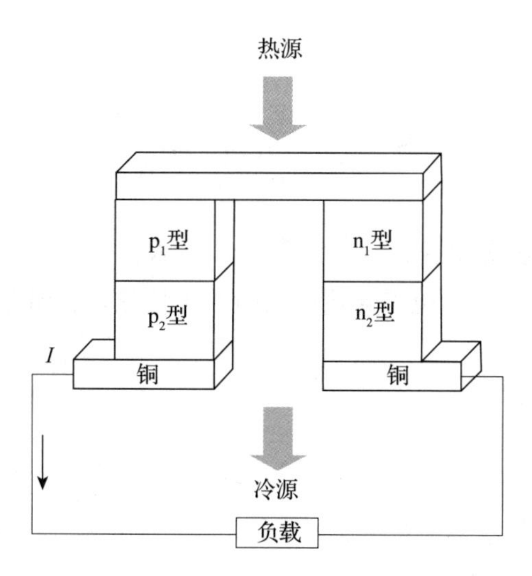

图 5－4 分段式温差发电器结构示意图

1. 解析模型建立

(1)热电材料评价参数

根据之前的推导，p/n 单元两端的温差可以表示为

$$\Delta T=T_1-T_2=\frac{(T_h-T_c)\dfrac{l}{A}}{\left(\dfrac{1}{A_s h_1}+\dfrac{1}{A_s h_2}\right)(\lambda_p+\lambda_n)+\dfrac{l}{A}} \tag{5-1-48}$$

式中：A_s 为温差发电器热端或冷端的面积，假设热端与冷端面积相同。

塞贝克电势(V_s)和温差发电器单元的内阻(r)分别为

$$V_s=(\alpha_p-\alpha_n)\Delta T \tag{5-1-49}$$

$$r=\frac{l}{A}\left(\frac{1}{\sigma_p}+\frac{1}{\sigma_n}\right) \tag{5-1-50}$$

式中：α、σ、λ 分别表示任意热电材料的塞贝克系数、电导率、热导率。

定义 M 为外部负载电阻与温差发电器内阻的比值$\left(M=\dfrac{R_L}{r}\right)$，则温差发电器单元的输出功率为

$$\begin{aligned}P&=\frac{V_s^2}{r}\frac{M}{(M+1)^2}\\&=\frac{(\alpha_p-\alpha_n)^2}{\dfrac{l}{A}\left(\dfrac{1}{\sigma_p}+\dfrac{1}{\sigma_n}\right)}\left[\frac{1}{1+\dfrac{A}{A_s l}\left(\dfrac{1}{h_1}+\dfrac{1}{h_2}\right)(\lambda_p+\lambda_n)}\right]^2\frac{M}{(M+1)^2}(T_h-T_c)^2\end{aligned} \tag{5-1-51}$$

温差发电器单元从热源吸收的热量(Q)为

$$Q=\frac{T_h-T_c}{R_h+\dfrac{R_p R_n}{R_p+R_n}+R_c} \tag{5-1-52}$$

式中：T_h、T_c分别表示热源温度、冷源温度；R_p、R_n、R_h、R_c分别为 p 型单元的总热阻、n 型单元的总热阻、温差发电器与热源之间的传热热阻、温差发电器与冷源之间的传热热阻。

热电转化效率(η)为：

$$\begin{aligned}\eta&=\frac{P}{Q}\\&=\frac{(\alpha_p-\alpha_n)^2}{\left(\dfrac{1}{\sigma_p}+\dfrac{1}{\sigma_n}\right)\left(1+\dfrac{A}{A_s l}\left(\dfrac{1}{h_1}+\dfrac{1}{h_2}\right)(\lambda_p+\lambda_n)\right)(\lambda_p+\lambda_n)}\frac{M}{(M+1)^2}(T_h-T_c)\end{aligned} \tag{5-1-53}$$

正如式(5－1－51)至式(5－1－53)所示，对于一个确定的温差发电器单元，热源和冷源的温度（T_h、T_c），几何参数(l、A 和 A_s)，以及变量 M 都是设计或工作参数，并且独立于热电材料本身的物性参数。假设 p 型和 n 型单元的材料具有相同的物性参数(即 $\alpha_p = -\alpha_n$，$\sigma_p = \sigma_n$，$\lambda_p = \lambda_n$)，可以推导出和温差发电器的输出功率[式(5－1－51)]、热电转化效率[式(5－1－53)]有关的两个新参数，即功率因子和效率因子，其表达式分别为

$$(ZJ)_p = \frac{\alpha^2 \sigma}{(1 + m\lambda)^2} \tag{5-1-54}$$

$$(ZJ)_e = \frac{\alpha^2 \sigma}{(1 + m\lambda)\lambda} \tag{5-1-55}$$

$$m = \frac{2A}{A_s l}\left(\frac{1}{h_1} + \frac{1}{h_2}\right) \tag{5-1-56}$$

式中：h_1、h_2分别表示温差发电器与热源和冷源之间的表面传热系数。

式(5－1－54)和式(5－1－55)中的功率因子和效率因子可用于评定热电材料的综合性能，从而用于确定热电材料的最佳工作温度范围。

(2)确定分段式温差发电器的最佳分段比例

基于两个新参数，绘出相邻的两种热电材料的功率因子和效率因子关于温度的曲线图，两条曲线的交点即对应最佳接触面温度(T_{ip}和 T_{in})，其对应温差发电器最大功率(热电转换效率)。然后，通过迭代法计算 p/n 单元两端的工作温度区间(T_{p0}、T_{pN})和(T_{n0}、T_{nM})。其中，假设 p 型单元包括 N 节，n 型单元包括 M 节，则 T_{p0}、T_{pN}、T_{p0}、T_{pM}分别表示 p_1 节的顶端温度、p_N 节的底端温度、n_1 节的顶端温度、n_M 节的底端温度。

假设焦耳热 Q_J 和汤姆逊热 Q_T 均有一半流向热端，一半流向冷端。列出相关方程如下

$$R_1 = \frac{1}{h_1 A_1} \tag{5-1-57}$$

$$R_2 = \frac{\delta_c}{A_{p2}\lambda_c} \tag{5-1-58}$$

$$R_3 = \frac{l}{A_{p2}\,\overline{\lambda_p}},\ \left(\overline{\lambda_p} = \frac{\sum\limits_{i=0}^{N-1}\int_{T_{(i+1)p}}^{T_{pi}} \lambda_{p(i+1)}\,\mathrm{d}T}{T_{p0} - T_{pN}}\right) \tag{5-1-59}$$

$$R_4 = \frac{\delta_c}{A_{p2}\lambda_c} \tag{5-1-60}$$

$$R_5 = \frac{\delta_c}{A_{n2}\lambda_c} \tag{5-1-61}$$

$$R_6 = \frac{l}{A_{n2}\overline{\lambda_n}}, \left(\overline{\lambda_n} = \frac{\sum_{i=0}^{M-1}\int_{T_{n(i+1)}}^{T_{ni}} \lambda_{n(i+1)} \mathrm{d}T}{T_{n0} - T_{nM}} \right) \tag{5-1-62}$$

$$R_7 = \frac{\delta_c}{A_{n2}\lambda_c} \tag{5-1-63}$$

$$R_8 = \frac{1}{h_2(A_{p3} + A_{n3})} \tag{5-1-64}$$

$$R_p = R_2 + R_3 + R_4 \tag{5-1-65}$$

$$R_n = R_5 + R_6 + R_7 \tag{5-1-66}$$

$$R_{total} = R_1 + \frac{R_p R_n}{R_p + R_n} + R_8 \tag{5-1-67}$$

$$Q_{total} = \frac{T_h - T_c}{R_{total}} \tag{5-1-68}$$

$$Q_p = Q_{total}\frac{R_n}{R_p + R_n} \tag{5-1-69}$$

$$Q_n = Q_{total}\frac{R_p}{R_p + R_n} \tag{5-1-70}$$

$$r = \frac{l}{A_2}\left(\frac{\sum_{i=0}^{N-1}\int_{T_{p(i+1)}}^{T_{pi}} \frac{1}{\sigma_{p(i+1)}}\mathrm{d}T}{T_{p0} - T_{pN}} + \frac{\sum_{i=0}^{M-1}\int_{T_{n(i+1)}}^{T_{ni}} \frac{1}{\sigma_{n(i+1)}}\mathrm{d}T}{T_{n0} - T_{nM}} \right) \tag{5-1-71}$$

$$E = \sum_{i=0}^{N-1}\int_{T_{p(i+1)}}^{T_{pi}} \alpha_{p(i+1)}\mathrm{d}T + \sum_{i=0}^{M-1}\int_{T_{(i+1)n}}^{T_{ni}} \alpha_{n(i+1)}\mathrm{d}T \tag{5-1-72}$$

$$I = \frac{E}{2r} \tag{5-1-73}$$

$$Q_J = I^2 r \tag{5-1-74}$$

$$\begin{aligned} Q_T &= T\frac{\mathrm{d}\alpha}{\mathrm{d}T}\Delta TI = T\int_{T_{pN}}^{T_{p0}} \frac{\mathrm{d}\alpha}{\mathrm{d}T}\mathrm{d}TI + T\int_{T_{nM}}^{T_{n0}} \frac{\mathrm{d}\alpha}{\mathrm{d}T}\mathrm{d}TI \\ &= [\alpha(T_{p0}) - \alpha(T_{pN})](T_{p0} + T_{pN})\frac{I}{2} + [\alpha(T_{n0}) - \alpha(T_{nM})](T_{n0} + T_{nM})\frac{I}{2} \end{aligned} \tag{5-1-75}$$

$$Q_{hot} = Q_{total} - \frac{Q_J + Q_T}{2} \tag{5-1-76}$$

$$Q_{cold} = Q_{total} + \frac{Q_J + Q_T}{2} \tag{5-1-77}$$

$$T_1 = T_h - Q_{hot} R_1 \tag{5-1-78}$$

$$T_4 = T_c + Q_{cold} R_8 \tag{5-1-79}$$

$$T_{0p} = T_1 - Q_p R_2 \tag{5-1-80}$$

$$T_{Np} = T_4 + Q_p R_4 \tag{5-1-81}$$

$$T_{0n} = T_1 - Q_n R_5 \tag{5-1-82}$$

$$T_{Mn} = T_4 + Q_n R_7 \tag{5-1-83}$$

半导体材料及边界条件确定后，则式(5－1－71)至式(5－1－83)中，$R_{1\sim8}$、R_p、R_n、R_{total}、Q_{total}、Q_p、Q_n 均可求出。因此式(5－1－71)至式(5－1－83)中还有 r、E、I、Q_J、Q_T、Q_{hot}、Q_{cold}、T_1、T_4、T_{p0}、T_{pN}、T_{n0}、T_{nM} 共 13 个未知量，对应 13 个方程，故可求解。首先，假设 T_{p0}、T_{pN}、T_{n0}、T_{nM} 的一组迭代初值，则式(5－1－71)至式(5－1－83)有唯一确定解，且把通过式(5－1－80)至式(5－1－83)求出的 T_{p0}、T_{pN}、T_{n0}、T_{nM} 值替换原来的相应值，由此形成迭代循环，直到 T_{p0}、T_{pN}、T_{n0}、T_{nM} 的值与前次得到的相应值相差小于某值(此值可据具体情况而定，一般取 1 K 即可)时停止循环，最终得到 T_{p0}、T_{pN}、T_{n0}、T_{nM} 的准确值。

在确定了 p/n 单元中每节的两端温度后，就可以通过下式计算相关长度。

$$\frac{l_{pi}}{l_{p(i+1)}} = \frac{\int_{T_{pi}}^{T_{p(i-1)}} \lambda_{pi} \, dT}{\int_{T_{p(i+1)}}^{T_{pi}} \lambda_{p(i+1)} \, dT} (i = 1, N-1) \tag{5-1-84}$$

$$\frac{l_{ni}}{l_{n(i+1)}} = \frac{\int_{T_{in}}^{T_{(i-1)n}} \lambda_{ni} \, dT}{\int_{T_{n(i+1)}}^{T_{ni}} \lambda_{n(i+1)} \, dT} (i = 1, M-1) \tag{5-1-85}$$

式中：l_{pi} 表示用于 p_i 节的长度；l_{ni} 表示 n_i 节的长度。

从而可以获得 p 型及 n 型单元中各节的长度比例，进而由总长度(定值)求出 p 型及 n 型单元中各节的长度。

2. 计算结果分析

同样利用三维数值模型对以上求解最佳分段比例的解析模型进行验证。本验证过程采用了 2 种 p 型单元热电材料、2 种 n 型单元热电材料。2 种 p 型单元材料分别为 LiNiO 和 $BiSbTeC_{60}$，假设 2 种 n 型单元材料的物性参数分别和 2 种 p 型单元材料相同，即 $\alpha_{n1} = -\alpha_{p1}$、$\sigma_{n1} = \sigma_{p1}$、$\lambda_{n1} = \lambda_{p1}$、$\alpha_{n2} = -\alpha_{p2}$、$\sigma_{n2} = \sigma_{p2}$、$\lambda_{n2} = \lambda_{p2}$。故 p 型单元和 n 型单元材料的所有参数都相同，以下设计过程只需计算 p 型单元的比例。验证过程考虑了第一类和第三类热边界条件。

表 5－5 至表 5－7 中给出了分段式温差发电器的热边界条件、几何尺寸和热电材料物性参数。由功率因子(效率因子)(图 5－5)可以得出：第一类热边界条件下的接触面温度(T_{pi})为 535 K(550 K)；第三类热边界条件下的接触面温度(T_{pi})为 560 K(564 K)。利用上述迭代方法，假定 T_{p2}、T_{p3}值与前次得到的相应值相差在 1 K 之内，停止迭代，最终可以得出与最高输出功率或热电转换效率对应的最佳长度比。同时利用三维数值模型模拟多个分段比例下的温差发电器的输出功率和热电转换效率。从图 5－6 可以看出温差发电器的输出功率和热电转换效率均存在最大值。表 5－8 中列出了数学模型得到的理论分段比例值与三维数值模型模拟得到的比例值的对比。分析对比结果可知，输出功率和热电转换效率对应的比值误差均很小，表明数学模型具有很好的准确性。

表 5－5　热边界条件

第一类热边界条件		第三类热边界条件	
名称	数值	名称	数值
p/n 顶端温度 T_1(K)	580	热源温度 T_h(K)	823
p/n 底端温度 T_2(K)	500	温差发电器与热源表面传热系数 h_1[W/(m^2・K)]	300
		冷源温度 T_c(K)	353
		温差发电器与冷源表面传热系数 h_2[W/(m^2・K)]	500

表 5－6　几何尺寸

名称	尺寸
温差发电器顶端面积 A_h(mm^2)	4.5×2.0
温差发电器底端面积 A_c(mm^2)	4.5×2.0
铜导体厚度 δ (mm)	0.5
p/n 单元总长度 l (mm)	1.8
p/n 单元横截面面积 A (mm^2)	2.0×2.0

表 5－7　热电材料物性参数

参数	表达式
热导率 [W/(m・K)]	$\lambda_{p1}=7.25\times10^{-5}T^2-7.06\times10^{-2}T+18.41$ $\lambda_{p2}=1.24\times10^{-7}T^3-1.68\times10^{-4}T^2+7.62\times10^{-2}T-10.55$
塞贝克系数 (V/K)	$\alpha_{p1}=1.76\times10^{-12}T^3-4.18\times10^{-9}T^2+2.57\times10^{-6}T-2.67\times10^{-4}$ $\alpha_{p2}=-1.13\times10^{-12}T^3+7.86\times10^{-10}T^2+1.45\times10^{-7}T+5.28\times10^{-5}$
电导率 (S/m)	$\sigma_{p1}=1.62\times10^{-6}T^5-3.31\times10^{-3}T^4+2.69T^3-1.08\times10^3T^2+2.15\times10^5T-1.68\times10^7$ $\sigma_{p2}=-4.88\times10^{-4}T^3+1.04T^2-7.84\times10^2T+2.65\times10^5$

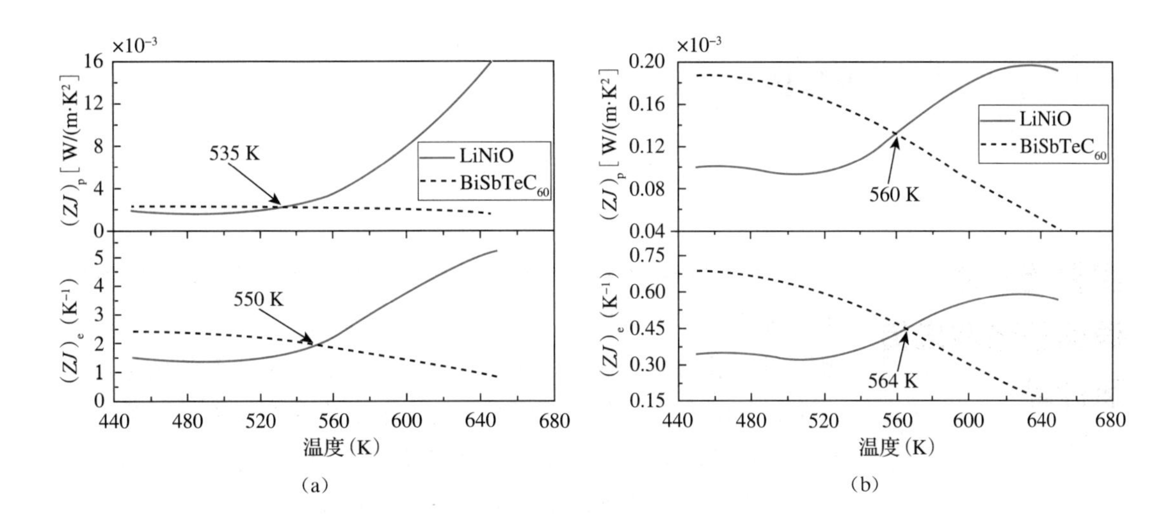

图 5-5　两种 p 型单元材料的功率因子($(ZJ)_p$)和效率因子($(ZJ)_e$)随温度变化关系

(a)第一类热边界条件　(b)第三类热边界条件

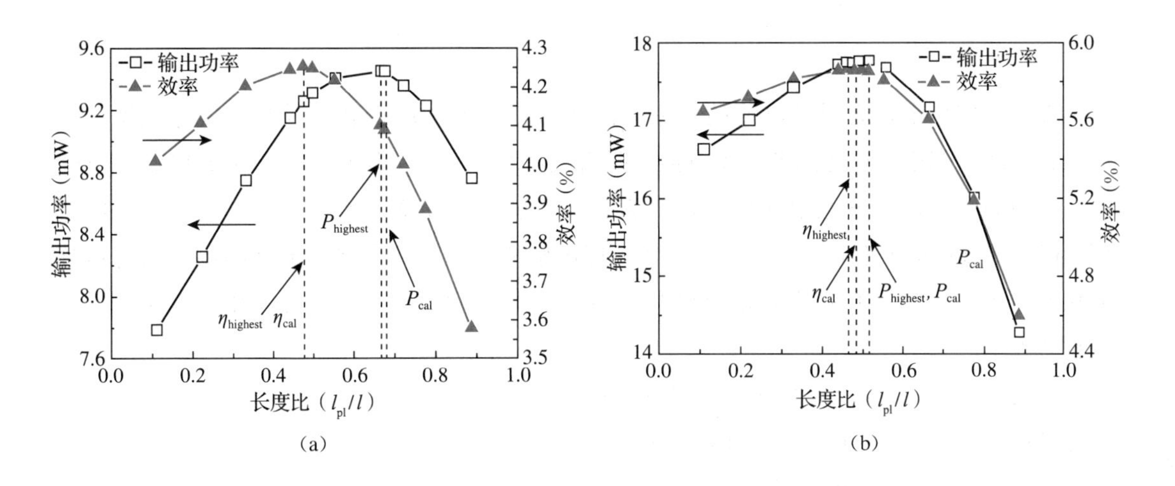

图 5-6　三维数值模型计算得出的分段式温差发电器在不同分段长度比例下的输出功率和热电转换效率

(a)第一类热边界条件　(b)第三类热边界条件

表 5-8　解析模型计算结果与三维数值模型计算结果对比

热边界条件	K_{pa}	K_{pb}	误差	K_{ea}	K_{eb}	误差
第一类	0.68	0.67	1.49%	0.48	0.48	0.00%
第三类	0.52	0.52	0.00%	0.48	0.50	-3.33%

注：K 表示第一种半导体材料的长度 l_{pl} 与总长度的比值；下标 p、e、a、b 分别表示输出功率、热电转换效率、数学模型的理论计算结果、三维数值模型的模拟计算结果。

5.2 锂离子电池堆传热计算

实例 5－2 锂离子电池堆传热计算

“碳中和”这一重大战略目标正促使当前社会逐渐进入以电化学能源存储体系为主的电气化时代。其中，锂离子电池(简称“锂电池”)由于高比能量密度、长循环寿命及低自放电速率等优势，在汽车、智能手机、笔记本电脑等人类生活的各领域中得到了广泛应用。然而，由于锂电池热管理不当引起的安全问题仍然频发。本实例介绍一种对锂电池堆进行传热分析计算的方法，具体实例来自于文献[6]。

5.2.1 物理问题介绍

在实际应用中，为提升电池的功率，往往由若干单电池串联或并联组成电池堆。例如，在电动汽车中，往往用若干单电池串联组成模块，若干模块再经串联或并联组成电池堆。一般而言，在单电池中两层负极材料(一般为石墨)涂覆在铜箔，两层正极材料(如 $LiCoO_2$)涂覆在铝箔上，正负极之间包含一层电解质，同时两个单电池之间以隔膜进行分隔从而防止电池内部短路引起安全问题。在锂电池工作过程中，正负极发生的电化学反应方程式如下。

正极：　$CoO_2 + Li^+ + e^- \Leftrightarrow LiCoO_2$

负极：　$LiC_6 \Leftrightarrow C_6 + Li^+ + e^-$

总反应：　$CoO_2 + LiC_6 \Leftrightarrow LiCoO_2 + C_6$

上式中从左至右表示放电过程，反之则为充电过程。

伴随着放电的进行，锂电池内部会产生一定的热量(如焦耳热、化学反应热等)，若不对其进行合理散热，电池温度升高到一定值之后会引发电池内部发生放热化学反应，造成电池热失效，同时内部的热化学反应会伴随产生可燃气体，导致电池自燃甚至爆炸，引发安全问题[7]。

锂电池常见的两种形式为平板式和圆柱式。本实例选取包含若干平板式单电池的锂电池模块进行传热分析计算，电池模块两侧设计有冷却流道(冷却介质为空气)对电池进行散热，如图 5－7 所示。每个单电池单元共包含 10 个单电池，每个单电池中各层材料的顺序和厚度见表 5－9，每块单电池的横截面面积均为 0.04 m^2。

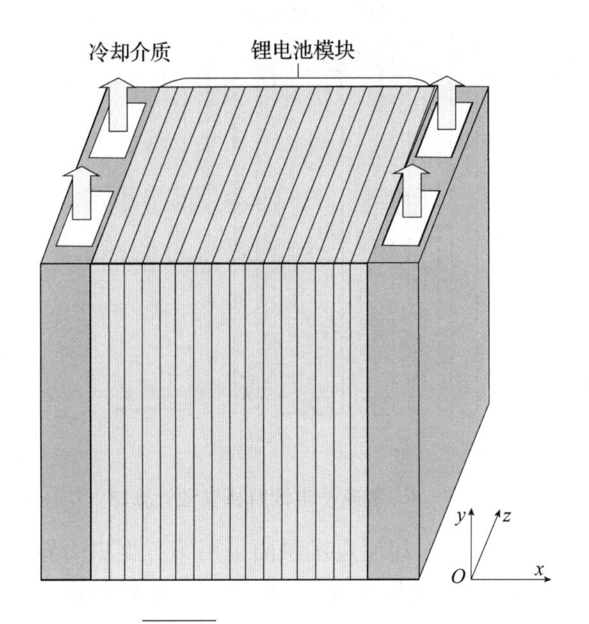

图 5－7　**电池模块结构示意图**

表 5－9　锂离子电池中各层材料的厚度

各层材料	厚度（μm）
石墨	120
铜箔	20
石墨	120
电解质	40
正极材料	180
铝箔	20
正极材料	180
隔膜	50
单电池总厚度	730

5.2.2　解析模型建立

如图 5－7 所示，冷却介质(空气)沿 Oy 轴方向流动，Oz 轴方向可假设为无限大，同时假定冷却流道中空气温度始终保持恒定，即忽略其流动方向上的温度变化。因此，该物理问题可简化为一维方向的传热问题，如图 5－8 所示。为降低计算量，在两个冷却流道中间电池处采用对称边界。

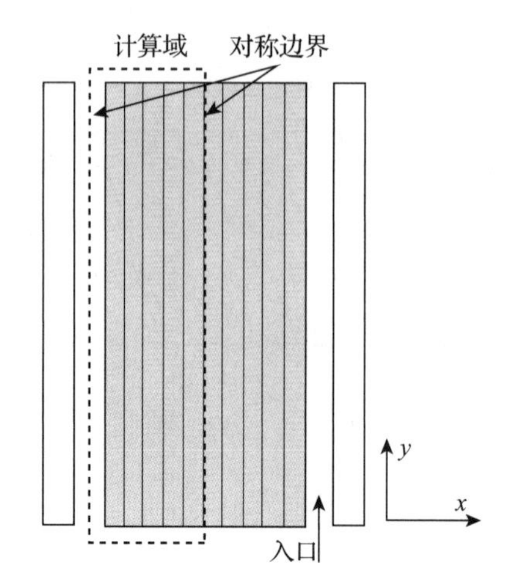

图 5-8　锂离子电池解析模型计算域

如图 5-9 所示，1 号电池与冷却流道接触面采用第三类热边界条件，其中冷却空气温度保持恒定(20 ℃)，将换热系数设为 20 W/(m^2 · K)。根据能量守恒定律，可知 1 号电池中的温度关系式为

$$\rho_b c_{p,b} \Lambda (T_{1,t+\Delta t} - T_{1,t}) = hA(T_f - T_{1,t})\Delta t + \lambda_b A\left(\frac{T_{2,t} - T_{1,t}}{\delta}\right)\Delta t + S_{T1,t}\Lambda\Delta t \tag{5-2-1}$$

式中：h 为表面传热系数；S_T 为热源项；ρ_b 为单电池的平均密度（kg/m^3）；$c_{p,b}$为单电池的平均比热容[J/(kg · K)]，λ_b 为单电池的平均导热系数[W/(m · K)]；Λ 为每个单电池的体积（m^3）；A 为电池间的接触面积(m^2)；$T_{1,t}$ 为 t 时刻 1 号电池内部的平均温度(℃)；$T_{1,t+\Delta t}$则为$(t+\Delta t)$时刻 1 号电池内部的平均温度（℃)。

中间位置的 i 号电池中温度关系式为

$$\rho_b c_{p,b} \Lambda (T_{i,t+\Delta t} - T_{i,t}) = \lambda_b A\left(\frac{T_{i-1,t} + T_{i+1,t} - 2T_{i,t}}{\delta}\right)\Delta t + S_{Ti,t}\Lambda\Delta t \tag{5-2-2}$$

右侧 n 号电池中温度关系式为

$$\rho_b c_{p,b} \Lambda (T_{n,t+\Delta t} - T_{n,t}) = \lambda_b A\left(\frac{T_{n-1,t} - T_{n,t}}{\delta}\right)\Delta t + S_{Tn,t}\Lambda\Delta t \tag{5-2-3}$$

据此可以推导出各单电池内部温度随时间变化的解析式为

$$T_{i,t+\Delta t} = \begin{cases} T_{1,t} + \dfrac{h(T_f - T_{1,t})\delta + \lambda_b(T_{2,t} - T_{1,t}) + S_{T1,t}\delta^2}{\rho_b c_{p,b}\delta^2}\Delta t, & i = 1 \\ T_{i,t} + \dfrac{\lambda_b(T_{i-1,t} + T_{i+1,t} - 2T_{i,t}) + S_{Ti,t}\delta^2}{\rho_b c_{p,b}\delta^2}\Delta t, & 2 \leqslant i \leqslant n-1 \\ T_{n,t} + \dfrac{\lambda_b(T_{n-1,t} - T_{n,t}) + S_{Tn,t}\delta^2}{\rho_b c_{p,b}\delta^2}\Delta t, & i = n \end{cases} \tag{5-2-4}$$

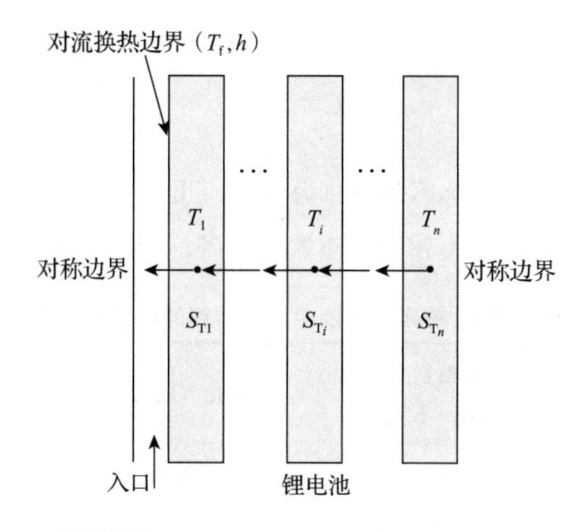

图 5-9　**锂离子电池传热分析计算示意图**

式(5-2-4)的守恒方程，热源项的表达式为：

$$S_T = I(E_{oc} - V) + IT_b \frac{dE_{oc}}{dT_b} \tag{5-2-5}$$

式中：I 为放电电流(A)；E_{oc}为开路电压(V)；V 为工作电压(V)，$V = E_{oc} - IR$。

式(5-2-5)还可以写为

$$S_T = i^2 R - T_b \Delta S \frac{i}{nF} \tag{5-2-6}$$

式中：i 表示单位体积的放电电流(A/m^3)；n 为反应过程中传递的电子数；F 为法拉第常数($F = 96\ 485$ C/mol)；ΔS 为熵变[J/(mol·K)]；R 为电池等效内阻($\Omega \cdot m^3$)，包括欧姆阻抗和反应阻抗两部分。

式(5-2-6)等号右侧第一项表征欧姆热，第二项表征熵变产生的热量。以 SONY-US18650 电池为例，测量获得的等效内阻是荷电状态(State of Charge，SOC)与温度的函数[8]：

$$\begin{cases} R_{20} = 2.258 \times 10^{-6} SOC^{-0.3952}, & T = 20\ ℃ \\ R_{30} = 1.857 \times 10^{-6} SOC^{-0.2787}, & T = 30\ ℃ \\ R_{40} = 1.659 \times 10^{-6} SOC^{-0.1692}, & T = 40\ ℃ \end{cases} \tag{5-2-7}$$

为简化计算，本实例选取温度为 40 ℃时的等效内阻。熵变为 SOC 的分段函数[9]：

$$\Delta S = \begin{cases} 99.88SOC - 76.67, & 0 \leqslant SOC \leqslant 0.77 \\ 30, & 0.77 \leqslant SOC \leqslant 0.87 \\ -20, & 0.87 \leqslant SOC \leqslant 1 \end{cases} \tag{5-2-8}$$

式中，SOC 的表达式为

$$SOC = 1 - \frac{It}{C} \tag{5-2-9}$$

本实例中，每个单电池的标称容量(C)为 20 A·h。

此外，锂电池中各层材料并不相同，本实例中各层材料的物性参数见表 5-10。

表 5-10　锂离子电池中各层材料的物性参数[10]

材料	导热系数 [W/(m·K)]	密度 (kg/m³)	比热容 [J/(kg·K)]
铜箔	398	8 700	396
石墨	1.04	2 223	641
电解质	0.5	900	1 883
正极材料	1.48	1 500	800
铝箔	237	2 700	897
隔膜	0.5	900	1 883

根据表 5-10 中的参数，就可以计算出单电池的物性参数，其中导热系数、密度和比热容计算式分别为

$$\frac{\delta_{cell}}{\lambda_{ave}} = \sum \frac{\delta_j}{\lambda_j} \tag{5-2-10}$$

$$\rho_{ave} = \frac{\sum \rho_j \delta_j}{\delta_{cell}} \tag{5-2-11}$$

$$c_p^{ave} = \frac{\sum \rho_j c_{p,j} \delta_j}{\rho_{ave} \delta_{cell}} \tag{5-2-12}$$

本实例中，计算得到的单电池平均热导率、密度和比热容分别为 1.12 W/(m·K)，1 893.86 kg/m³，755.04 J/(kg·K)。

5.2.3 计算结果分析

根据解析模型，经过简单计算就可以获得锂电池在放电过程中的瞬态温度变化过程。首先，考虑 6 块单电池组成一个锂电池模块时，不同放电速率时的温度变化。图 5-10(a)所示为 1C(电池 1h 完全放电时的电流强度)和 2C 放电速率下，各单电池工作电压随时间的变化曲线。图 5-10 (b)和(c)则分别表示 1C 和 2C 放电速率下，各单电池内部温度随时间的变化曲线。可以明显看出，越靠近冷却流道，电池温度上升越缓慢，反之亦然。这主

要是由于中间位置电池产生的热量必须经由外侧电池传导至冷却流道。不仅如此，在高放电速率下，热源项的影响越大，电池温度上升也越快。

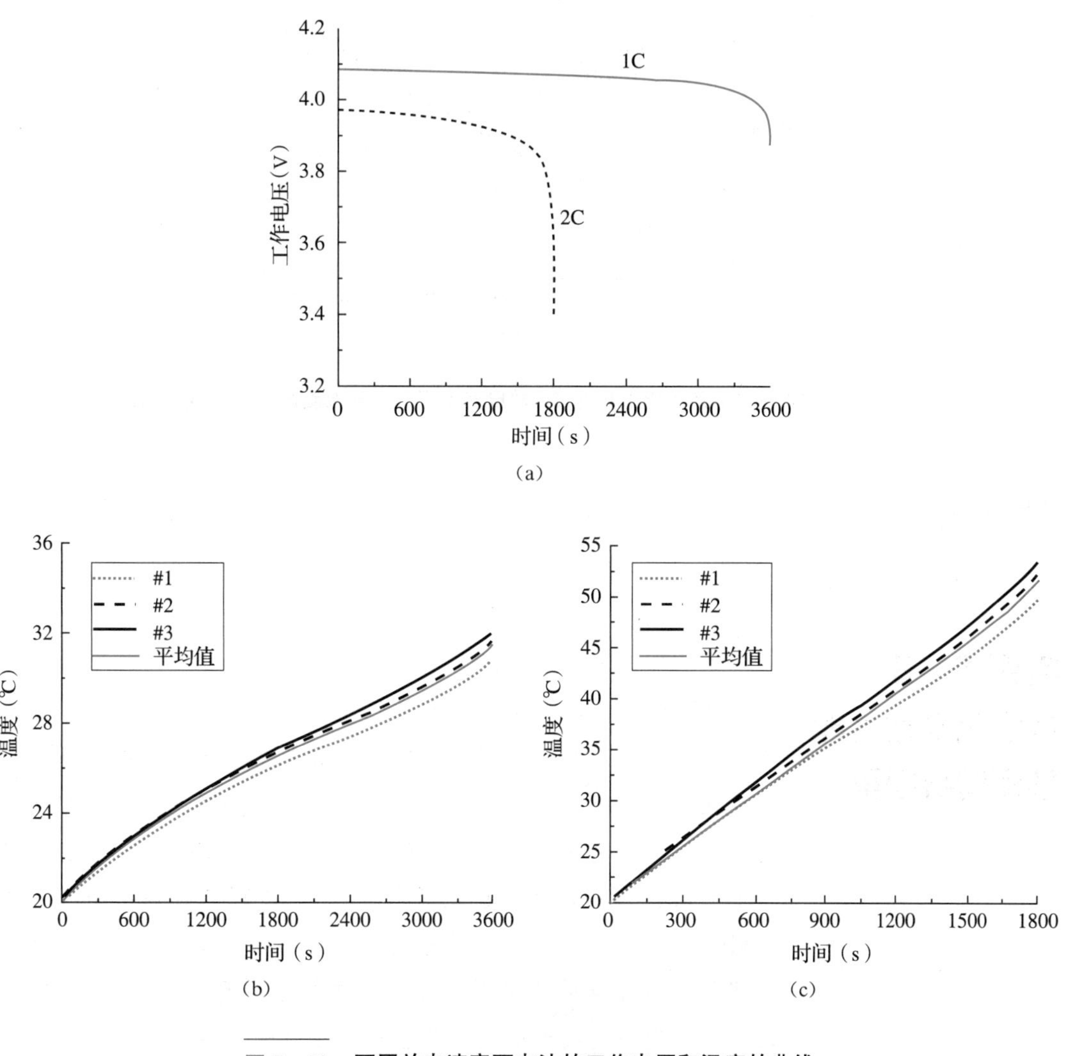

图 5-10　不同放电速率下电池的工作电压和温度的曲线

（a）工作电压　（b）1C 放电时的温度　（c）2C 放电时的温度

此外，可以比较锂电池模块中不同单电池数目对温度分布的影响。如图 5-11 所示为锂电池模块中包括 10 块单电池时，在 2C 放电速率下各电池温度随时间的变化曲线。可见，与 6 块单电池的情况相比，传热进一步恶化。因此可知，对于包含固定数目单电池的电池堆而言，适当增加冷却流道数目可以优化电池热管理。但也应注意到，冷却流道数目的增加往往会导致额外的能量损失，同时增加系统的复杂程度，因此实际应用中，应综合考虑两方面的影响。

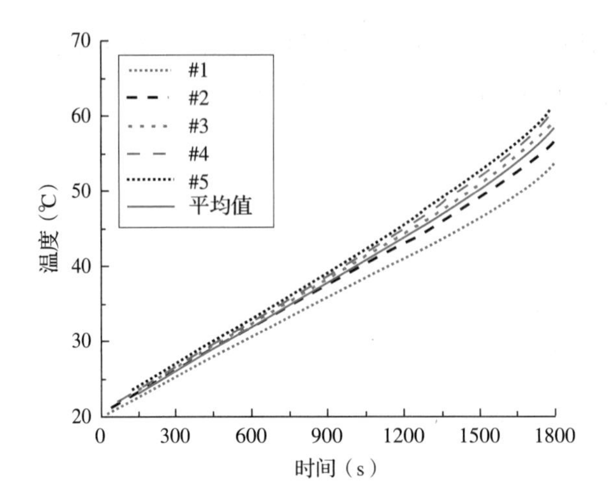

图 5－11　含 10 块单电池的电池堆在 2C 放电速率下，内部温度随时间的变化曲线

5.3 锂空气电池性能预测解析模型

实例 5－3 锂空气电池性能预测解析模型

不同于锂离子电池，锂空气电池使用分子量最低的锂金属作为电池负极(阳极)，以空气中的氧气作为正极反应物，其属于金属空气电池中的一种。从理论上来讲，由于锂空气电池中用到的正极反应物氧气来自于空气，可以认为其不受限制，因此锂空气电池容量仅取决于锂负极，其理论比能高达 11.4 kWh/kg(不包括氧气质量)或 5.21 kWh/kg(包括氧气质量)，可与汽油媲美(11.86 kWh/kg)[11]，远远高于锂离子电池等其他电池体系，有望作为下一代能源储存与转化装置中的一员在未来得到广泛应用。但是，现阶段的锂空气电池的实际容量仍远远低于理论值，这也是其仍未进入商业化应用的主要原因。

在锂空气电池的放电过程中，阴极的多孔电极内发生的电化学反应会产生一些不溶于电解质且导电率极低的放电产物，如 Li_2O_2、Li_2CO_3和 Li_2O 等。一方面，这些放电产物的低导电率会造成电极钝化，降低电极导电性；另一方面，由于其不溶于电解质，随着放电产物的逐渐积累，会逐渐堵塞多孔电极的孔隙结构，增大氧气传输的阻力。这两方面均会造成锂空气电池在放电过程中工作电压的降低。在本实例以文献[12]－[14]中的仿真模型为基础，介绍锂空气电池性能预测的解析模型建立方法。

5.3.1　物理问题介绍

锂空气电池工作原理如图5-12所示。可以看出，电池阳极为锂金属，主要作用为提供锂离子，阴极则一般为碳基多孔材料组成的多孔电极，多孔电极中填充可以导锂离子的电解质，阴阳极之间则由隔膜隔开，隔膜可以在传导锂离子的同时防止电子和气体穿过。在放电过程中，阳极锂金属被氧化分解为锂离子和电子，其中锂离子和电子分别经由电解质和外部电路与阴极处的氧气接触，从而反生氧气还原反应(Oxygen Reduction Reaction，ORR)。该过程与质子交换膜燃料电池中阴极侧反应类似。一般情况下，为加快该电化学反应速率，需额外添加催化剂。很明显，该电化学反应只有在固体电极(传导电子)、电解质(传导锂离子)和氧气组成的三相界面(Three-Phase Boundaries，TPB)处才会发生。

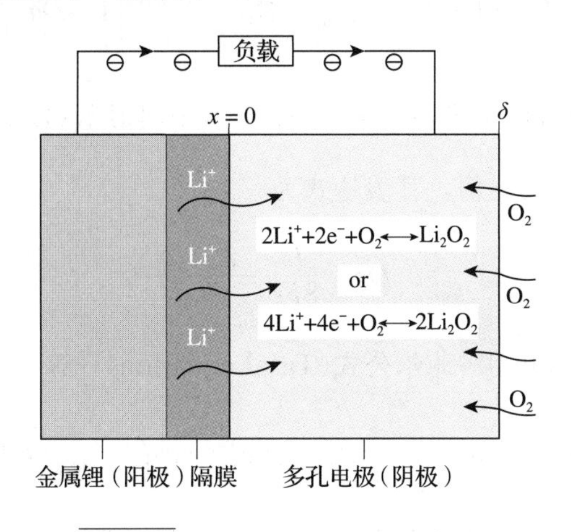

图5-12　**锂空气电池工作原理示意**

5.3.2　解析模型建立

如图5-12所示，在一维解析模型中，可将阴极区域简化为均质多孔介质，并用孔隙率(ε)表征其结构特性。在不考虑电池阴极侧电解质流动的情况下，外界环境中的氧气在溶解于电解质中之后，主要通过扩散作用传输到三相反应界面处并参与电化学反应，因此可以忽略其对流作用，则氧气传输过程可以表示为

$$\frac{\partial \varepsilon c_{O_2}}{\partial t} = \nabla \cdot (D_{O_2}^{\text{eff}} \nabla c_{O_2}) + \frac{J_c}{nF} \tag{5-3-1}$$

式中：c_{O_2}为氧气浓度(mol/m^3)；$D_{O_2}^{\text{eff}}$为氧气的有效扩散系数(m^2/s)；J_c为电化学反应速率(A/m^3)；n为阴极电化学反应过程中转移电子数(该模型假设放电产物为Li_2O_2，$n=4$)；F为法拉第常数，$F=96\ 485$ C/mol。

式(5-3-1)中，氧气的有效扩散系数可以根据Bruggeman公式进行计算，计算公式为

$$D_{O_2}^{\text{eff}} = (\varepsilon - \varepsilon_{\text{prod}})^{\tau_d} D_{O_2} \tag{5-3-2}$$

式中：τ_d 为迂曲率；D_{O_2} 为氧气的体扩散系数（m^2/s）；ε_{prod} 为放电产物的表观体积分数。

ε_{prod} 可通过法拉第定律计算得出，计算过程中假设阴极电化学反应速率均匀分布，即 $J_c = \frac{I}{\delta}$（其中 δ 为阴极侧厚度，单位为 m）。

$$\varepsilon_{prod} = \int_0^t \frac{J_c M_{prod}}{nF\rho_{prod}} dt = \frac{IM_{prod}}{n\delta F\rho_{prod}} t \tag{5-3-3}$$

进一步地，考虑到 $x = \delta$ 处为电池与外部环境的交界面，可以假设该处氧气浓度（$c_{O_2,\delta}$）为定值，结合式（5-3-1）至式（5-3-3），则阴极侧任意处氧气浓度值为

$$c_{O_2,x} = c_{O_2,\delta} - \frac{I}{8F} \frac{\delta^2 - x^2}{\delta(\varepsilon - \varepsilon_{prod})^{\tau_d} D_{O_2}} = c_{O_2,\delta}\left[1 - Da\frac{1-\left(\frac{x}{\delta}\right)^2}{(1-s)^{\tau_d}}\right] \tag{5-3-4}$$

式中：$s = \frac{\varepsilon_{prod}}{\varepsilon}$ 为放电产物真实体积分数；Da 为达姆科勒数（Damköhler number），表征反应速率与物质传输速率的比值，其表达式为

$$Da = \frac{I}{8F} \frac{\delta}{c_{O_2,\delta} D_{O_2}} \tag{5-3-5}$$

阴极电化学反应速率可用塔菲尔公式（Tafel equation）计算得到，公式为

$$J_c = -ai_c = -ai_{0,c}^{ref} c_{O_2}^{1-\beta} c_e^{1-\beta} \exp\left(-\frac{1-\beta}{RT} F\eta\right) \tag{5-3-6}$$

式中：a 为电极表面有效面积密度（m^2/m^3）；i_c 为交换电流密度（A/m^2）；β 为对称指数，$\beta = 0.5$；R 为通用气体常数，$R = 8.314\ J/(mol \cdot K)$；$T$ 为温度（K）；η 为过电势（V）。

考虑到放电产物会在多孔电极表面积聚并最终形成一层薄膜，从而降低电化学反应表面积，该影响可用以下指数关系式表示：

$$a = a_0 (1-s)^{\tau_a} \tag{5-3-7}$$

式中：τ_a 为表面有效系数，其可以用下述关系式计算：

$$\tau_a = \begin{cases} B_1 \frac{I}{I_0}, & s < s_0 \\ \frac{I}{I_0}[B_1 + B_2(s - s_0)], & \text{其他} \end{cases} \tag{5-3-8}$$

结合上述方程，可以推导得出过电势变化量的表达式为

$$\Delta\eta = \frac{RT}{(1-\beta)F} \tau_a \ln(1-s) + \frac{RT}{F} \ln\left[1 - Da\frac{1-\left(\frac{x}{\delta}\right)^2}{(1-s)^{\tau_d}}\right] \tag{5-3-9}$$

式(5－3－9)等号右侧两项分别为电极表面钝化和反应面积下降造成的电压损失和氧气传输阻力造成的电压损失，分别定义为：

$$\Delta\eta_a=\frac{RT}{(1-\beta)F}\tau_a\ln(1-s) \tag{5-3-10}$$

$$\Delta\eta_d'=\frac{RT}{F}\ln\left(1-Da\frac{1-\left(\frac{x}{\delta}\right)^2}{(1-s)^{\tau_d}}\right) \tag{5-3-11}$$

需要注意的是，式(5－3－11)中考虑了放电产物形成之前的氧气传质损失，将这部分损失去除之后得到下式：

$$\begin{aligned}\Delta\eta_d&=\Delta\eta'_d-\frac{RT}{F}\ln\left(1-Da\left(1-\left[\frac{x}{\delta}\right)^2\right]\right)\\&=\frac{RT}{F}\ln\left(\frac{1-Da\frac{1-\left(\frac{x}{\delta}\right)^2}{(1-s)^{\tau_d}}}{1-Da\left[1-\left(\frac{x}{\delta}\right)^2\right]}\right)\end{aligned} \tag{5-3-12}$$

其中，氧气传输造成的电压损失可以用电池阴极侧中间位置处的值来表示其平均值，即：

$$\Delta\eta_d\left(x=\frac{\delta}{2}\right)=\frac{RT}{F}\ln\left(\frac{1-\frac{3Da}{4(1-s)^{\tau_d}}}{1-\frac{3}{4}Da}\right) \tag{5-3-13}$$

5.3.3　计算结果分析

根据式(5－3－11)和式(5－3－13)，可以计算得出锂空气电池阴极侧电压损失随放电产物体积分数变化的曲线(模型参数见表5－11)，计算结果如图5－13所示。从图中可以看出在锂电池放电过程中，电极表面钝化和反应面积下降往往是电池电压下降的主要原因，但是一旦放电产物体积分数超过一定值，氧气传输阻力增加造成的电压损失则开始急剧增加，并且工作电流密度越大，电压损失越明显。

表5－11　锂空电池物性参数和模型参数

参数	符号	单位	值
温度	T	K	298
氧气体扩散系数(电解质)	D_{O_2}	m^2/s	1.83×10^{-9}
环境氧气浓度	c_{O_2}	mol/m^3	3.98
迂曲率	τ_d	—	1.8
孔隙率	ε	—	0.85
阴极厚度	δ	m	1.0
放电产物分子质量(Li_2O_2)	M_{prod}	kg/mol	0.045 88

（续）

参数	符号	单位	值
放电产物密度(Li_2O_2)	ρ_{prod}	kg/m^3	2 140
参考电流密度	I_0	A/m^2	0.6
B_1	—	—	2.5
B_2	—	—	8.0
放电产物真实体积分数	s_0	—	0.2

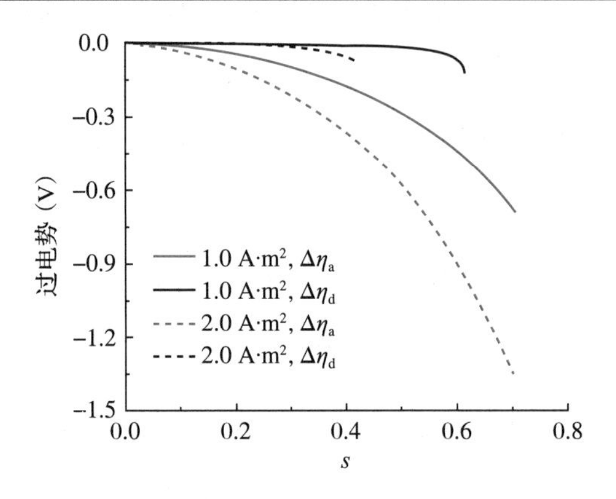

图 5-13　不同工作电流密度下，放电产物体积分数对锂空气电池电压损失的影响

5.4 质子交换膜燃料电池堆冷启动过程分析

实例 5-4 质子交换膜燃料电池堆冷启动过程分析

质子交换膜燃料电池(Proton Exchange Membrane Fuel Cell, PEMFC)是一种将燃料和氧化剂中的化学能直接转化为电能的电化学能量转化装置，具有效率高、排放清洁、动态响应快、运行温度低等优势。质子交换膜燃料电池是目前多种燃料电池中，技术最为成熟的一项，其主要应用对象是汽车动力，并被视为理想的下一代汽车动力源。燃料电池汽车在冬季使用时，会面临低温(零摄氏度以下)启动过程，即燃料电池发动机在零摄氏度以下启动，直至燃料电池的温度升至正常工作温度，这一过程称为燃料电池冷启动[15]。由于质子交换膜燃料电池中存在多种状态的水，电化学反应过程中也会产生水，低温下水会转化成冰。冰的存在会堵塞多孔电极，损伤质子交换膜和催化剂，造成电池冷启动失败，甚至会造成电池的不可逆衰减。因此，探究质子交换膜燃料电池冷启动过程中内部传输机理，预测燃料电池冷启动性能十分必要。本实例介绍一种质子交换膜燃料电池冷启动过程数值模拟的计算过程，具体实例来自于文献[16]。

5.4.1 物理问题介绍

在质子交换膜燃料电池中，阳极处通入氢气，阴极处通入空气。电池对外输出电流并产生热量，发生的电化学反应过程如下。

$$\text{阳极：} H_2 \rightarrow 2H^+ + 2e^-$$

$$\text{阴极：} \frac{1}{2}O_2 + 2H^+ + 2e^- \rightarrow H_2O$$

$$\text{总反应：} H_2 + \frac{1}{2}O_2 \rightarrow H_2O$$

质子交换膜燃料电池堆由多个单片电池堆叠而成。单片电池的基础结构包括双极板(Bipolar Plate，BP)和膜电极(Membrane Electrode Assembly，MEA)。膜电极内包含阳极电极、质子交换膜和阴极电极。单侧电极包括气体扩散层(Gas Diffusion Layer，GDL)和催化层(Catalyst Layer，CL)。电池堆的基础结构和电池堆内物质的主要传输过程如图 5-14所示。

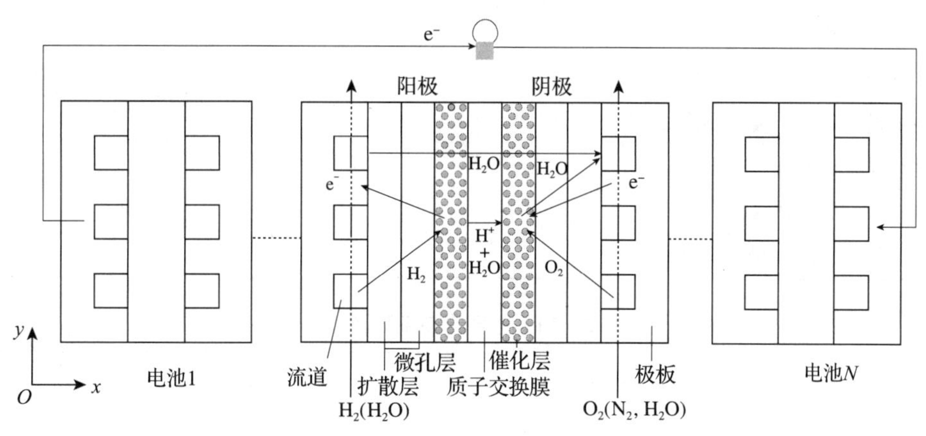

图 5-14 质子交换膜燃料电池堆结构和物质的主要传输过程

5.4.2 解析模型建立

垂直极板方向是质子交换膜燃料电池内主要的传热传质方向，即图5-14中的 Ox 轴方向。因此，本实例中建立沿该方向的一维模型。燃料电池结构和操作工况参数见表 5-12 和表 5-13。

表 5-12 燃料电池结构和操作工况参数

参数	数值
电池有效活化面积(cm^2)	100
双极板厚度(mm)	2
流道高度(mm)	1
质子交换膜、催化层和扩散层厚度(mm)	0.03、0.01、0.02

（续）

参数	数值
催化层和扩散层固有渗透率(m^2)	6.2×10^{-13}、6.2×10^{-12}
质子交换膜、催化层、扩散层和双极板的密度[kg/m^3]	1 980、1 000、1 000、1 000
质子交换膜、催化层、扩散层和双极板的比热容[$J/(kg\cdot K)$]	833、3 300、568、1 580
质子交换膜、催化层、扩散层和双极板的热导率[$W/(m\cdot K)$]	0.95，1.0，1.0，20
催化层、扩散层和双极板的电子电导率(S/m)	300、200、20 000
催化层电解质的体积分数	0.3
催化层和扩散层的孔隙率	0.3，0.6
进气化学计量比	2.0
进气相对湿度	0
进气温度和环境温度(℃)	−20
电池堆初始温度(℃)	−20
进气压强(kPa)	101
端板处对流换热系数[$W/(m^2\cdot K)$]	100
电池堆其他面的对流换热系数[$W/(m^2\cdot K)$]	2
初始冰体积分数	0
初始非冻结膜态水含量	2.5
初始冻结膜态水含量	0

表 5-13　主要传输系数及修正

参数	数值
膜态水扩散率(m^2/s)	$D_{nf}=\begin{cases}2.69\times10^{-10}\ (\lambda_{nf}\leqslant 2)\\ 10^{-10}\exp\left[2\,416\left(\dfrac{1}{303}-\dfrac{1}{T}\right)\right][0.87(3-\lambda_{nf})+2.95(\lambda_{nf}-2)],\ (2<\lambda_{nf}\leqslant 3)\\ 10^{-10}\exp\left[2\,416\left(\dfrac{1}{303}-\dfrac{1}{T}\right)\right][2.95(4-\lambda_{nf})+1.64(\lambda_{nf}-3)],\ (3<\lambda_{nf}\leqslant 4)\\ 10^{-10}\exp\left[2\,416\left(\dfrac{1}{303}-\dfrac{1}{T}\right)\right][2.563-0.33\lambda_{nf}+0.0264\lambda_{nf}^2-0.000671\lambda_{nf}^3],\ (4<\lambda_{nf})\end{cases}$
液态水扩散率(m^2/s)	$D_{lq}=-\dfrac{K_{lq}}{\mu_{lq}}\dfrac{dp_c}{ds_{lq}}$
	$K_{lq}=K^0 s_{lq}^4(1-s_{ice})^4$

（续）

参数	数值
水蒸气扩散率（m^2/s）	$D^{eff}=D\varepsilon^{1.5}(1-s_{lq}-s_{ice})^{1.5}$ $D=2.982\times10^{-5}\left(\dfrac{T}{333.15}\right)^{1.5}$

1. 水传输

对于质子交换膜和催化层的电解质部分，沿 Ox 轴方向传输的非冻结膜态水和冻结膜态水的质量守恒方程如下。

非冻结膜态水的质量守恒方程为

$$\frac{\rho_{MEM}}{EW}\frac{\partial(\omega\lambda_n)}{\partial t}=\frac{\rho_{MEM}}{EW}\frac{\partial^2(\omega^{1.5}D_{nmw}\lambda_n)}{\partial x^2}+S_{nmw} \tag{5-4-1}$$

冻结膜态水的质量守恒方程为

$$\frac{\rho_{MEM}}{EW}\frac{\partial(\omega\lambda_f)}{\partial t}=S_{fmw} \tag{5-4-2}$$

式中：ρ 为密度（kg/m^3）；EW 为质子交换膜的当量质量（kg/kmol）；ω 为催化层的电解质体积分数；λ 为膜态水含量；D 为扩散率（m^2/s）；下标 MEM、n、f 分别表示质子交换膜、非冻结膜态水、冻结膜态水；S_{nmw} 为非冻结膜态水源项，包括电化学反应生成的水、不同状态水的转化以及电渗拖拽水；S_{fmw} 为冻结膜态水源项，包括非冻结膜态水和冻结膜态水间的转化。相关传输系数及修正见表 5-13。

在扩散层和催化层的孔隙中，沿 Ox 轴方向液态水和冰的质量守恒方程

$$\frac{\partial(\varepsilon\rho_{lq}s_{lq})}{\partial t}=\frac{\partial^2(\rho_{lq}D_{lq}s_{lq})}{\partial x^2}+S_{lq} \tag{5-4-3}$$

$$\frac{\partial(\varepsilon s_{ice}\rho_{ice})}{\partial t}=S_{ice} \tag{5-4-4}$$

式中：ε 为孔隙率；s 为饱和度，即体积分数；下标 lq 和 ice 分别表示液态水和冰。

由于扩散层和催化层中的传输过程以扩散为主，且主要发生在垂直极板方向，因此在一维模型中仅考虑垂直极板方向的扩散作用。对于水蒸气的传输，也仅考虑扩散作用。本模型中对扩散层和催化层中平均水蒸气浓度的求解采用在每个时间步后直接更新的方式，而非求解微分方程。事实上在冷启动过程中，水蒸气的含量是非常低的，因为低温下饱和蒸气压非常低，如此低的水蒸气含量对冷启动过程的影响往往也可忽略。因此，分析水蒸气的传输过程时，采用如上的简化以保证计算效率。

催化层中水蒸气浓度为

$$c_{\mathrm{vp,CL}}^{t}=c_{\mathrm{vp,CL}}^{t-\Delta t}+\xi(\lambda_{\mathrm{CL}}-\lambda_{\mathrm{CL}}^{\mathrm{eq}})\frac{\rho_{\mathrm{mem}}}{\mathrm{EW}}\Delta t-\frac{(c_{\mathrm{vp,CL}}^{t-\Delta t}-c_{\mathrm{vp,GDL}}^{t-\Delta t})D_{\mathrm{CL\text{-}GDL}}^{\mathrm{eff}}}{\left(\frac{\delta_{\mathrm{CL}}}{2}\right)+\left(\frac{\delta_{\mathrm{GDL}}}{2}\right)}\frac{\Delta t}{\delta_{\mathrm{CL}}\varepsilon_{\mathrm{CL}}} \quad (5-4-5)$$

式中：c 为浓度（$\mathrm{mol/m^3}$）；t 为时间步（s）；Δt 为时间步长（s）；ξ 为水转化率（1/s）；δ 为厚度（m）；ε 为孔隙率；D 为扩散率；$D_{\mathrm{CL\text{-}GDL}}^{\mathrm{eff}}$ 为催化层和扩散层间水蒸气的有效扩散率（$\mathrm{m^2/s}$）；下标 VP、CL、GDL 分别表示水蒸气、催化层、扩散层。式中等号右侧第二项代表催化层内水蒸气和膜态水间的转化，第三项代表水蒸气由催化层到扩散层的扩散。

扩散层中水蒸气浓度为

$$c_{\mathrm{vp,GDL}}^{t}=c_{\mathrm{vp,GDL}}^{t-\Delta t}+\frac{(c_{\mathrm{vp,CL}}^{t-\Delta t}-c_{\mathrm{vp,GDL}}^{t-\Delta t})D_{\mathrm{CL\text{-}GDL}}^{\mathrm{eff}}}{\left(\frac{\delta_{\mathrm{CL}}}{2}\right)+\left(\frac{\delta_{\mathrm{GDL}}}{2}\right)}\frac{\Delta t}{\delta_{\mathrm{CL}}\varepsilon_{\mathrm{CL}}}-\frac{(c_{\mathrm{vp,GDL}}^{t-\Delta t}-c_{\mathrm{vp,CH}}^{t-\Delta t})D_{\mathrm{GDL}}^{\mathrm{eff}}}{\frac{\delta_{\mathrm{GDL}}}{2}}\frac{\Delta t}{\delta_{\mathrm{GDL}}\varepsilon_{\mathrm{GDL}}} \quad (5-4-6)$$

式中等号右侧第二项和第三项分别代表水蒸气由催化层到扩散层和由扩散层到流道的扩散。如前述，冷启动过程中的水蒸气含量极低，因此假设流道中水蒸气浓度为 0。

2. 传热过程

沿 Ox 轴方向的能量守恒方程为

$$\frac{\partial}{\partial t}(\rho^{\mathrm{eff}}c_{p}^{\mathrm{eff}}T)=\frac{\partial^{2}(\lambda^{\mathrm{eff}}T)}{\partial x^{2}}+S_{\mathrm{T}} \quad (5-4-7)$$

式中：S_{T} 为热源项；c_p 为比定压热容[J/(kg·K)]；T 为温度（K）；λ 为热导率[W/(m·K)]；ρ 为密度；上标 eff 表示有效值。

与传质过程类似，由于在 Ox 轴方向上热传导为主导，因此忽略该方向上的热对流。式（5-4-7）中的有效密度、有效热导率及有效比定压热容均由电池堆材料、冰、液态水和气体含量决定。在电池堆不同部件内的热源项包含活化热、欧姆热、可逆热和相变潜热等，可表示为

$$S_{\mathrm{T}}=\begin{cases} j_{\mathrm{a}}\eta_{\mathrm{act}}+\dfrac{I^{2}ASR}{3\delta_{\mathrm{CL}}}+S_{\mathrm{pc}} & \text{(阳极催化层)}\\ -\dfrac{j_{\mathrm{c}}T\Delta S}{2F}+j_{\mathrm{c}}\eta_{\mathrm{act}}+\dfrac{I^{2}ASR}{3\delta_{\mathrm{CL}}}+S_{\mathrm{pc}} & \text{(阴极催化层)}\\ \dfrac{I^{2}ASR}{\delta_{\mathrm{GDL}}}+S_{\mathrm{pc}} & \text{(气体扩散层)}\\ \dfrac{I^{2}ASR}{\delta_{\mathrm{BP}}} & \text{(极板)}\\ \dfrac{I^{2}ASR}{\delta_{\mathrm{MEM}}}+S_{\mathrm{pc}} & \text{(膜)} \end{cases} \quad (5-4-8)$$

式中：ASR 为面电阻（$\Omega \cdot m^2$）；η 为过电势（V）；j 为反应速率（A/m^3），其可由电流密度 I（A/m^2）和催化层厚度 δ_{CL}（m）求得；下角标 a、c、act、BP、MEM 分别表示阳极、阴极、活化、极板、膜。

3. 电化学模型

电池的输出电压可以表征为

$$V_{out} = V_{nernst} + V_{act} + V_{con} + V_{ohm} \tag{5-4-9}$$

式中：下标 nernst、act、con、ohm 分别表示开路、活化、传质、欧姆。

式(5-4-9)等号右侧第一项为开路电压，即能斯特电压，可由能斯特方程计算，表达式为

$$V_{nernst} = 1.229 - 0.9 \times 10^{-3} \times (T - T_0) + \frac{RT_0}{2F}\ln(p_{H_2} p_{O_2}^{0.5}) \tag{5-4-10}$$

式中：R 为通用气体常数[J/(mol・K)]；$T_0 = 298.15$ K。

式(5-4-9)等号右侧第二项为活化电压损失，表达式为

$$V_{act} = -\frac{RT}{\alpha F}\ln\left(\frac{I}{(1 - s_{ice} - s_{lq})^{0.5} j_0 \delta_{CL} \frac{c_{channel}}{c_{ref}}}\right) \tag{5-4-11}$$

$$c_{channel} = \frac{1 + \left(\frac{1-1}{\xi}\right)}{2}\frac{0.21 p_c}{RT} \tag{5-4-12}$$

式中：j_0 为参考电化学反应速率（A/m^3）；$c_{channel}$ 为流道中氧气平均浓度（mol/m^3）；c_{ref} 为参考氧气浓度（mol/m^3）；ξ 为阴极进气化学计量比；p_c 为阴极进气压力（Pa）。

式(5-4-9)等号右侧第三项为传质电压损失，表达式为

$$V_{con} = \frac{RT}{\alpha F}\left(1 - \frac{I}{I_{lim}}\right) \tag{5-4-13}$$

式中，

$$I_{lim} = \frac{4Fc_{channel}}{\delta_{GDL}/D_{GDL}^{eff} + 0.5\delta_{CL}/D_{CL}^{eff}} \tag{5-4-14}$$

式中：I_{lim} 为极限电流密度（A/m^2）。

式(5-4-9)等号右侧第四项为欧姆电压损失，表达式为

$$V_{ohm} = -\left(\sum ASR\right)I = -\left(\frac{\delta_{BP}}{\sigma_{BP}} + \frac{\delta_{GDL}}{\sigma_{s,GDL}^{eff}} + \frac{\frac{\delta_{CL}}{2}}{\sigma_{s,CL}^{eff}} + \frac{\frac{\delta_{CL}}{2}}{\sigma_{m,CL}^{eff}} + \frac{\delta_{MEM}}{\sigma_{MEM}}\right)I \tag{5-4-15}$$

式中：σ 为电导率(S/m)；下标 s、m 分别表示电子电导率和质子电导率。

欧姆电压损失包括双极板、扩散层和催化层内电子传输造成的电压降，以及催化层和质子交换膜内质子传输造成的电压降。假设电化学反应发生处位于催化层中间，即质子和电子的传导路径均为催化层厚度的一半。

4. 边界条件和初始条件

电池堆外边界为对流换热边界，此处热量的计算公式为

$$Q = hA(T_{amb} - T_{wall}) \tag{5-4-16}$$

式中：h 为对流换热系数[W/m^2·K)]；A 为表面面积(m^2)；T_{amb}为环境温度(K)；T_{wall}为壁面温度(K)。除端板外的其他壁面的对流换热系数均设为 2 W/(m^2·K)，对应空气的自然对流环境。

电池堆在恒电流工作状态下，各单片电池间的关系为串联，即电流密度 $I_{cell,i}$ = 常数。其中，i 代表电池堆中第 i 片电池。电池堆的输出电压 V_{stack} 等于各单片电池输出电压之和，表达式为

$$V_{stack} = \sum_{i}^{N} V_{out,i} \tag{5-4-17}$$

将初始条件设定为电池内初始温度等于环境温度，即 −20℃。膜态水的初始含量为 2.5，冰的初始含量为 0。

5. 求解方法

本模型中所求解的控制方程如上文所示。使用有限体积法对控制方程进行离散。每个单片电池包含 250 个网格，其中双极板、流道、扩散层、催化层和质子交换膜的网格数分别为 30、20、20、30 和 50。用四阶龙格库塔法求解每个微元体内的方程。时间的离散格式为显式格式。

5.4.3 计算结果分析

图 5－15 所示为通过模型计算得到的燃料电池冷启动过程中输出电压结果与文献[17]中的实验结果对比。在环境温度为 −20 ℃ 时，电池分别以 0.02、0.04 和 0.08 A/cm^2 恒电流密度条件下启动。其他参数均与文献[17]的实验参数相同。在冷启动过程中，电池输出电流，同时阴极处发生电化学反应并生成水。在 −20 ℃ 的温度下，水会转化成冰。冰占据多孔电极内孔隙区域，造成电池输出性能不断下降。一般认为，当燃料电池催化层内升至 0 ℃ 以上时，催化层内的水不会再凝结成冰，已生成的冰也会逐渐融化，此时认为冷启动成功。反之，当燃料电池输出性能降为 0 时，电池内温度仍未升至 0 ℃ 以上，此时认为冷启动失败。如图 5－15 所示，在三种电流密度下，燃料电池冷启动均失败。模型计算结果与实验测试结果具有良好的一致性，可以认为模型具有一定的可靠性。

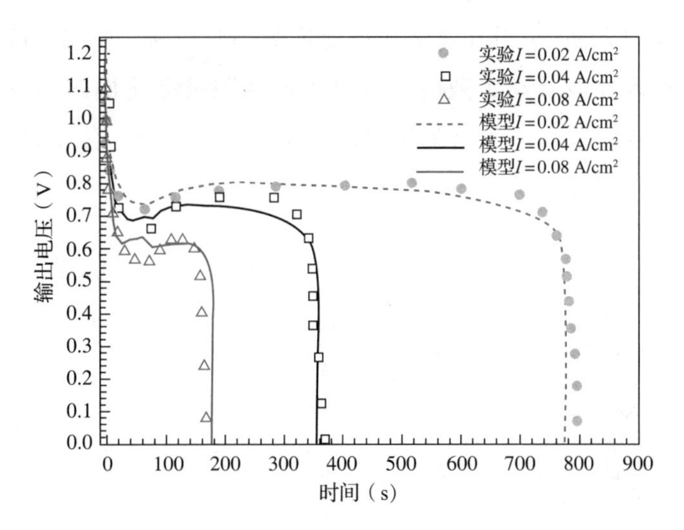

图 5-15　通过模型计算得到的燃料电池冷启动过程中输出电压结果与文献[17]中的实验结果对比

利用该模型对包含不同数量单片电池的电池堆冷启动过程进行比较，具体参数见表 5-12 和表 5-13。对由 1 片、3 片、5 片、10 片、12 片和 18 片单片电池构成的电池堆进行仿真计算。电池启动时的温度和电流密度分别为 -20 ℃和 0.1 A/cm^2。尽管以上 6 种电池堆均冷启动失败，即输出电压降为 0 时，电池温度仍未达到 0 ℃。但比较各电池在冷启动过程中的存活时间和冷启动失败时的电池温度仍有意义，即存活时间越长，失败时刻电池温度越高，电池离冷启动成功越接近。图 5-16 所示为包含不同单片电池数的电池堆在冷启动失败时的电池堆内温度分布。电池堆内温度分布趋势为位于中间的电池温度最高，更容易冷启动成功。而对于每个单片电池，最高温度也位于质子交换膜处。随着电池堆内单片电池数的增加，各单片电池间的温度也趋于

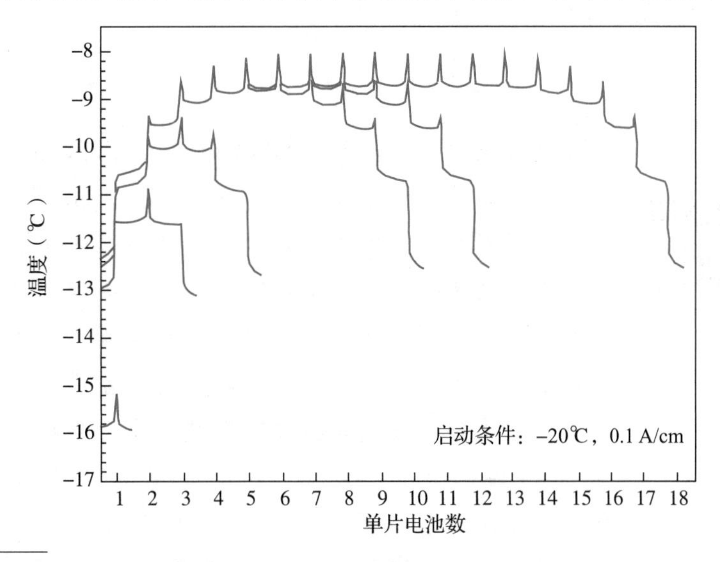

图 5-16　包含不同数量单片电池的电池堆在冷启动失败时的电池堆内温度分布

均匀。接下来，对包含20个单片电池的电池堆进一步分析。图5-17所示为包含20个单片电池的电池堆在冷启动失败时，各单片电池阴极催化层内冰体积分数的分布。总体而言，冰的体积分数与单片电池位置的分布规律相一致：位于最外侧的单片电池温度最低，因此冰体积分数最高；而位于中间的电池(第4～17片)的冰体积分数基本相同，说明其温度分布较为均匀。

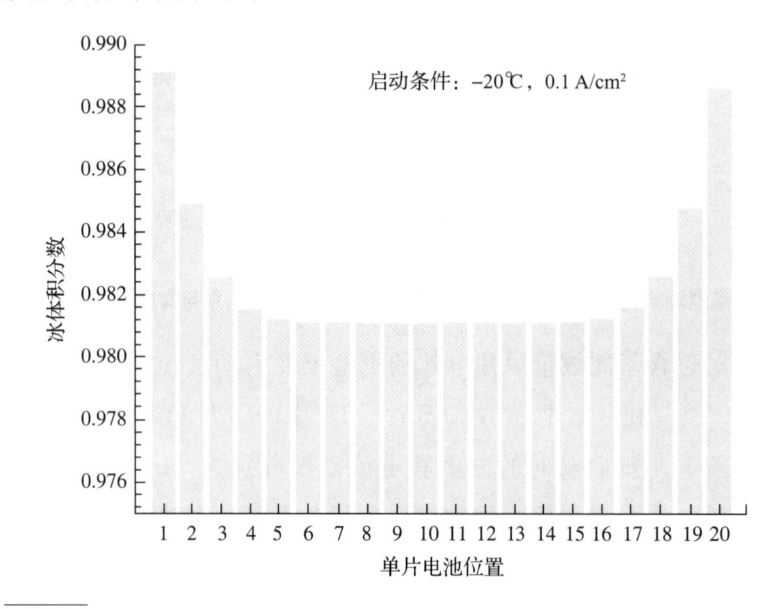

图5-17 **包含20个单片电池的电池堆在冷启动失败时，各片电池阴极催化层内冰的体积分数**

5.5 固体氧化物燃料电池解析模型

实例5-5 固体氧化物燃料电池解析模型

固体氧化物燃料电池(Solid Oxide Fuel Cell，SOFC)属于第三代燃料电池，是工作温度最高的燃料电池。其在中高温条件下将储存在燃料和氧化剂中的化学能高效环保地转化为电能，被普遍认为是未来会与质子交换膜燃料电池一样具有广阔应用前景的燃料电池。不同于其他类型的燃料电池，固体氧化物燃料电池在高温条件下运行，电极内部发生重整反应，从而可以利用天然气、生物合成气等各种碳氢燃料作为燃料，具有极高的燃料灵活性。近年来，以固体氧化物电解池(Solid Oxide Electrolysis Cell，SOEC)为基础的H_2O/CO共电解技术也受到了广泛关注。这种技术是固体氧化物燃料电池的逆过程，通过与整体煤气化发电技术结合，将 CO_2 和 H_2O 转化为合成气、烃类燃料并联产高纯 O_2，具有全固态和模块化结构、反应速率快、能量效率高以及成本低等优点，在 CO_2 转化和可再生清洁电能存储方面表现出极具潜力的应用前景。

值得注意的是，由于 SOFC 在极高的温度下运行，使得实验研究的成本较高且存在局限，仿真模拟成为了固体氧化物燃料电池研究的重要工具。在模拟研究中，以 CFD 技术为基础搭建的三维数值模型可以获知电池内部详细的传热传质过程及电化学反应耦合机理，但同时也存在着计算效率低，速度慢，不易收敛等的缺陷。在实际工程应用中，常常需要快速预测不同参数以及工况变化等对电池性能的影响，这时解析模型的高计算效率就体现出了巨大的优势。本实例介绍一种用于基于平板式固体氧化燃料电池的性能快速预测和参数筛选的解析模型[18-20]。

5.5.1　物理问题介绍

以阳极支撑型平板固体氧化物燃料电池为例，该电池在工作过程中，在阳极一侧持续通入燃料气，然后燃料气逐渐扩散至阳极的多孔介质内部，在阴极一侧通入过量空气或氧气，在阳极处具有催化作用的催化剂表面使 O_2 得到电子变成 O^{2-}。O^{2-} 在化学势的作用下通过电解质层传递到阳极，与燃料气体发生电化学反应，如图 5-18 所示。

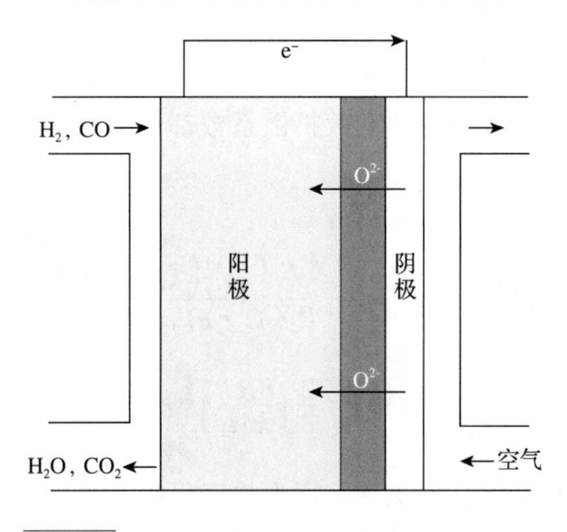

图 5-18　固体氧化物燃料电池工作过程示意图

5.5.2　解析模型建立

1. 多组分扩散

由于固体氧化物燃料电池在极高的温度下运行，多孔电极内部不存在多相流求解问题，对电极内部的多组分扩散过程进行求解是研究固体氧化物燃料电池解析模型的核心问题。目前，对于多孔介质内部扩散过程的求解一般基于三种理论：菲克扩散定律模型(Fick’s Law Model，FM)，Stefan-maxwell模型(Stefan-maxwell Model，SM)，和尘气模型(Dusty Gas Model，DGM)。FM是一种最简化的扩散方程求解模型，它的主要假设是组分净通量正比于组分的浓度梯度：

$$N_i = -\frac{PD_i^{\text{eff}}}{RT}\frac{\mathrm{d}X_i}{\mathrm{d}x} \tag{5-5-1}$$

式中：D_i^{eff} 为组分的有效扩散系数(m^2/s)；N_i 是组分通量[$mol/(m^2 \cdot s)$]；X_i 是摩尔分数；P 是总压强(Pa)；R 是理想气体常数；T 是温度(K)。

SM是一种最广泛应用于多组分扩散计算的模型，这种模型同时考虑了分子扩散和努森扩散对扩散过程的影响，其表达式为

$$\sum_{j\neq i}\frac{X_jN_i - X_iN_j}{D_{i,j}^{\text{eff}}} = -\frac{P}{RT}\frac{\mathrm{d}X_i}{\mathrm{d}x} \tag{5-5-2}$$

DGM是SM的扩展，与SM相比，DGM进一步考虑了气体分子与多孔介质表面的碰撞，该模型假设孔壁由在空间中均匀分布的大分子组成，这些假设的“尘埃”分子也会与真实的气体分子发生碰撞，从而导致产生努森扩散效应。尘气模型的一般形式为

$$\frac{N_i}{D_{\mathrm{K},i}^{\text{eff}}} + \sum_{j\neq i}\frac{X_jN_i - X_iN_j}{D_{i,j}^{\text{eff}}} = -\frac{P}{RT}\frac{\mathrm{d}X_i}{\mathrm{d}x} - \frac{X_i}{RT}\left(1 + \frac{1}{D_{\mathrm{K},i}^{\text{eff}}}\frac{B_0P}{\mu}\right)\frac{\mathrm{d}P}{\mathrm{d}x} \tag{5-5-3}$$

式中：B_0 是多孔介质的渗透率(m^2)；μ 代表混合气体的运动度($Pa \cdot s$)。

应当指出的是，上述三种模型的有效扩散系数都可用查普曼－恩斯科克(Chapman-Enskog)方程计算。

$$D_{i,j} = \frac{1.86\times10^{-3}\cdot T^{\frac{3}{2}}\cdot\left(\frac{1}{M_i}+\frac{1}{M_j}\right)^{\frac{1}{2}}}{P\cdot\Omega\cdot\sigma_{i,j}^2} \tag{5-5-4}$$

$$D_{\mathrm{K},i} = \frac{2}{3}\left(\frac{8RT}{\pi M_i}\right)^{\frac{1}{2}}\bar{r} \tag{5-5-5}$$

研究表明，在SOFC的多孔电极中，压力梯度很小，对流过程可以忽略。在本实例中，以H_2O、H_2以及CO_2作为阳极反应气，基于DGM，在电极内部压力恒定的条件下，各组分在电池阳极的扩散方程如下：

$$\frac{N_{\mathrm{H_2}}}{D_{\mathrm{K,H_2}}^{\text{eff}}} + \frac{X_{\mathrm{CO_2}}N_{\mathrm{H_2}} - X_{\mathrm{H_2}}N_{\mathrm{CO_2}}}{D_{\mathrm{H_2,CO_2}}^{\text{eff}}} + \frac{X_{\mathrm{H_2O}}N_{\mathrm{H_2}} - X_{\mathrm{H_2}}N_{\mathrm{H_2O}}}{D_{\mathrm{H_2,H_2O}}^{\text{eff}}} = -\frac{P}{RT}\frac{\mathrm{d}X_{H_2}}{\mathrm{d}x} \tag{5-5-6}$$

$$\frac{N_{H_2O}}{D_{K,H_2O}^{eff}}+\frac{X_{CO_2}N_{H_2O}-X_{H_2O}N_{CO_2}}{D_{H_2O,CO_2}^{eff}}+\frac{X_{H_2}N_{H_2O}-X_{H_2O}N_{H_2}}{D_{H_2,H_2O}^{eff}}=-\frac{P}{RT}\frac{dX_{H_2O}}{dx}\quad(5-5-7)$$

$$\frac{N_{CO_2}}{D_{K,CO_2}^{eff}}+\frac{X_{H_2}N_{CO_2}-X_{CO_2}N_{H_2}}{D_{CO_2,H_2}^{eff}}+\frac{X_{H_2O}N_{CO_2}-X_{CO_2}N_{H_2O}}{D_{CO_2,H_2O}^{eff}}=-\frac{P}{RT}\frac{dX_{CO_2}}{dx}\quad(5-5-8)$$

将上述三式联立求解可得：

$$X_{CO_2}(x)=X_{CO_2}^0\exp\left[\frac{RTI}{2FP}\left(\frac{1}{D_{H_2,CO_2}^{eff}}-\frac{1}{D_{H_2O,CO_2}^{eff}}\right)x\right]\quad(5-5-9)$$

$$X_{H_2}(x)=X_{H_2}^0-\frac{RTI}{2FP}\left(\frac{1}{D_{K,H_2}^{eff}}+\frac{1}{D_{H_2,H_2O}^{eff}}\right)x-\left(\frac{(D_{H_2,H_2O}^{eff}-D_{H_2,CO_2}^{eff})D_{CO_2,H_2O}^{eff}}{(D_{CO_2,H_2O}^{eff}-D_{H_2,CO_2}^{eff})D_{H_2,H_2O}^{eff}}\right)X_{CO_2}^0\times\left\{\exp\left[\frac{RTI}{2FP}\left(\frac{1}{D_{H_2,CO_2}^{eff}}-\frac{1}{D_{CO_2,H_2O}^{eff}}\right)x\right]-1\right\}\quad(5-5-10)$$

$$X_{H_2O}(x)=X_{H_2O}^0+\frac{RTI}{2FP}\left(\frac{1}{D_{K,H_2O}^{eff}}+\frac{1}{D_{H_2,H_2O}^{eff}}\right)x+\left(\frac{(D_{H_2,H_2O}^{eff}-D_{H_2O,CO_2}^{eff})D_{CO_2,H_2}^{eff}}{(D_{CO_2,H_2O}^{eff}-D_{H_2,CO_2}^{eff})D_{H_2,H_2O}^{eff}}\right)X_{CO_2}^0\times\left\{\exp\left[\frac{RTI}{2FP}\left(\frac{1}{D_{H_2,CO_2}^{eff}}-\frac{1}{D_{CO_2,H_2O}^{eff}}\right)x\right]-1\right\}\quad(5-5-11)$$

在电池的阴极通入空气，阴极的气体扩散为传统的二元扩散，其模型计算相比阳极要更容易。其中氧气的扩散控制方程为

$$\frac{N_{O_2}}{D_{K,O_2}^{eff}}+\frac{X_{N_2}N_{O_2}-X_{O_2}N_{N_2}}{D_{O_2,N_2}^{eff}}=-\frac{P}{RT}\frac{dX_{O_2}}{dx}\quad(5-5-12)$$

$$X_{N_2}+X_{O_2}=1\quad(5-5-13)$$

从而有：

$$X_{O_2}(x)=X_{O_2}^0-\frac{RTI}{4FP}\left(\frac{1}{D_{K,O_2}^{eff}}+\frac{1}{D_{O_2,N_2}^{eff}}\right)x\quad(5-5-14)$$

$$X_{N_2}(x)=1-X_{O_2}\quad(5-5-15)$$

当 $x=l_a$，l_c(m)时，容易求得电解质与阴、阳极多孔层界面处的摩尔分数 $X_{O_2}(l_c)$，

$X_{H_2}(l_a)$和 $X_{H_2O}(l_a)$。从而阴、阳极浓差极化分别为

$$\eta_{con}^{a}=-\frac{RT}{2F}\ln\left(\frac{X_{H_2}(l_a)X_{H_2O}^{0}}{X_{H_2}^{0}X_{H_2O}(l_a)}\right) \tag{5-5-16}$$

$$\eta_{con}^{c}=-\frac{RT}{4F}\ln\left(\frac{X_{O_2}(l_c)}{X_{O_2}^{0}}\right) \tag{5-5-17}$$

2. 电化学模型

(1)可逆电压

电池可逆电压 E_r(V)是电池在热力学平衡状态下的电压，可由能斯特方程计算得到，表达式为

$$E_r=1.253-2.4516\times10^{-4}T-\frac{RT}{2F}\ln\left(\frac{X_{H_2O}^{0}}{X_{H_2}^{0}(X_{O_2}^{0})^{0.5}}\right) \tag{5-5-18}$$

(2)欧姆损失

欧姆损失 η_{ohm}(V)依据欧姆定律求出，表达式为

$$\eta_{ohm}=(R_a+R_{ele}+R_c)I \tag{5-5-19}$$

式中：R_a、R_{ele}、R_c 分别为阳极、内部、阴极电阻；I 为电流。

(3)活化损失

活化损失是燃料电池发生电化学反应的动力，巴特勒－沃尔默(Bulter-Volmer)方程中给出了活化损失与反应速率的关系：

$$J_{\frac{a}{c}}=i_{0,\frac{a}{c}}\lambda_{tpb,\frac{a}{c}}^{eff}\left[\exp\left(\frac{2\beta F\eta_{act,\frac{a}{c}}}{RT}\right)-\exp\left(\frac{2(1-\beta)F\eta_{act,\frac{a}{c}}}{RT}\right)\right] \tag{5-5-20}$$

式中：λ_{tpb}^{eff}为有效反应界面长度(m^2/m^3)；i_0 为交换电流密度(A/m^2)。

$$i_{0,a}=k_{0,a}\left(\frac{X_{H_2}}{X_{H_2}^{0}}\right)^{\gamma_{H_2}}\left(\frac{X_{H_2O}}{X_{H_2O}^{0}}\right)^{\gamma_{H_2O}}\exp\left[-\frac{E_{act,a}}{R}\left(\frac{1}{T}-\frac{1}{T_{ref}}\right)\right] \tag{5-5-21}$$

$$i_{0,c}=k_{0,c}\left(\frac{X_{O_2}}{X_{O_2}^{0}}\right)^{\gamma_{O_2}}\exp\left[-\frac{E_{act,c}}{R}\left(\frac{1}{T}-\frac{1}{T_{ref}}\right)\right] \tag{5-5-22}$$

对于电极内部的电荷传输过程，在一维模型中常常采用简化版的塔菲尔公式来描述工作电流和活化损失之间的关系，但是简化版的塔菲尔公式的应用存在局限(高电流密度)，不适用于所有的工况。在本实例中，根据巴特勒－沃尔默方程和电子、离子电势守恒方程，并结合电势的边界条件，推导出了活化过电势与电流密度的关系式。以阳极为例，电

子电势与离子电势的守恒方程为如下。

电子电势为

$$\nabla(\sigma_{e^-}^{eff}\varphi_{e^-})-J_i=0 \tag{5-5-23}$$

离子电势为

$$\nabla(\sigma_{O^{2-}}^{eff}\varphi_{O^{2-}})+J_i=0 \tag{5-5-24}$$

由以上两式易推出：

$$\frac{d^2\eta_{act}}{dx^2}=A\sinh\left(\frac{\alpha nF}{RT}\eta_{act}\right) \tag{5-5-25}$$

$$\boldsymbol{A}=\left(\frac{\sigma_{e^-}+\sigma_{O^{2-}}}{\sigma_{e^-}\sigma_{O^{2-}}}\right)i_0^a\lambda_{tpb}^{eff} \tag{5-5-26}$$

为简化计算，对参数进行无量纲化，过程为

$$X=\frac{x}{l_a} \tag{5-5-27}$$

$$\overline{\eta}_{act}=\frac{\alpha nF}{RT}\eta_{act} \tag{5-5-28}$$

从而：

$$\frac{d^2\overline{\eta}_{act}}{dX^2}=\lambda\sinh\overline{\eta}_{act} \tag{5-5-29}$$

$$\lambda=\frac{2\alpha nFl_a^2}{RT}\left(\frac{\sigma_{e^-}+\sigma_{O^{2-}}}{\sigma_{e^-}\sigma_{O^{2-}}}\right)i_0^a\lambda_{tpb}^{eff} \tag{5-5-30}$$

如果将 $x=l_a$ 处的电势视为参考电势，从而可得以下边界条件：

$$\begin{cases}\dfrac{d\overline{\eta}_{act}}{dX}=0,\quad x=l_a\\ \overline{\eta}_{act}=0,\quad x=l_a\end{cases} \tag{5-5-31}$$

对式(5-5-29)积分并带入边界条件可得：

$$\left(\frac{d\overline{\eta}_{act}}{dX}\right)^2=2\kappa[\cosh\overline{\eta}_{act}-1] \tag{5-5-32}$$

在 $x=0$ 处，

$$\sigma_{O^{2-}}^{eff}\frac{d\varphi_{O^{2-}}}{dx}=J_i \tag{5-5-33}$$

从而可以依据工作电流得到活化损失的精确解，公式为

$$J_i=\frac{RT\sigma_{O^{2-}}^{eff}}{\alpha nFl_a}\sqrt{2\kappa[\cosh(\overline{\eta}_{act})-1]} \tag{5-5-34}$$

也可以反求出电池阳极活化电压(活化损失)的精确解，公式为

$$\eta_{act}^{a}=\frac{RT}{2\alpha F}\cosh^{-1}\left[\frac{I^2}{4\sigma_{O^{2-}}^{eff2}\left(\frac{RT}{2\alpha F}\right)\left(\frac{\sigma_{e^-}^{eff}+\sigma_{O^-}^{eff}}{\sigma_{e^-}^{eff}\sigma_{O^-}^{eff}}\right)i_0^a\lambda_{tpb}^{eff}}+1\right] \tag{5-5-35}$$

同理，易得阴极的活化损失为

$$\eta_{act}^{c}=\frac{RT}{4\alpha F}\cosh^{-1}\left[\frac{I^2}{4\sigma_{O^{2-}}^{eff2}\left(\frac{RT}{4\alpha F}\right)\left(\frac{\sigma_{e^-}^{eff}+\sigma_{O^{2-}}^{eff}}{\sigma_{e}^{eff}\sigma_{O^{2-}}^{eff}}\right)i_0^c\lambda_{tpb}^{eff}}+1\right] \tag{5-5-36}$$

基于以上分析，电池的输出电压为

$$V_{out}=E_r-\eta_{ohm}-\eta_{act}^{a}-\eta_{act}^{c}-\eta_{con}^{a}-\eta_{con}^{c} \tag{5-5-37}$$

以上过程均不涉及任何数值求解方式，所有控制方程均给出了其解析解，通过给定的工况可以直接预测电池性能，因而其具有广泛的适用性。

5.5.3 计算结果分析

模拟结果与实验结果的对比如图 5－19 所示，可以看到模拟结果与实验结果在不同工作温度下(1 023 K，1 073 K，1 123 K)吻合良好，模型可信。

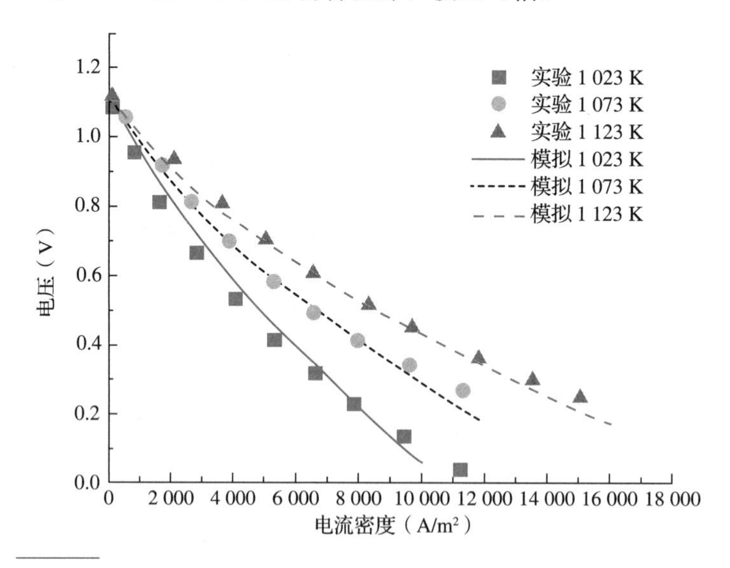

图 5－19　不同工作温度下模拟计算结果与文献[21]中实验结果的对比

基于解析模型，经过简单计算就可以获得电池在稳态过程中的性能变化过程，同时可以依据模型给出不同工况下和操作条件下垂直极板方向的组分分布情况，如图 5－20所示。由于本解析模型给出了一种精确求解活化损失的方法，从而也容易得到电池工作过程中阴阳极活化损失随电流密度的变化情况，结果如图 5－21 所示。

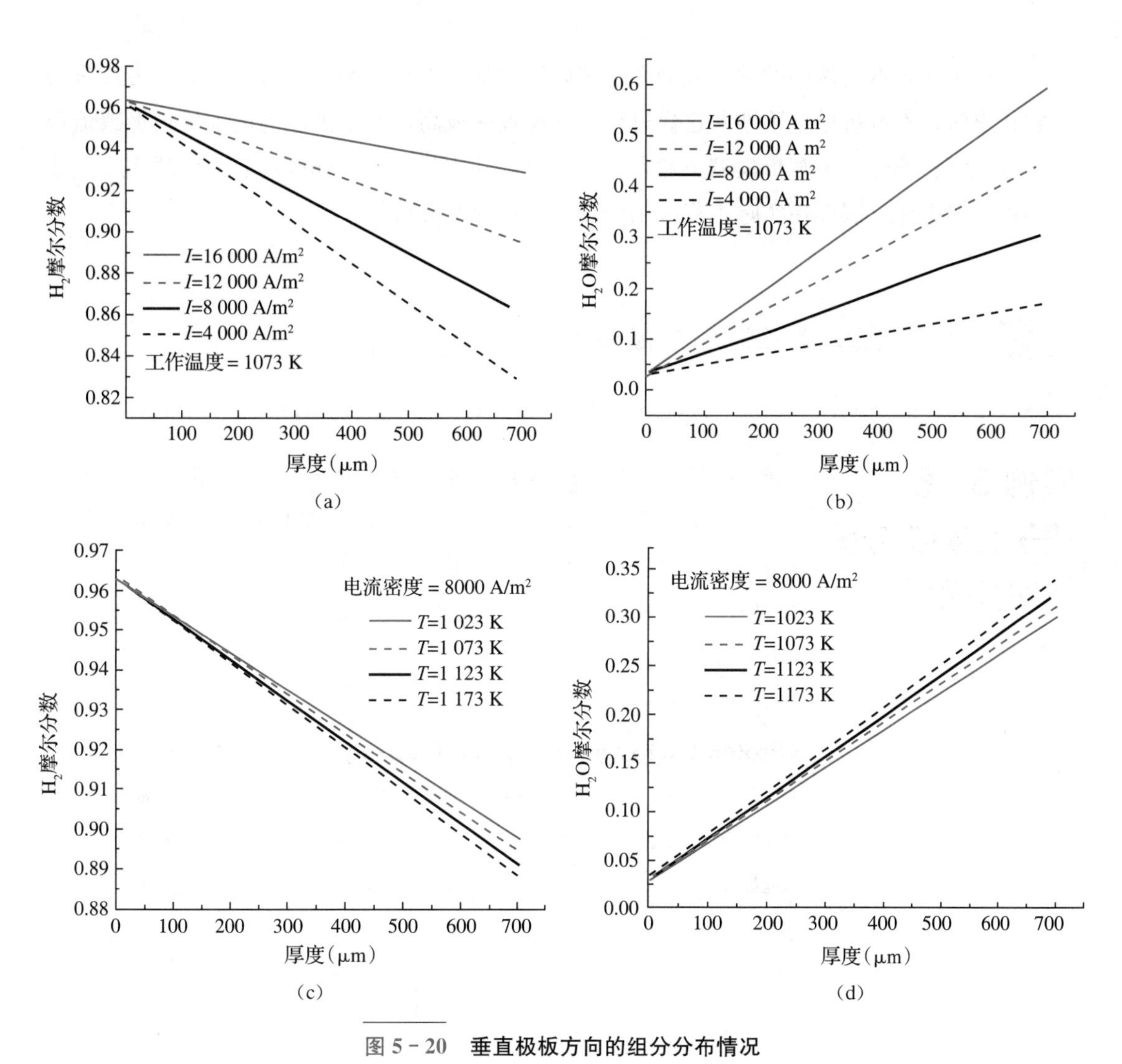

图 5-20　垂直极板方向的组分分布情况

(a)H_2，工作温度相同　(b)H_2O，工作温度相同　(c)H_2，电流密度相同　(d)H_2O，电流密度相同

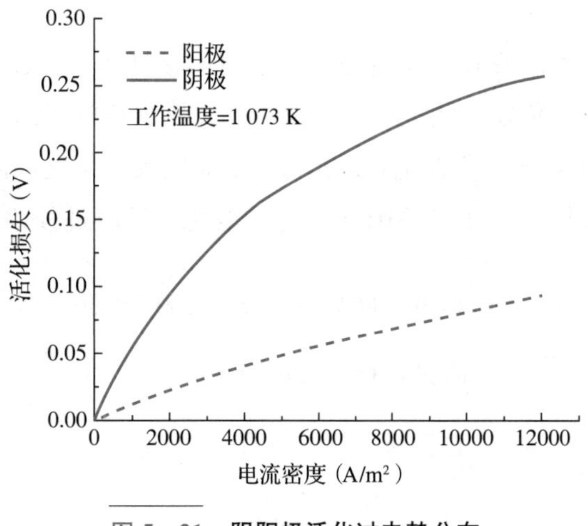

图 5-21　阴阳极活化过电势分布

总体来说，本实例中的解析模型在合理假设的基础上，对 SOFC 涉及的微分方程进行了解析求解；本解析模型不涉及迭代过程，计算效率极高，易于扩展为电池堆模型或流道内传输模型；此外，本解析模型虽然是基于 SOFC 建立的，但稍作改动后也可适用于其他类型的燃料电池，因而在实际工程应用中具有很高的参考价值。

5.6 质子交换膜电解池解析模型

实例 5－6 质子交换膜电解池解析模型

氢气是一种无碳的燃料，可应用于燃料电池发电或直接用于燃烧等。广泛利用氢气燃料被视为减少碳排放、实现碳中和的重要方式。电解水制氢是一种重要的制氢方式，其优势在于制取的氢气纯度高，与其他可再生能源兼容度高。可再生能源(太阳能、风能、水能等)发电与电解水制氢联合，能够实现可再生能源到氢能的过程无碳、污染物排放。质子交换膜电解池(Proton Exchange Membrane Electrolyzer，PEME)近年来受到广泛关注[22]。与传统的碱性电解池相比，其具有更简单和更紧凑的结构，对于具有良好质子电导率的固体聚合物膜，离子传输阻力更低，进而可以提升工作电流密度，提升装置的整体效率。通过建立 PEME 解析模型，可以对不同输入电压及操作工况下的电流密度(制氢效率)进行预测。本实例建立 PEME 解析模型[23]。

5.6.1 物理问题介绍

如图 5－22 所示，PEME 在制氢过程中，水由阳极通入，经由电化学反应生成氧气、质子和电子。质子通过膜传输到阴极，同时电子在外界驱动电压的作用下，经外电路移动至阴极。在阴极内，质子与电子结合生成氢气。阳极生成的氧气和阴极生成的氢气，经由多孔电极传输至流道并排出。在 PEME 中发生的电化学反应过程如下。

阳极：$H_2O \rightarrow \frac{1}{2}O_2 + 2H^+ + 2e^-$

阴极：$H^+ + 2e^- \rightarrow H_2$

总反应：$H_2O \rightarrow H_2 + \frac{1}{2}O_2$

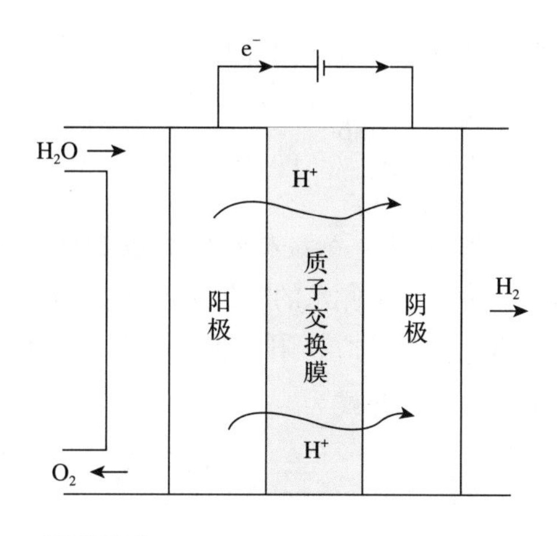

图 5-22 **PEME 示意图及基本工作原理**

5.6.2 解析模型建立

1. 质量传输

本解析模型中假设 PEME 工作状态为稳定状态，由此建立各组分的守恒方程。

阳极内氧气的表达式为

$$n_{O_2} = \frac{I}{4F} \tag{5-6-1}$$

阳极内水的表达式为

$$n_{H_2O}^{ano} = n_{H_2O}^{mem} + \frac{I}{2F} \tag{5-6-2}$$

阴极内氢气的表达式为

$$n_{H_2} = \frac{I}{2F} \tag{5-6-3}$$

阴极内水的表达式为

$$n_{H_2O}^{cat} = n_{H_2O}^{mem} \tag{5-6-4}$$

式中：n_{O_2} 为阳极内氧气流量[mol/(m^2 · s)]；I 为电流密度(A/m^2)；F 为法拉第常数F = 96 485 C/mol；$n_{H_2O}^{ano}$为阳极内水流量[mol/(m^2 · s)]；$n_{H_2O}^{mem}$为水的跨膜流量[mol/(m^2 · s)]；n_{H_2} 为阴极内氢气流量[mol/(m^2 · s)]；$n_{H_2O}^{cat}$为阴极内水流量[mol/(m^2 · s)]。

水的跨膜传输过程包括扩散过程、电渗拖拽过程和液压渗透过程，即：

$$n_{H_2O}^{mem} = n_{H_2O}^{diff} + n_{H_2O}^{EOD} - n_{H_2O}^{hp} \tag{5-6-5}$$

式中：$n_{H_2O}^{diff}$为由扩散作用从阳极跨膜到阴极的水流量[mol/(m^2 · s)]；$n_{H_2O}^{EOD}$为由电渗拖拽作用从阳极跨膜到阴极的水流量[mol/(m^2 · s)]；$n_{H_2O}^{hp}$为压力差产生的液压渗透作用造成的跨膜水流量，由于 PEME 常用操作条件为阴极超高压，因此方向一般为阴极到阳极。

扩散作用造成的跨膜水流量可由菲克定律计算，公式为

$$n_{H_2O}^{diff} = \frac{D_{H_2O}^{mem}}{\delta_{mem}}(c_{H_2O,mem}^{cat} - c_{H_2O,mem}^{ano}) \tag{5-6-6}$$

式中：$D_{H_2O}^{mem}$为水在膜中的扩散率(m^2/s)；δ_{mem}为质子交换膜厚度(m)；$c_{H_2O,mem}^{cat}$为膜阴极侧水的摩尔浓度(mol/m^3)；$c_{H_2O,mem}^{ano}$为膜阳极侧水的摩尔浓度(mol/m^3)。

考虑到PEME两侧均发生电化学反应，阳极侧消耗水，阴极侧为水排出的过程，可由菲克定律计算膜两侧水的摩尔浓度，公式为

$$c_{H_2O,mem}^{ano} = c_{H_2O,ch}^{ano} - \frac{\delta_e^{ano} n_{H_2O}^{ano}}{D_{H_2O}^{an}} \tag{5-6-7}$$

$$c_{H_2O,mem}^{cat} = c_{H_2O,ch}^{cat} + \frac{\delta_e^{cat} n_{H_2O}^{cat}}{D_{H_2O}^{cat}} \tag{5-6-8}$$

$$c_{H_2O,ch}^{ano} = c_{H_2O,ch}^{cat} = \frac{\rho_{H_2O} T}{M_{H_2O}} \tag{5-6-9}$$

式中：$c_{H_2O,ch}^{ano}$为阳极流道内水的摩尔浓度(mol/m^3)；δ_e^{ano}为阳极电极厚度(m)；$D_{H_2O}^{ano}$为阳极电极内水的有效扩散率(m^2/s)；$c_{H_2O,ch}^{cat}$为阴极流道内水的摩尔浓度(mol/m^3)；δ_e^{cat}为阴极电极厚度(m)；$D_{H_2O}^{cat}$为阴极电极内水的有效扩散率(m^2/s)；ρ_{H_2O}为水的密度$\rho_{H_2O}=1\ 000\ kg/m^3$；$T$为温度(K)；$M_{H_2O}$为水的相对分子质量(kg/mol)。

电极内水蒸气有效扩散率可由布鲁格曼(Bruggemann)方程修正求得：

$$D_{H_2O}^{eff} = \varepsilon^{1.5} D_{H_2O} \tag{5-6-10}$$

$$D_{H_2O} = 2.982 \times 10^{-5}\left(\frac{T}{333.15}\right)^{1.5} \tag{5-6-11}$$

式中：ε为多孔电极介质的孔隙率；D_{H_2O}为水蒸气的体扩散率(m^2/s)。

由电渗拖拽作用从阳极跨膜到阴极的水流量为

$$n_{H_2O}^{EOD} = \frac{n_d I}{F} \tag{5-6-12}$$

式中：n_d为电渗拖拽系数。

由液压渗透作用产生的跨膜水流量可由达西定律计算，公式为

$$n_{H_2O}^{hp} = \frac{K_{mem}\rho_{H_2O}(p^{cat} - p^{ano})}{\delta_{mem}\mu_{H_2O}M_{H_2O}} \tag{5-6-13}$$

式中：K_{mem}为质子交换膜的渗透率(m^2)；p^{cat}为阴极压强(Pa)；p^{ano}为阳极压强(Pa)；μ_{H_2O}为水的动力黏度[kg/(m·s)]。

将式(5-6-6)至式(5-6-13)带入式(5-6-5)得：

$$n_{H_2O}^{mem} = \frac{D_{H_2O}^{mem}}{\delta_{mem}}\left(\frac{\delta_e^{cat} n_{H_2O}^{cat}}{D_{H_2O}^{cat}} + \frac{\delta_e^{ano} n_{H_2O}^{ano}}{D_{H_2O}^{ano}}\right) + \frac{n_d I}{F} - \frac{K_{mem}\rho_{H_2O}(p^{cat} - p^{ano})}{\delta_{mem}\mu_{H_2O} M_{H_2O}} \quad (5-6-14)$$

联立式(5－6－1)至式(5－6－4)及式(5－6－14)即可求得 n_{O_2}，$n_{H_2O}^{ano}$，n_{H_2} 及 $n_{H_2O}^{cat}$。

阳极内氧气及水的摩尔分数分别为

$$X_{O_2} = \frac{n_{O_2}}{n_{O_2} + n_{H_2O}^{ano}} \quad (5-6-15)$$

$$X_{H_2O}^{ano} = \frac{n_{H_2O}^{ano}}{n_{O_2} + n_{H_2O}^{ano}} \quad (5-6-16)$$

阴极内氢气及水的摩尔分数分别为

$$X_{H_2} = \frac{n_{H_2}}{n_{H_2} + n_{H_2O}^{cat}} \quad (5-6-17)$$

$$X_{H_2O}^{cat} = \frac{n_{H_2O}^{cat}}{n_{H_2} + n_{H_2O}^{cat}} \quad (5-6-18)$$

2. 电化学模型

电解池处于恒电流条件下工作时，所需的操作电压包含可逆电压与各项损失之和，表达式为

$$V = V_{oc} + V_{act} + V_{ohm} + V_{con} \quad (5-6-19)$$

式中：V 为操作电压(V)；V_{oc} 为可逆电压(V)；V_{act} 为活化损失(V)；V_{ohm} 为欧姆损失(V)；V_{con} 为传质损失(V)。

可逆电压由包含温度修正的能斯特方程求得：

$$V_{oc} = 1.229 - 0.9 \times 10^{-3}(T - 298) + \frac{RT}{2F}\left[\ln\left(\frac{p_{H_2}\sqrt{p_{O_2}}}{a_{H_2O}}\right)\right] \quad (5-6-20)$$

式中：a_{H_2O} 为水活度，对于液态水，其值为 1。

活化损失是由反应动力学造成的电压损失，包含阳极活化损失和阴极活化损失。

$$V_{act} = V_{act}^{ano} + V_{act}^{cat} \quad (5-6-21)$$

$$V_{act}^{ano} = \frac{RT}{\alpha_{ano} F}\text{arcsinh}\left(\frac{I}{2I_{0,ano}}\right) \quad (5-6-22)$$

$$V_{act}^{cat} = \frac{RT}{\alpha_{cat} F}\text{arcsinh}\left(\frac{I}{2I_{0,cat}}\right) \quad (5-6-23)$$

式中：$I_{0,ano}$ 为阳极参考交换电流密度(A/m^2)；$I_{0,cat}$ 为阴极参考交换电流密度(A/m^2)。

欧姆损失主要是质子穿过质子交换膜和电子穿过多孔电极造成的电压损失，表达式为

$$V_{ohm} = \left(\frac{\delta_{mem}}{\sigma_{mem}} + \frac{\delta_e^{ano}}{\sigma_{ano}} + + \frac{\delta_e^{cat}}{\sigma_{cat}}\right) I \quad (5-6-24)$$

式中：σ_{mem}为质子交换膜的质子电导率(S/m)；σ_{ano}为阳极电极的电子电导率(S/m)；σ_{cat}为阴极电极的电子电导率(S/m)。

质子电导率的计算公式为

$$\sigma_{\text{mem}} = (0.5139\lambda - 0.326)\exp\left[1268\left(\frac{1}{303} - \frac{1}{T}\right)\right] \tag{5-6-25}$$

传质损失是由反应物传入和生成物排出造成的电压损失。在 PEME 中，生成物为水，对于液态水活度为 1.0，因此仅考虑生成物氧气和氢气排出过程造成的电压损失。总传质损失和阴阳极传质损失的计算公式为

$$V_{\text{con}} = V_{\text{con}}^{\text{ano}} + V_{\text{con}}^{\text{cat}} \tag{5-6-26}$$

$$V_{\text{con}}^{\text{ano}} = \frac{RT}{4F}\ln\frac{c_{O_2}^{\text{mem}}}{c_{O_2,0}^{\text{mem}}} \tag{5-6-27}$$

$$V_{\text{con}}^{\text{cat}} = \frac{RT}{2F}\ln\frac{c_{H_2}^{\text{mem}}}{c_{H_2,0}^{\text{mem}}} \tag{5-6-28}$$

式中：$c_{O_2}^{\text{mem}}$为质子交换膜与阳极电极交界处的氧气浓度(mol/m^3)；$c_{O_2,0}^{\text{mem}}$为氧气的参考浓度(mol/m^3)；$c_{H_2}^{\text{mem}}$为质子交换膜与阴极电极交界处的氢气浓度(mol/m^3)；$c_{H_2,0}^{\text{mem}}$为氢气的参考浓度(mol/m^3)。

质子交换膜与电极交界处生成物气体浓度可由菲克定律求得，计算公式为

$$c_{O_2}^{\text{mem}} = \frac{p_{\text{ano}}X_{O_2}}{RT} + \frac{\delta_{e}^{\text{ano}} n_{O_2}}{D_{O_2}} \tag{5-6-29}$$

$$c_{H_2}^{\text{mem}} = \frac{p_{\text{cat}}X_{H_2}}{RT} + \frac{\delta_{e}^{\text{cat}} n_{H_2}}{D_{H_2}} \tag{5-6-30}$$

式中：$D_{O_2}^{\text{eff}}$为电极内氧气的有效扩散率(m^2/s)；$D_{H_2}^{\text{eff}}$为电极内氢气的有效扩散率(m^2/s)。二者的计算公式为

$$D_{H_2}^{\text{eff}} = \varepsilon^{1.5} D_{H_2} \tag{5-6-31}$$

$$D_{H_2} = 1.055\times10^{-4}\left(\frac{T}{333.15}\right)^{1.5} \tag{5-6-32}$$

$$D_{O_2}^{\text{eff}} = \varepsilon^{1.5} D_{O_2} \tag{5-6-33}$$

$$D_{O_2} = 2.652\times10^{-5}\left(\frac{T}{333.15}\right)^{1.5} \tag{5-6-34}$$

式中：D_{H_2}为氢气的体扩散率(m^2/s)；D_{O_2}为氧气的体扩散率(m^2/s)。

将式(5-6-20)、式(5-6-21)、式(5-6-24)、式(5-6-26)带入式(5-6-19)，即可求得操作电压。

5.6.3 计算结果分析

由上述建模过程，可以计算电解池在不同工况下运行时的电流密度与所需输入电压间的关系，即极化曲线，具体参数见表 5－14。图 5－23 所示为不同温度下(40 ℃、50 ℃、60 ℃)电解池电流密度与输入电压间的关系。随着温度升高，反应动力学有所改善，活化损失降低，电解池在相同电流密度下所需的电压降低。图 5－24 所示为不同阴极压强下(1 MPa、4 MPa、7 MPa)电解池电流密度与输入电压间关系。增加阴极压强也增加了阴极制备氢气的浓度，但同时也增大了阴极的传质损失，导致电解池在相同电流密度下所需的电压增大。

表 5－14 PEME 模型参数

参数	数值
阳极进气压强(MPa)	0.1
质子交换膜厚度(μm)	254
电极厚度(μm)	300
电极孔隙率	0.3
膜水含量	21
膜水扩散率(m^2/s)	1.28×10^{-10}
电渗拖拽系数	7
水的动力黏度[kg/(m·s)]	1.01
膜渗透率(m^2)	2.0×10^{-18}
电子在电极的电导率(S/m)	200
阳极参考交换电流密度(A/cm^2)	1.0
阴极参考交换电流密度(A/cm^2)	8.0×10^3
阳极电化学反应交换系数	1.0
阴极电化学反应交换系数	0.1

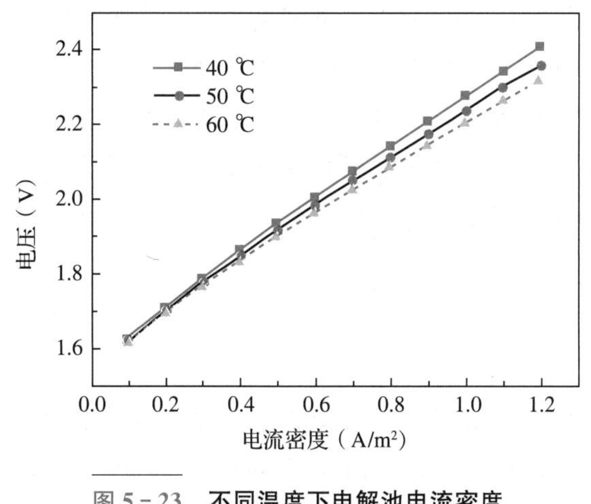

图 5－23 不同温度下电解池电流密度与输入电压间关系

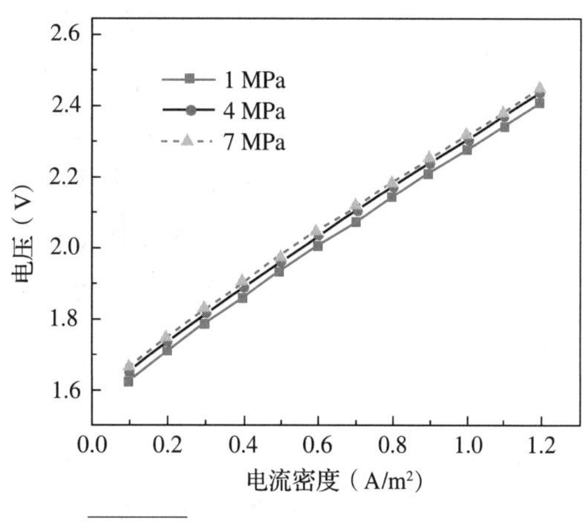

图 5－24 不同阴极压强下电解池电流密度与输入电压间关系

5.7 太阳能塔式发电空气接收器解析模型

实例 5-7 太阳能塔式发电空气接收器解析模型

太阳能既是一次能源，也是可再生能源，其极其丰富，可谓是取之不尽、用之不竭。太阳能随处可见，可用于就近发电，避免了长距离输电导致的损失，且利用太阳能发电无需燃料，因而成本很低，且发电装置维护简单，特别适合无人值守情况下使用。太阳能发电过程中不产生任何污染物，因此其是理想的清洁能源。在当今“实现碳中和”这一背景下，太阳能将成为各国能源结构中的重要组成部分。

太阳能塔式发电是重要的大型太阳能发电方式，其装置主要由聚光子系统、集热子系统、蓄热子系统、发电子系统等部分组成。其工作过程首先是利用许多大型太阳能反光镜，将太阳光反射集中到一个高塔顶部的接收器上，这些反光镜通常又被称为定日镜，每台都配有跟踪装置，从而保证能精准地将太阳光反射到接收器上；接收器的聚光倍率可达 1 000 倍，其可高效地将太阳能转换为热能，并将热能传递给工质；高温工质经过蓄热环节，再输入热动力机，膨胀做功，带动发电机发电，最后以电能的形式输出。太阳能塔式发电装置与传统化石能源发电装置相比，最大的区别在于太阳能发电中的接收器。传统化石能源发电可以利用锅炉燃烧将化石能源的化学能转化为热能，其热载量是时刻可控的；而太阳能发电由于太阳的移动以及复杂的天气条件，从而很难控制接收器中的热载量。因此，接收器是太阳能塔式发电中的重要装置。

接收器中的工质包括水及水蒸气、熔融盐、液态金属和空气等，其中空气作为工质成本更低、传热过程较高效，从而被广泛使用。碳化硅泡沫陶瓷作为一种耐高温的多孔材料，是最有潜力的空气接收器材料。本实例中，将利用一维解析模型分析接收器与空气之间的热传输过程[24]。

5.7.1 物理问题介绍

图 5-25 为太阳能塔式发电系统的空气接收器示意图。太阳光经过二次聚光器的再次聚光后，太阳能在接收器中的碳化硅泡沫陶瓷材料中转化为热能；在风扇的作用下，外侧的空气通过泡沫陶瓷材料，将热能传递给空气。在本实例中，假设太阳能可以均匀地辐射

到泡沫陶瓷表面，忽略接收器的辐射损失和接收器的径向导热，只考虑沿气体流动方向的一维热传导，并且假定接收器是绝热的，忽略其与周围环境之间的热交换。

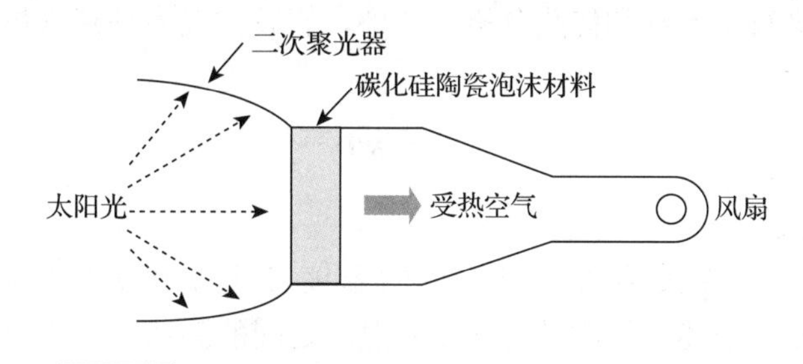

图 5－25　太阳能塔式发电系统的空气接收器示意图

5.7.2　解析模型建立

首先对接收器中固体和气体分别进行传热分析。对于固体(碳化硅泡沫陶瓷)，其能量守恒方程为

$$\rho_s c_{ps}(1-\varepsilon)\frac{\partial T_s}{\partial t}=\lambda_s\frac{\partial^2 T_s}{\partial x^2}-hA(T_s-T_f)+S(1-\varepsilon) \tag{5-7-1}$$

而对于气体(空气)，其能量守恒方程为

$$\rho_f c_{pf}\varepsilon\frac{\partial T_f}{\partial t}+\rho_f c_{pf}u_f\varepsilon\frac{\partial T_f}{\partial x}=\lambda_f\frac{\partial^2 T_f}{\partial x^2}+hA(T_s-T_f) \tag{5-7-2}$$

式中：ρ_s、c_{ps}分别是泡沫陶瓷材料的密度和比定压热容；ρ_f、c_{pf}是空气的密度和比定压热容；ε 为泡沫陶瓷材料的孔隙率；T_s、T_f 分别为泡沫陶瓷和空气的温度；u_f 为空气的流速；λ_s、λ_f 分别为泡沫陶瓷和空气的导热系数；h、A 分别为泡沫陶瓷与空气之间的表面传热系数和接触面积；S 为热源项。

考虑一维稳态的传热过程，综合式(5－7－1)和式(5－7－2)，可以得到

$$\rho_f c_{pf}u_f\varepsilon\frac{\partial T_f}{\partial x}=\lambda_f\frac{\partial^2 T_f}{\partial x^2}+\lambda_s\frac{\partial^2 T_s}{\partial x^2}+S(1-\varepsilon) \tag{5-7-3}$$

如果进一步假设导热过程可以被忽略，可以进一步将式(5－7－3)简化为

$$\rho_f c_{pf}u_f\varepsilon\frac{\partial T_f}{\partial x}=S(1-\varepsilon) \tag{5-7-4}$$

利用达西定律来描述空气在泡沫陶瓷中的流动过程

$$-\frac{\mathrm{d}p}{\mathrm{d}x}=\frac{\mu_f}{K}u_f+\frac{C_F\rho_f}{\sqrt{K}}u_f^2 \tag{5-7-5}$$

式中：p 为空气的压力；μ_f 为空气的动力黏度，K 为泡沫陶瓷的固有渗透率；C_F 为惯性系数。

此外，空气的质量守恒方程可以表示为

$$\frac{\mathrm{d}(\rho_{\mathrm{f}}u_{\mathrm{f}})}{\mathrm{d}x}=0 \tag{5-7-6}$$

以上对接收器进行了流动和传热分析。此外，假设空气为理想气体，所以根据理想气体方程，空气的压力为

$$p=\rho_{\mathrm{f}}RT_{\mathrm{f}} \tag{5-7-7}$$

式中：R 为气体常数。

气体的动力黏度和温度有关，当气体的温度低于 2 000 K 时，可以利用萨瑟兰(Sutherland)关系式[25]描述空气的动力黏度和温度之间的关系，表达为

$$\mu_{\mathrm{f}}=\mu_{\mathrm{r}}\left(\frac{T_{\mathrm{f}}}{T_{\mathrm{r}}}\right)^{1.5}\frac{T_{\mathrm{r}}+B}{T_{\mathrm{f}}+B} \tag{5-7-8}$$

式中：μ_{r} 为气体在温度为 T_{r} 时的参考动力黏度值；B 为 Sutherland 常数，对于空气其值为 110.4；温度单位为 K。

接收器入口的空气质量流量 $\dot{m}$ 可以定义为

$$\dot{m}=\rho_{\mathrm{f}}u_{\mathrm{f}} \tag{5-7-9}$$

对公式(5－7－4)进行积分可以得到：

$$T_{\mathrm{f}}=\frac{S(1-\varepsilon)}{\varepsilon c_{\mathrm{pf}}\dot{m}}x+T_{\mathrm{fi}} \tag{5-7-10}$$

式中：T_{fi}为空气在接收器入口的温度。

将式(5－7－7)和式(5－7－9)带入式(5－7－5)中，可以推导出：

$$-p\frac{\mathrm{d}p}{\mathrm{d}x}=\frac{\dot{m}R}{K}\mu_{\mathrm{f}}T_{\mathrm{f}}+\frac{C_{\mathrm{F}}\dot{m}^{2}R}{\sqrt{K}}T_{\mathrm{f}} \tag{5-7-11}$$

定义两个无量纲量：

$$\theta=\frac{T_{\mathrm{f}}-T_{\mathrm{fi}}}{T_{\mathrm{fo}}-T_{\mathrm{fi}}} \tag{5-7-12}$$

$$X=\frac{x}{L} \tag{5-7-13}$$

式中：T_{fo}为空气在接收器出口的温度；L 为空气流经的距离(接收器长度)。

由式(5－7－10)可知，温度是关于距离的一次函数，所以可得 $\theta=X$，此外根据公式(5－7－11)可得：

$$\begin{aligned}-\frac{p}{L}\frac{\mathrm{d}p}{\mathrm{d}X}=&\frac{\dot{m}R}{K}\frac{\mu_{\mathrm{r}}(T_{\mathrm{r}}+B)}{T_{\mathrm{r}}^{\ 1.5}}\frac{[(T_{\mathrm{fo}}-T_{\mathrm{fi}})X+T_{\mathrm{fi}}]^{2.5}}{(T_{\mathrm{fo}}-T_{\mathrm{fi}})X+T_{\mathrm{fi}}+B}+\\&\frac{C_{\mathrm{F}}\dot{m}^{2}R}{\sqrt{K}}[(T_{\mathrm{fo}}-T_{\mathrm{fi}})X+T_{\mathrm{fi}}]\end{aligned} \tag{5-7-14}$$

对式(5－7－14)两侧进行积分，可以推导出：

$$\frac{(p_i^2 - p_o^2)}{2} = L(a_1 \dot{m} + a_2 \dot{m}^2) \tag{5-7-15}$$

$$a_1 = \frac{R}{K} \frac{2\mu_r(T_r + B)}{T_r^{1.5}(T_{fo} - T_{fi})} \left[\frac{1}{5}(T_{fo}^{2.5} - T_{fi}^{2.5}) - \frac{B}{3}(T_{fo}^{1.5} - T_{fi}^{1.5}) + B^2(\sqrt{T_{fo}} - \sqrt{T_{fi}}) - B^{2.5} \arctan \frac{\sqrt{B}(\sqrt{T_{fo}} - \sqrt{T_{fi}})}{B + \sqrt{T_{fo} T_{fi}}} \right] \tag{5-7-16}$$

$$a_2 = \frac{C_F R}{\sqrt{K}} \frac{(T_{fo} + T_{fi})}{2} \tag{5-7-17}$$

式中：下标 i 和 o 分别表示接收器的进口和出口。

接收器吸收的总能量与空气质量流量之间的关系为

$$q_{in} = \dot{m} c_{pf} \varepsilon (T_{fo} - T_{fi}) \tag{5-7-18}$$

将式(5－7－18)带入式(5－7－15)中，可以推导出：

$$p_o = \sqrt{p_i^2 - 2L(a_1 \dot{m} + a_2 \dot{m}^2)} \tag{5-7-19}$$

接收器出口压力 p_o 一定是大于 0 的实数，所以有

$$p_i^2 - 2L\left(a_1 \frac{q_{in}}{c_p(T_o - T_i)} + a_2 \frac{q_{in}^2}{[c_p(T_o - T_i)]^2} \right) \geqslant 0 \tag{5-7-20}$$

进一步可以推导出：

$$q_{in} \leqslant \sqrt{\frac{C_1^2}{4C_2^2} + \frac{p_i^2}{C_2}} - \frac{C_1}{2C_2} \tag{5-7-21}$$

$$C_1 = \frac{2La_1}{c_p(T_o - T_i)\varepsilon} \tag{5-7-22}$$

$$C_2 = \frac{2La_2}{c_p^2 (T_o - T_i)^2 \varepsilon^2} \tag{5-7-23}$$

根据式(5－7－21)，可见接收器能够吸收的太阳能具有极限值，该极限值与接收器的出口温度和长度有关。

5.7.3　计算结果分析

在本实例的计算中，采用了三种不同物性的泡沫陶瓷材料，其物性参数见表 5－15；出口温度设置为 800 ℃ 和 500 ℃；其他物性参数和边界条件见表 5－16。泡沫陶瓷的固有渗透率(K)与孔隙率(ε)和泡沫胞体直径(d_p)之间的关系为

$$\frac{1}{K} = 1.75 \frac{(1-\varepsilon)}{\varepsilon^3 d_{pg}} \tag{5-7-24}$$

$$d_{pg}=\frac{1.5}{2.3}\frac{\sqrt{\frac{4}{3\pi}(1-\varepsilon)}}{1-\sqrt{\frac{4}{3\pi}(1-\varepsilon)}}d_p \tag{5-7-25}$$

表 5-15　泡沫陶瓷材料的物性参数和出口温度

名称	符号	算例 1	算例 2	算例 3	算例 4	算例 5	算例 6
孔隙率	ε	0.9	0.8	0.7	0.9	0.8	0.7
泡沫胞体直径(mm)	d_p	2.5	3.0	3.5	2.5	3.0	3.5
出口温度(℃)	T_o	800	800	800	500	500	500

表 5-16　物性参数和边界条件

名称	符号	数值
入口空气温度(℃)	T_i	10
入口压强(Pa)	p_i	101 325
参考动力黏度[kg/(m·s)]	μ_r	1.716×10^{-5}
参考温度(K)	T_r	273.15
空气比定压热容[J/(kg·K)]	c_{pf}	1 005
气体常数[J/(kg·K)]	R	287.1
惯性参数	C_F	10

图 5-26 和图 5-27 分别表示在 800 ℃ 和 500 ℃ 下，总能量(q_{in})随接收器长度(L)的变化图。可以发现，在相同的出口温度下，增加接收器长度会增大空气的流动阻力，导致总能量降低。此外，在相同的长度下，出口温度越高，总能量流量越高。因此，增大接收器两端温差，可以吸收更多的太阳能。

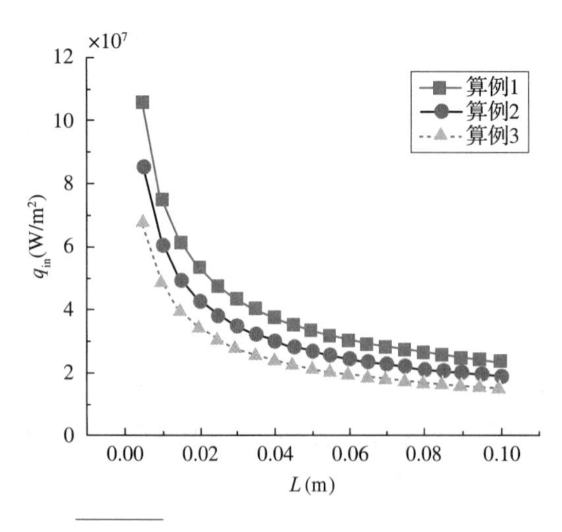

图 5-26　出口温度为 800 ℃时，总能量随接收器长度的变化

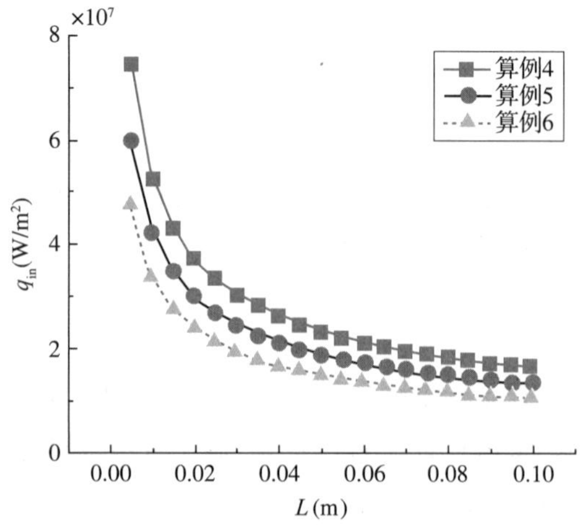

图 5-27　出口温度为 500 ℃时，总能量流量随接收器长度的变化

5.8 暖通空调解析模型

实例 5-8 暖通空调解析模型

制冷/制热空调给人们创造了舒适的生活环境，但同时空调也是能源消耗极为严重的设备。因此，节能减排在空调设计中已经成为关键环节。将可再生能源应用于暖通空调中，可以有效缓解能源紧张问题，充分开发、利用有限的自然资源、挖掘节能潜力、减少能源消耗，对于建设可持续发展的绿色、环保、健康的经济社会具有重要意义。

地热空调是一种通过安装在地下的一些装置从土壤中吸收能量，经过能量转换实现环境温度调节功能的系统。地热空调有两种：一是利用热泵技术，把处于恒温层的地下水抽出，经过热量交换后排回；另一种是土壤源热泵，其以浅层常温土壤或地下水中的能量作为能源，通过地下管线吸收热能。地热空调通过输入少量的高品位能源(如电能)，就可实现低温位热能向高温位热能的转移。在冬季通过热泵将地表浅层中的热提高品位并对建筑物供热，同时蓄存冷量以备夏用；夏季通过热泵将建筑物内的热量释放到地表浅层的土壤中去，从而实现对建筑物的降温，同时蓄存热量以备冬用；并且夏热冬冷地区供热和供冷天数大致相当，冷暖负荷基本相同，采用同一系统可充分发挥地下蓄能的作用。本实例介绍一种土壤埋管系统(水平埋管和垂直埋管)，通过管壁与地下土壤进行换热[26,27]。

5.8.1 物理问题介绍

地热型暖通空调采用地热能作为能源为建筑物提供制冷及制热。其在浅层地表埋管，采用空气作为工质与土壤进行换热，被认为是一种十分有效的给建筑物内进行预热和制冷的节能系统。这种换热系统通常由一个或多个埋在地表深度 1 m 到 3 m 的换热管组成。由于换热管距离地表较近，因此土壤的含水量会受到气候变化如雨雪、阳光照射等影响，从而影响换热性能。同时，土壤的热物理性质与土壤类型及孔隙率紧密相关，其热导率、比热容等也会受到土壤颗粒性质、含水量等的影响。在本实例中，土层包括 10 cm 深的有机生长土，60 cm 深的天然回填土及 50 cm 深的细沙土。换热管的平均掩埋深度为1.03 m。在设备运行过程中，外部空气供给到聚乙烯管道，其管通外径为 20 cm，内径为 17 cm，总长度为 17.5 m。土壤的主要物性参数可由实验设备测量得到，如可用双探头热脉冲、防护热板法等获取土壤层的导热系数等。之后，将获取的物性参数、年季度温度变化、工况等应用于解析或数值模型。地热型空调换热器的主要工作原理及换热过程如图 5－28 所示。

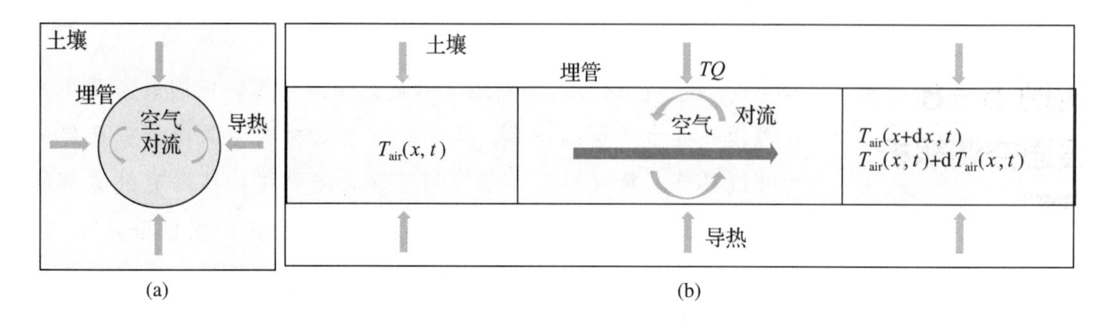

图 5－28　地热型空调换热器示意图及主要工作原理

(a)横截面　(b)纵截面

5.8.2　解析模型建立

1. 换热管处的土壤温度分布

首先，考虑均质的土壤条件，土壤在换热器管埋深度的温度可由瞬态热传导方程估算：

$$\frac{\partial^2[T_{soil}(z,\ t)]}{\partial z^2}=\frac{1}{\alpha}\times\frac{\partial T_{soil}(z,\ t)}{\partial t} \tag{5-8-1}$$

式中：α 为土壤的热扩散系数，其表达式为 $\alpha=\frac{\lambda_{soil}}{c_{soil}}$，其中 λ_{soil}为土壤的热导率，c_{soil}为土壤的比热容；z 为埋深深度。

在式(5－8－1)的边界条件中，考虑地表($z=0$)处的温度等于环境空气温度，将温度每年、每日的波动情况加以考虑，可以得出：

$$\begin{aligned}T_{soil}(0,\ t)&=T_{air}^{amb}(t)\\&=T_m+A_0\sin(\omega_y t+\varphi_0)+(A_m+A_1\cdot\sin(\omega_y t+\varphi1))\cdot\sin(\omega_d t+\varphi_2)\end{aligned} \tag{5-8-2}$$

式中：T_m和 A_m分别为温度的年度均值和日均值的幅值；A_0和 A_1分别空气温度的年度和日波动幅值；$\omega_y=\frac{2\pi}{(365\times24\times3\,600)}(s^{-1})$为年度波动频率；$\omega_d=\frac{2\pi}{(24\times3\,600)}(s^{-1})$为日波动频率；$\varphi_0$、$\varphi_1$ 和 φ_2 分别对应各正弦表达，构成相位移。

将式(5－8－2)代入式(5－8－1)，可以求解得到：

$$T_{soil}(z,\ t)=T_m+A_0e^{-\sqrt{\frac{\omega_y}{2\alpha}}\cdot z}\cdot\sin(\omega_y t+\varphi_0-\sqrt{\frac{\omega_y}{2\alpha}}\cdot z)+$$

$$A_m e^{-\sqrt{\frac{\omega_d}{2\alpha}}\cdot z}\cdot\sin(\omega_d t+\varphi_0-\sqrt{\frac{\omega_d}{2\alpha}}\cdot z)+$$

$$A_1 e^{-\sqrt{\frac{\omega_y+\omega_d}{2\alpha}}\cdot z}\cdot\left[\sin\left(\omega_d t+\varphi_2-\sqrt{\frac{\omega_y+\omega_d}{2\alpha}}\cdot z\right)\cdot\sin(\omega_y t+\varphi_1)\right] \quad (5-8-3)$$

由于日波动频率远远大于年波动频率，因此式(5－8－3)可以简化为

$$\begin{aligned} T_{soil}(z,\ t) &= T_m + A_0 e^{-\sqrt{\frac{\omega_y}{2\alpha}}\cdot z}\cdot\sin\left(\omega_y t+\varphi_0-\sqrt{\frac{\omega_y}{2\alpha}}\cdot z\right)+ \\ &\left[A_m + A_1\cdot\sin(\omega_y t+\varphi 1)\right]e^{-\sqrt{\frac{\omega_d}{2\alpha}}\cdot z}\cdot\sin\left(\omega_d t+\varphi_2-\sqrt{\frac{\omega_d}{2\alpha}}\cdot z\right) \end{aligned} \quad (5-8-4)$$

由于每层土壤的条件具有差异性，因此上述表达式可以扩展为考虑土壤实际条件下的温度分布：

$$\begin{aligned} T_{soil}(z,\ t) &= T_m + A_0 e^{-\sqrt{\frac{\omega_y}{2\alpha_1}}\cdot z_1-\sqrt{\frac{\omega_y}{2\alpha_2}}\cdot z_2-\sqrt{\frac{\omega_y}{2\alpha_3}}\cdot(z-z_1-z_2)}\cdot \\ &\sin\left[\omega_y t+\varphi_0-\sqrt{\frac{\omega_y}{2\alpha_1}}\cdot z_1-\sqrt{\frac{\omega_y}{2\alpha_2}}\cdot z_2-\sqrt{\frac{\omega_y}{2\alpha_3}}\cdot(z-z_1-z_2)\right]+ \\ &\left[A_m + A_1\cdot\sin(\omega_y t+\varphi_1)\right]e^{-\sqrt{\frac{\omega_d}{2\alpha_1}}\cdot z_1-\sqrt{\frac{\omega_d}{2\alpha_2}}\cdot z_2-\sqrt{\frac{\omega_d}{2\alpha_3}}\cdot(z-z_1-z_2)}\cdot \\ &\sin\left[\omega_d t+\varphi_2-\sqrt{\frac{\omega_d}{2\alpha_1}}\cdot z_1-\sqrt{\frac{\omega_d}{2\alpha_2}}\cdot z_2-\sqrt{\frac{\omega_d}{2\alpha_3}}\cdot(z-z_1-z_2)\right] \end{aligned} \quad (5-8-5)$$

式中：z 为换热管的埋深；z_1和 z_2分别为有机生长土及天然回填土的厚度，α_1、α_2和 α_3分别为土壤各层的热扩散系数。

2. 工质气与土壤的换热计算

在确定距地表不同深度的土壤的温度后，进而可以求解换热管内的工质气体的温度及其沿程的温度变化过程。计算基于下述三种假设：一是在分析计算时考虑换热过程为准稳态；二是在换热管周围的区域，土壤温度会受到换热过程的影响，而在此区域外的土壤温度只受表层温度的影响；三是管内空气的流动状态为湍流，因此管壁面与空气的换热为强制对流。

图 5－28 表现了一个分段(dx)的相关换热过程。换热管埋深位置的平均土壤温度为 $\overline{T}_{soil}(t)$，而 $T_{air}(x,\ t)$和 $T_{air}(x+dx,\ t)$分别为空气在流经该段之前和之后的温度，r_{pipe}^{ext}与 r_{pipe}^{int}分别为换热管的外径和内径，u_{air}为空气流速。

在径向上，每单位管长的热通量为 q'，表达式为

$$q'=\frac{q}{dx}=\frac{\overline{T}_{soil}(t)-T_{air}(x,\ t)}{R_{cond}+R_{conv}} \quad (5-8-6)$$

式中：R_{cond}为从土壤到换热管内壁的导热热阻；R_{conv}为空气和换热管内壁的对流热阻。其中导热热阻由周围土壤的热阻及换热管本身的热阻计算得来：

$$R_{\mathrm{cond}}=R_{\mathrm{soil}}+R_{\mathrm{pipe}}=\frac{\ln\left[\frac{(r_{\mathrm{pipe}}^{\mathrm{ext}}+\delta_{\mathrm{soil}})}{r_{\mathrm{pipe}}^{\mathrm{ext}}}\right]}{2\pi\lambda_{\mathrm{soil}}}+\frac{\ln\left[\frac{(r_{\mathrm{pipe}}^{\mathrm{ext}})}{r_{\mathrm{pipe}}^{\mathrm{int}}}\right]}{2\pi\lambda_{\mathrm{pipe}}} \tag{5-8-7}$$

式中：δ_{soil}为受换热过程影响的土壤厚度，$\delta_{\mathrm{soil}}=\sqrt{\frac{2\alpha}{\omega_{\mathrm{d}}}}$。

换热管内的对流换热热阻可以表示为

$$R_{\mathrm{conv}}=R_{\mathrm{air}}=\frac{1}{2\pi r_{\mathrm{pipe}}^{\mathrm{int}}\cdot h_{\mathrm{air}}} \tag{5-8-8}$$

式中：h_{air}为对流换热系数，其可由雷诺数、普朗特数、努塞尔数等求出，其相关定义及经验关联式为

$$Re=\frac{u_{\mathrm{air}}\rho_{\mathrm{air}}2r_{\mathrm{pipe}}^{\mathrm{int}}}{\mu_{\mathrm{air}}} \tag{5-8-9}$$

$$Pr=\frac{\mu_{\mathrm{air}}c_{\mathrm{p,air}}}{\lambda_{\mathrm{air}}} \tag{5-8-10}$$

$$Nu=\frac{\left(\frac{f}{8}\right)RePr}{1+12.7\sqrt{\frac{f}{8}}(Pr^{\frac{2}{3}}-1)} \tag{5-8-11}$$

$$f=(0.78\ln Re-1.5)^{-2} \tag{5-8-12}$$

$$h_{\mathrm{air}}=\frac{Nu\lambda_{\mathrm{air}}}{2r_{\mathrm{pipe}}^{\mathrm{int}}} \tag{5-8-13}$$

式中：ρ_{air}为空气密度；μ_{air}为空气的动力黏度；λ_{air}和$c_{p,\mathrm{air}}$为空气的热导率及比定压热容。

在空气流动方向上，空气与换热管在单位长度 $\mathrm{d}x$ 上的换热量 $\mathrm{d}Q$ 为

$$\mathrm{d}Q=q\frac{\mathrm{d}x}{u_{\mathrm{air}}}=q'\frac{\mathrm{d}^2x}{u_{\mathrm{air}}}=\frac{\overline{T}_{\mathrm{soil}}(t)-T_{\mathrm{air}}(x,\ t)}{R_{\mathrm{soil}}+R_{\mathrm{pipe}}+R_{\mathrm{air}}} \tag{5-8-14}$$

因此，空气在流经该段后的温度变化为

$$\begin{aligned}\mathrm{d}T_{\mathrm{air}}(x,\ t)=T_{\mathrm{air}}(x+\mathrm{d}x,\ t)-T_{\mathrm{air}}(x,\ t)&=\frac{\mathrm{d}Q}{c_{p,\mathrm{air}}\rho_{\mathrm{air}}\pi(r_{\mathrm{pipe}}^{\mathrm{int}})^2\mathrm{d}x}\\&=\frac{\overline{T}_{\mathrm{soil}}(t)-T_{\mathrm{air}}(x,\ t)}{(R_{\mathrm{soil}}+R_{\mathrm{pipe}}+R_{\mathrm{air}})u_{\mathrm{air}}c_{p,\mathrm{air}}\rho_{\mathrm{air}}\pi(r_{\mathrm{pipe}}^{\mathrm{int}})^2}\mathrm{d}x\end{aligned} \tag{5-8-15}$$

通过求解式(5-8-15)，可以获得解析解为

$$T_{\mathrm{air}}(x,\ t)=\overline{T}_{\mathrm{soil}}(t)+[T_{\mathrm{air}}(0,\ t)-\overline{T}_{\mathrm{soil}}(t)]\mathrm{e}^{-\widetilde{A}x} \tag{5-8-16}$$

式中：$\widetilde{A}=[(R_{\mathrm{soil}}+R_{\mathrm{pipe}}+R_{\mathrm{air}})u_{\mathrm{air}}c_{p,\mathrm{air}}\rho_{\mathrm{air}}\pi(r_{\mathrm{pipe}}^{\mathrm{int}})^2]^{-1}$。

假设进气的空气温度等于环境空气温度，即：

$$T_{air}(0,\ t)=T_{air}^{in}(t)=T_{air}^{amb}(t) \tag{5-8-17}$$

因此，该地热型换热器输出空气的温度的表达式为

$$T_{air}^{out}(t)=T_{air}(L_{pipe},\ t)=\overline{T}_{soil}(t)+[T_{air}^{amb}(t)-\overline{T}_{soil}(t)]e^{-\widetilde{A}L_{pipe}} \tag{5-8-18}$$

式中：L_{pipe}为换热器的长度。

5.8.3 计算结果分析

不同深度土壤的温度分布的解析解可由式(5-8-5)求出，同时环境气体温度可以由式(5-8-2)得到。进而通过求解式(5-8-6)至式(5-8-17)，可以获得换热后的空气温度。

表5-17和表5-18中给出了相关用于求解传热相关的无量纲数(如普朗特数、努塞尔数、换热系数等)的物性参数。通过比较采用解析模型计算出来的土壤温度随季节变化的结果与实验数据，可认为解析模型具有较高的吻合度，如图5-29所示。

表5-17 实验获取的相关参数

T_m(℃)	A_0(℃)	A_m(℃)	A_1(℃)	φ_0(rad)	φ_1(rad)	φ_2(rad)
13.40	−9.43	−3.52	2.10	4.63	−1.25	1.00

表5-18 实验获得的土壤的热物理性质

土壤类型	热导率 λ_{soil}[W/(m·K)]	热容 c_{soil}[(MJ/(m^3·K)]	热扩散系数 α_{soil}(m^2/s)
有机土	1.48	2.33	0.64×10^{-6}
细沙	1.50	1.80	0.83×10^{-6}
天然回填土	1.20	1.51	0.79×10^{-6}

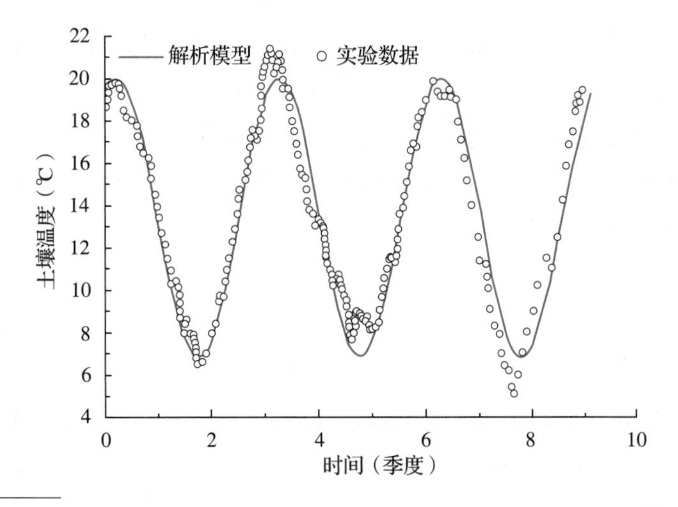

图5-29 通过解析模型得到的随时间变化的土壤温度与实验数据的对比

实验数据的采集时段是 2014 年 7 月 13 日至 2017 年 7 月 13 日。因此，图 5－29 和图 5－30中 0 季度对应的是 2014 年 7 月。从图中不难发现，环境温度的变化呈现年度的周期性变化，这与实际情况是相吻合的。同时，温度按年份的分布变化差异较小，这对于换热器的设计也具有指导意义。此外，在不同季度，工质空气扮演的制冷/制热的功能也随之发生变化。

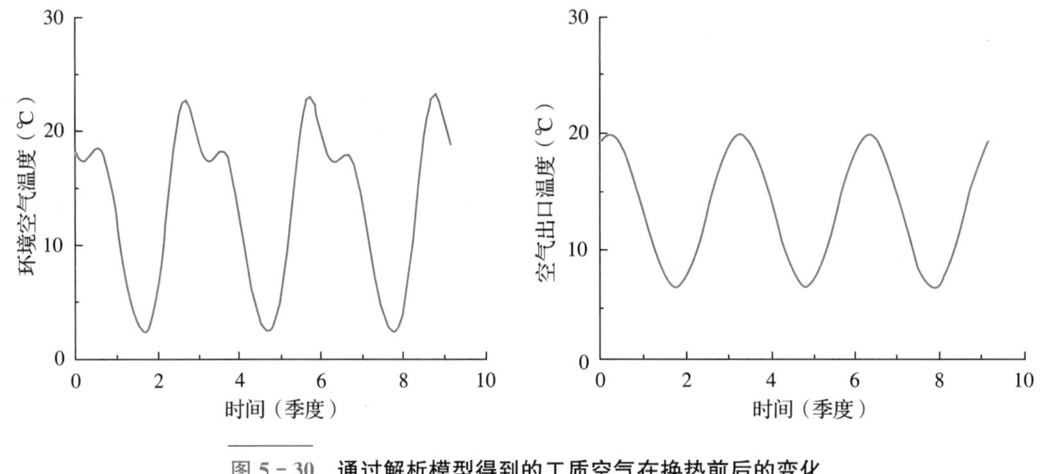

图 5－30　通过解析模型得到的工质空气在换热前后的变化

由相关参数并结合模型的解析解，可以分别求出空气温度在换热前后的变化，因而由工质流量、热物理性质(热容)、温差变化便可求出换热量。由图 5－30 所示，工质空气在换热后温度分布幅值较小，空气出口温度与环境空气温度的差异表征换热的过程为吸热或放热。

解析模型式(5－8－1)是较为常见的形式，如采用相变储能材料的暖通空调的解析模型也可采用此种形式。该方程解析解的形式与采用的边界条件类型有关，即在求解过程中都采用第一类边界条件，与采用第一类、第二类和第三类边界条件混合形式时，所得到的解析解的形式具有差异性，需要具体问题，具体分析。

采用解析方法对暖通空调等的性能进行评价较为便利，同时本实例中对内部换热管的性能评价具有普遍指导意义。此外，采用热平衡法等求解换热参数，是换热器设计优化时十分常用的方法之一[28,29]。

参考文献

[1] FAN L，ZHANG G，WANG R，et al. A comprehensive and time-efficient model for determination of thermoelectric generator length and cross-section area[J]. Energy conversion and management，2016，122：85－94.

[2] ZHANG G，JIAO K，NIU Z，et al. Power and efficiency factors for comprehensive evaluation of

thermoelectric generator materials[J]. International journal of heat and mass transfer, 2016, 93: 1 034 - 1 037.

[3] ZHANG G. FAN L, NIU Z, et al. A comprehensive design method for segmented thermoelectric generator[J]. Energy conversion and management, 2015, 106: 510 - 519.

[4] NIU Z, YU S, DIAO H, et al. Elucidating modeling aspects of thermoelectric generator[J]. International journal of heat and mass transfer, 2015, 85: 12 - 32.

[5] SNYDER G J, URSELL T S. Thermoelectric efficiency and compatibility[J]. Physical review letters, 2003, 91(14): 148 301.

[6] XUN J, LIU R, JIAO K. Numerical and analytical modeling of lithium ion battery thermal behaviors with different cooling designs[J]. Journal of power sources, 2013, 233: 47 - 61.

[7] FENG X, REN D, HE X, et al. Mitigating thermal runaway of lithium-ion batteries[J]. Joule, 2020, 4(4): 743 - 770.

[8] INUI Y, KOBAYASHI Y, WATANABE Y, et al. Simulation of temperature distribution in cylindrical and prismatic lithium ion secondary batteries[J]. Energy conversion and management, 2007, 48(7): 2 103 - 2 109.

[9] KARIMI G, LI X. Thermal management of lithium - ion batteries for electric vehicles[J]. International journal of energy research, 2013, 37(1): 13 - 24.

[10] YUE F, ZHANG G, ZHANG J, et al. Numerical simulation of transport characteristics of Li-ion battery in different discharging modes[J]. Applied thermal engineering, 2017, 126: 70 - 80.

[11] GIRISHKUMAR G, MCCLOSKEY B, LUNTZ A C, et al. Lithium-air battery: promise and challenges[J]. The journal of physical chemistry letters, 2010, 1(14): 2 193 - 2 203.

[12] YUAN H, READ J A, WANG Y. Capacity loss of non-aqueous Li-Air battery due to insoluble product formation: Approximate solution and experimental validation [J]. Materials today energy, 2019, 14: 100 360.

[13] WANG Y, CHO S C. Analysis of air cathode perfomance for lithium-air batteries [J]. Journal of the electrochemical society, 2013, 160(10): A1 847.

[14] YUAN J, YU J S, SUNDÉN B. Review on mechanisms and continuum models of multi-phase transport phenomena in porous structures of non-aqueous Li-Air batteries[J]. Journal of power sources, 2015, 278: 352 - 369.

[15] LUO Y, JIAO K. Cold start of proton exchange membrane fuel cell[J]. Progress in energy and combustion science, 2018, 64: 29 - 61.

[16] ZHOU Y , LUO Y , YU S , et al. Modeling of cold start processes and performance optimization for proton exchange membrane fuel cell stacks[J]. Journal of power sources, 2014, 247: 738 - 748.

[17] TABE Y, SAITO M, FUKUI K , et al. Cold start characteristics and freezing mechanism dependence on start-up temperature in a polymer electrolyte membrane fuel cell[J]. Journal of power sources, 2012, 208(2): 366 - 373.

[18] FU Y, JIANG Y, POIZEAU S, et al. Multicomponent gas diffusion in porous electrodes[J]. Journal of the electrochemical society, 2015, 162(6): F613 - F621.

[19] JIANG Y, VIRKAR A V. Fuel composition and diluent effect on gas transport and performance of

anode-supported SOFCs[J]. Journal of the electrochemical society, 2003, 150(7): A942－A951.

[20] JIAO K, HUO S, ZU M, et al. An analytical model for hydrogen alkaline anion exchange membrane fuel cell[J]. International journal of hydrogen energy, 2015, 40(8): 3 300－3 312.

[21] LI C, SHI Y, CAI N. Elementary reaction kinetic model of an anode-supported solid oxide fuel cell fueled with syngas[J]. Journal of power sources, 2010, 195(8): 2 266－2 282.

[22] WU L, ZHANG G, XIE B, et al. Integration of the detailed channel two-phase flow into three-dimensional multi-phase simulation of proton exchange membrane electrolyzer cell[J]. International journal of green energy, 2021, 18(6): 541－555.

[23] ABDIN Z , WEBB C J , GRAY E M . Modelling and simulation of a proton exchange membrane (PEM) electrolyser cell[J]. International journal of hydrogen energy, 2015, 40(39): 13 243－13 257.

[24] BAI F. One dimensional thermal analysis of silicon carbide ceramic foam used for solar air receiver [J]. International journal of thermal sciences, 2010, 49(12): 2 400－2 404.

[25] WHITE F M. Viscous Fluid Flow[M]. New York: 3rd ed., McGraw-Hill, 2006.

[26] LIN J , NOWAMOOZ H , BRAYMAND S , et al. Impact of soil moisture on the long-term energy performance of an earth-air heat exchanger system[J]. Renewable energy, 2020, 147: 2 676－2 687.

[27] GOMAT L J P, MOTOULA S M E, M'PASSI-MABIALA B. An analytical method to evaluate the impact of vertical part of an earth-air heat exchanger on the whole system[J]. Renewable energy, 2020, 162: 1 005－1 016.

[28] MANSOUR M K, HASSAB M. Thermal design of cooling and dehumidifying coils[M]//MITROVICJ. Heat Exchangers: Basics Design Applications. Croatia: InTech, 2012: 367－394.

[29] 白冬军，杨雪飞，冯文亮，等. 真空复合保温预制直埋管散热损失实验研究[J]. 煤气与热力，2021，41(04): 30－33，37，99.

第 6 章 介微观尺度分析方法

前面 5 章介绍的描述传热传质与多相流动的方法与建模实例均属于宏观连续法的范畴，即基于无穷小控制体中的质量、动量和能量守恒方程构建控制方程(二阶偏微分方程)对物理量传输过程进行描述，然后通过数学分析方法直接求解偏微分方程获得分析解(解析解)，或基于离散数学方法对偏微分方程在空间和时间上进行离散后转化为代数方程再求解，最终搭建出对应实际工程装置的宏观多物理场解析模型。然而在介微观尺度下，组成介质的大量粒子不再满足连续性假设，而是离散分布于整个系统中，如高空稀薄空气、多孔介质中微纳尺度孔隙内的流体等。这时就必须应用介微观尺度的分析方法。限于篇幅，本书只重点介绍微观尺度下的分子动力学方法和介观尺度下的格子玻尔兹曼方法。这两种分析方法均不涉及偏微分方程的求解计算，其基本方程框架均为代数方程，可视为显式算法，在某种意义上也属于解析模型的范畴。

6.1 分子动力学方法（Molecular Dynamics，MD）

在微观尺度，介质由大量粒子(原子、分子)组成，粒子间相互碰撞，因此需要定义粒子间(分子间)作用力和求解牛顿第二定律(动量守恒)的常微分方程。然而，在微观尺度没有温度和压力的概念，也没有热物性，如黏度、导热系数、热容等概念，宏观尺度下的温度和压力只是微观世界中分子动能的量度，分别与粒子动能(质量、速度)和粒子与边界的碰撞频率有关。分子动力学模拟是一种以分子经典力学模型，即分子力场模型为基础，通过求解分子体系运动方程，研究分子体系结构与输运性质的模拟方法[1]，其原理十分简单，可以很容易地处理相变和复杂物理化学问题。

6.1.1 分子力学模型与分子力场

人们在分子几何结构模型的基础上提出了分子内和分子间作用力的概念，从而使分子模型与分子能量结合起来。在经典分子动力学模型中，共价键伸缩、键角弯曲、二面角扭曲等运动形成分子内作用力。如图 6－1 所示，该分子包含四个原子(即原子 1、2、3 和 4)，其内部可能存在 1—2、2—3 和 3—4 的键伸缩运动，1—2—3 和 2—3—4 的键角弯曲运动以及 1—2—3—4 的二面角扭曲运动。

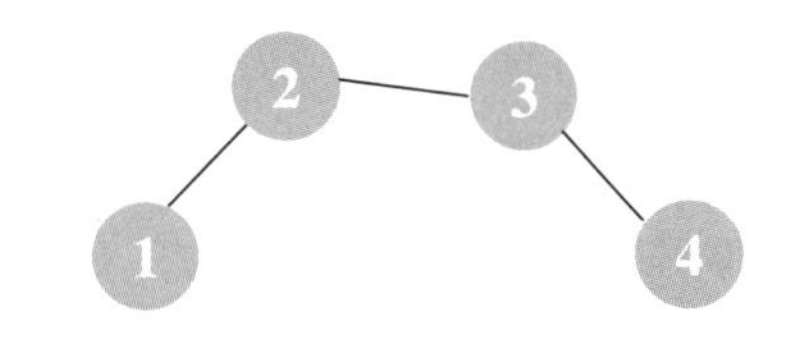

图 6－1　包含四个原子的分子结构示意图

键伸缩运动可用谐振子模型进行描述，其表达式为

$$U=\frac{1}{2}K(b-b_0)^2 \tag{6-1-1}$$

式中：U 为势能；b_0为成键原子间的参考键长；b 为瞬间实际键长；K 为力常数。

但是，键伸缩运动不是理想的谐振子，因此可以用三次及以上幂的泰勒展开近似表示键伸缩运动的非谐性，此时势能可以表示为

$$U_1=\frac{1}{2}K(b-b_0)^2[1+K'(b-b_0)+K''(b-b_0)^2+\cdots] \tag{6-1-2}$$

式中，所有的非平方高次方项均称为非谐项。

谐振子势函数不允许键断裂，只有当键长在参考键长附近位置振动时，才符合真实情况。谐振子势函数中参考键长和力常数与成键原子的种类和电子结构有关。目前几乎所有的分子力场，都根据成键原子种类和电子结构直接确定参考键长和力常数。除此之外，共价键的伸缩运动还可以用莫尔斯(Morse)势函数表示：

$$U_2=D_e[(1-\exp(-\beta(b-b_0)))^2-1] \tag{6-1-3}$$

式中：D_e为共价键的离解能；β 为表示势阱在参考位置平坦程度的参数。

虽然 Morse 势函数可以比较精确地描述键的离解、振动频率等重要特征，但是由于其为指数函数，因此计算量要远大于幂函数。而且，在温度不太高的情况下，一般不会发生键的断裂，成键原子趋于在平衡位置周围振动，键长变化较小。此时，用谐振子势函数代替 Morse 势函数具有较高的精确度。

当分子内存在三个及以上原子时，就会存在键角弯曲运动。键角弯曲运动所带来的势

能一般可用二次函数来表示，表达式为

$$U_3 = \frac{1}{2}K(\theta - \theta_0)^2 \tag{6-1-4}$$

式中：θ_0为参考键角；θ 为瞬间实际键角；K 为力常数。

式(6-1-4)是一个和谐振子势函数相似的简单势函数，虽然它不能描述键角变化的所有特征，但可以精确地描述参考键角位置附近的弯曲运动。与键伸缩势函数一样，其也可以用三次甚至高于三次的幂函数来提升精度：

$$U_4 = \frac{1}{2}K(\theta - \theta_0)^2[1 + K'(\theta - \theta_0) + K''(\theta - \theta_0)^2 + \cdots] \tag{6-1-5}$$

此外，和键伸缩势函数类似，参考键角和力常数也可以根据成键原子种类和成键类型进行参数化。不过，键角弯曲运动种类比键伸缩运动更多，参数化过程也更加复杂。

此外，二面角扭曲运动存在于具有四个及四个以上原子的分子内，二面角扭曲势能函数常近似为

$$U_5 = \frac{1}{2}V[1 + \cos(n\omega - \delta_n)] \tag{6-1-6}$$

式中：ω 为 1—2—3—4 四个原子间的二面角；V 为扭曲势能的位垒高度；δ_n 为相因子，其中 n 为与二面角的旋转对称性相关的旋转多重度。

一般来说，键伸缩运动和键角弯曲运动是两种高频率的运动模式，因此键长和键角能够很快达到平衡，对分子构型影响较小，但二面角扭曲运动的频率很低，其达到平衡的速度很慢、时间很长，对分子构型具有决定作用。除上述运动之外，分子内还可能存在离面弯曲运动、赝弯曲运动、翻转运动等。

除分子内的成键作用力外，分子内或者分子间还存在着范德华(Van der Waals)作用力。一般情况下，可用兰纳-琼斯(Lennard-Jones，L-J)势函数来描述范德华作用力，表达式为

$$U_6 = 4\varepsilon\left[\left(\frac{\sigma}{r}\right)^{12} - \left(\frac{\sigma}{r}\right)^{6}\right] \tag{6-1-7}$$

式中：r 为原子之间距离；ε 和σ 为势能参数，其中 ε 反映势能曲线的深度，σ 反映原子间的平衡距离。L-J 势能中，r^{-12}项为排斥项，r^{-6}项为吸引项，当 r 很大时 L-J 势能几乎趋于零，所以说范德华作用力是短程作用力。

由于分子内原子常带有局部电荷，原子之间还存在库伦作用力，其一般可表示为

$$U_7 = C\frac{q_i q_j}{r_{ij}} \tag{6-1-8}$$

式中：r 为带电原子之间的距离；q 为原子的电荷；C 为库伦常数；i 和j 表示不同原子。

原子间库伦作用力与距离的一次方成反比关系，因此与范德华作用力不同，其是长程

作用力。

分子动力学模拟中最重要的是分子力场，它描述了分子体系中各种相互作用的势函数的特征，主要包括势函数形式和参数。前文中已经给出了描述分子成键相互作用和非键相互作用的部分常见势函数，在不同的分子力场中，这些势函数的形式有所不同且对应参数也稍有区别。一般来说，势函数参数与具体分子有关，但如果每一个分子都需要一套参数，则模拟就会异常复杂。因此，一般认为不同分子如果具有类似的局部结构，则势函数参数是可以通用的。

从 20 世纪 70 年代起，分子力场发展已有多年，在此期间研究者提出了大量分子力场[2]。分子力场可大致分为全原子力场、联合原子力场、粗粒度力场和反应性分子力场。其中，全原子力场充分考虑了分子中所有原子的相互作用，一般认为原子的质量集中在原子中心，其受力也位于原子中心，所以说全原子力场体系是以原子为单位的众多质点的集合。常见的全原子力场包括 OPLS（Optimized Potentials for Liquid Simulations）力场、AMBER（Assisted Model Building with Energy Refinement）力场、CHARMM（Chemistry at Harvard Macromolecular Mechanics）力场等。全原子力场虽然比较精确，但由于考虑到了所有原子的相互作用，对其分析需要巨大的计算量。为降低计算量，可以采用联合原子力场。在联合原子力场中，与碳原子连接的氢原子的质量被叠加到碳原子中心处，且其他原子对氢原子的作用力也被叠加到碳原子中心，形成碳氢联合原子，这样会大大降低力场的复杂度，减少力场参数的数量。常见的联合原子力场包括 GROMOS（Groningen Molecular Simulation）力场、COMPASS（Condensed-Phase Optimized Molecular Potentials for Atomistic Simulation Studies）力场、TraPPE（Transferable Potentials for Phase Equilibria）力场等。粗粒度力场是对分子体系的进一步简化，在该类力场中，可以将数个水分子看成一个粒子，从而降低体系中的粒子数，因此粗粒度力场可进行更大空间和时间尺度的模拟。与前三种力场不同，反应性分子力场可以允许键的断裂与生成，因此可用来模拟化学反应，最常见的反应性分子力场是 ReaxFF 分子力场。

6.1.2 分子体系运动方程与求解

在确定分子体系中势函数形式和参数之后，就可以对分子体系进行模拟。从经典力学的角度分析，分子体系是由相互作用的原子组成的力学体系，而原子中心被视为质心。原子运动方程组可表示为

$$\begin{cases}\dfrac{\mathrm{d}\boldsymbol{r}(t)}{\mathrm{d}t}=\boldsymbol{u}(t)\\[2ex]\dfrac{\mathrm{d}\boldsymbol{u}(t)}{\mathrm{d}t}=\dfrac{\boldsymbol{f}(t)}{m}\end{cases}\tag{6-1-9}$$

式中：$\boldsymbol{r}$ 为原子位置；$\boldsymbol{u}$ 为原子速度；$\boldsymbol{f}$ 为原子受力；m 为原子质量。如果已知原子的初

始位置和初始速度，同时根据分子力场确定原子之间的作用力，于是就可以根据式(6-1-9)获得整个分子体系的演变过程。

由于分子体系的相互作用十分复杂，于是通常采用差分方式对描述分子体系的运动方程进行离散。目前有很多求解分子体系运动方程的算法，包括 Euler 算法、Verlet 算法、蛙跳算法、速度 Verlet 算法等。以速度 Verlet 算法为例，其表达式为

$$\begin{cases} \boldsymbol{r}(t_0+\Delta t)=\boldsymbol{r}(t_0)+\Delta t\boldsymbol{u}(t_0)+(\Delta t)^2\dfrac{\boldsymbol{f}(t_0)}{2m} \\ \boldsymbol{u}(t_0+\Delta t)=\boldsymbol{u}(t_0)+\Delta t\dfrac{[\boldsymbol{f}(t_0)+\boldsymbol{f}(t_0+\Delta t)]}{2m} \end{cases} \tag{6-1-10}$$

在此算法中，先根据 t_0 时刻原子位置、速度及受力，得出原子在 $t_0+\Delta t$ 时刻的位置，而且通过分子力场可以进一步得出原子在 $t_0+\Delta t$ 时刻的受力，进而通过 t_0 时刻原子的速度、受力和 $t_0+\Delta t$ 时刻原子受力得出 $t_0+\Delta t$ 时刻原子的速度。在模拟时，设定合适的时间步长 Δt，就可以不断地获得分子体系的运行轨迹。

从式(6-1-10)可以看出，分子动力模拟过程不涉及偏微分方程求解，其方程与宏观连续方法中的显式算法类似，理论上可以通过手动求解，但是考虑到一般的模拟体系包括了数万个原子，计算量巨大，因此需要借助计算机并行计算。目前常用的模拟工具包括开源的 LAMMPS(Large-scale Atomic/Molecular Massively Parallel Simulator)工具包[3]、GROMACS(Groningen Machine for Chemical Simulation)工具包[4]，以及商业软件 Materials Studio 等。

6.1.3　统计系综与温度压力控制

在分子动力学模拟中，需要首先确定模拟系综(Ensemble)。系综表示在一定的宏观条件下，大量性质和结构完全相同的、处于各种运动状态的、各自独立的系统的集合，其是用统计方法描述热力学系统的统计规律时引入的一个基本概念。统计系综通常包括微正则系综、正则系综、巨正则系综和等温等压系综。

在微正则系综(NVE)中，粒子数(N)、体积(V)和能量(E)是不变的，即该系综下的热力学体系是一个孤立体系，与外界没有任何物质和能量的交换，同时体积也不会发生变化。在正则系综(NVT)中，粒子数(N)、体积(V)和温度(T)是不变的，该系综下的热力学体系同样与外界没有任何物质交换且体积恒定，但与外界具有能量交换。为了维持正则系综的温度不变，需要保证热力学体系与一个热容无限大、温度为 T 的恒温热浴接触，同时二者之间的热传导系数无限大，保证热力学体系与外界热浴一直处在热平衡状态。在巨正则系综(μVT)中，化学势(μ)、体积(V)和温度(T)是不变的，该系综下热力学体系与外界同时进行着物质和能量的交换。在等温等压系综(NPT)中，粒子数(N)、压力(P)和温度(T)是不变的，这与前三个系综中的体积恒定有所不同。

由于特定系综需要保持温度或压力恒定，因此需要在模拟过程中对分子体系进行控温或控压处理。控温方法包括 Berendsen 热浴法[5]、Andersen 随机碰撞法[6]和 Nose-Hoover 扩展系统法[7,8]等。以 Nose-Hoover 扩展系统法为例，其在每个原子运动方程中加入与恒温热浴之间的耦合项，从而实现控温的效果，具体可表示为

$$\begin{cases} \dfrac{\mathrm{d}\boldsymbol{r}(t)}{\mathrm{d}t}=\boldsymbol{u}(t) \\ \dfrac{\mathrm{d}\boldsymbol{u}(t)}{\mathrm{d}t}=\dfrac{\boldsymbol{f}(t)}{m}-\xi(t)\boldsymbol{u}(t) \end{cases} \tag{6-1-11}$$

式中：$\xi(t)$为体系与外界热浴之间的耦合强度，其一阶微分方程可表示为

$$\frac{\mathrm{d}\xi(t)}{\mathrm{d}t}=\frac{1}{\tau_T^2}\left(\frac{T}{T_{\text{set}}}-1\right) \tag{6-1-12}$$

式中：τ_{T} 表示耦合的时间常数。

Nose-Hoover 算法相当于为模拟的热力学体系增加了与温度对应的自由度。此外，控压的方法包括 Berendsen 恒压法[5]和 Andersen 扩展体系法[6]等，其中 Andersen 扩展体系法同样也是为模拟的热力学体系增加了与体积对应的自由度。

控温和控压对于分子动力学模拟至关重要，在模拟的过程中一般需要监测温度和压力随模拟时间的变化，从而保证分子体系的温度和压力始终在设置值附近。一般来说，压力的波动比温度要大，在模拟的过程中要尽量采取一段时间内的平均压力值。

6.1.4 模拟结果统计后处理

通过分子动力学模拟，可以得到分子的轨迹信息。为了进一步分析体系的特征，需要对这些轨迹信息进行后处理。一般来说，后处理可以得到体系的结构特征、热力学性质、迁移特征等。这些重要的物理化学特征，对于深入了解体系具有重要的价值。

径向分布函数是描述体系结构特征的重要函数，它表示在 A 类原子附近发现 B 类原子的概率，可以用数学公式表示为

$$g_{\mathrm{A-B}}(r)=\frac{\left(\dfrac{n_{\mathrm{B}}}{4\pi r^2\mathrm{d}r}\right)}{\left(\dfrac{N_{\mathrm{B}}}{V}\right)} \tag{6-1-13}$$

式中：n_{B}表示与 A 类原子相距 r、厚度为 $\mathrm{d}r$ 的球壳中 B 类原子的数量；$4\pi r^2\mathrm{d}r$ 表示球壳的体积；N_{B}表示体系中 B 类原子的总数量；V 表示体系的总体积。从式(6-1-13)可以直观看出，径向分布函数是区域密度与系统平均密度的比值。一般来说，液体或非晶体的径向分布函数在近距离处存在着少量的峰分布，其高度随着距离的增加而迅速降低，在远距离处径向分布函数趋于均匀，即 $g_{\mathrm{A-B}}(r)=1$。图 6-2 为水分子中氧原子之间的径向分

布函数曲线。可以看出，其在 0.275 nm 处存在着一个很高的峰，在 0.455 nm 处的峰的高度明显降低，在大于约 0.8 nm 处径向分布函数值几乎趋于 1[9]。对于晶体物质，径向分布函数存在着十分尖锐的峰，且在远距离处仍然存在着峰分布，这与液体或非晶体不同，表明晶体具有长程有序结构，液体或非晶体则是短程有序结构。而对于理想气体的径向分布函数，应该来说不存在峰分布。此外，径向分布函数可用 X 射线衍射或中子衍射法测量，将实验测量结果与模拟预测结果进行对比，可实现对分子力场的验证。

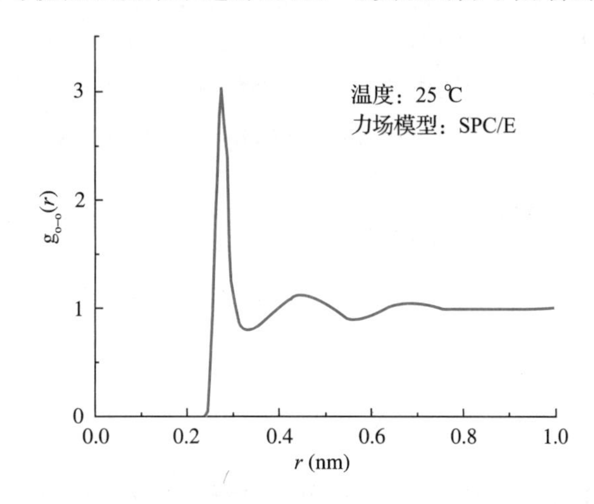

图 6-2　水分子中氧原子之间的径向分布函数

体系的热力学性质包括动能、势能、温度和压力等，可以根据分子动力学模拟结果直接得出体系的动能和势能。体系的动能 K 与每个原子的速度有关，其表达式为

$$K = \sum_{i=1}^{N} \frac{1}{2} m_i u_i^2 \tag{6-1-14}$$

体系的势能 U 即为体系中分子内和分子间的势能总和：

$$U = \sum_{j=i+1}^{N} \sum_{i=1}^{N-1} U_{ij} \tag{6-1-15}$$

此外，体系的温度可表示为

$$T = \frac{2K}{k_B(3N - N_c)} \tag{6-1-16}$$

式中：k_B 为玻尔兹曼常量；N 表示体系中原子数；N_c表示体系中约束数。

因此，$3N - N_c$ 表示体系的总自由度。一般来说，如果没有如固定键长等分子内的约束，则 $N_c = 3$。除了能量和温度外，压力也是体系的一个重要物理量，可以利用维里(Virial)定理计算体系的压力。压力可由体积、温度和系统动能 W 计算，公式为

$$PV = Nk_B T + \frac{2}{3} W \tag{6-1-17}$$

$$W = \frac{1}{2}\sum_{i=1}^{N}\boldsymbol{r}_i \cdot \boldsymbol{f}_i \tag{6-1-18}$$

式中：$\boldsymbol{r}_i$ 为位置矢量；$\boldsymbol{f}_i$ 为受力。

通常来说，在模拟过程中需要不断输出体系的能量、温度和压力等信息，以便对模拟体系的演变过程有大体的掌握。

分子的迁移特征可用其运动的均方位移来表示。在模拟过程中，分子由起始时间（t_0）起不断移动，每个时刻的位置均发生变化，假设分子在 $t_0 + t$ 处的位置为 $\boldsymbol{r}(t_0 + t)$，则其位移平方的平均值称为均方位移(Mean Squared Displacement，MSD)，表达式为

$$\text{MSD} = \frac{1}{N}\sum_{i=1}^{N}\left[\boldsymbol{r}_i(t_0 + t) - \boldsymbol{r}_i(t_0)\right]^2 \tag{6-1-19}$$

在模拟体系中，分子进行着无规则的运动，根据爱因斯坦扩散定律，分子自扩散系数可以表示为

$$D = \frac{1}{6}\lim_{t\to\infty}\frac{\text{MSD}}{t} = \frac{1}{6N}\lim_{t\to\infty}\frac{1}{t}\sum_{i=1}^{N}\left[\boldsymbol{r}_i(t_0 + t) - \boldsymbol{r}_i(t_0)\right]^2 \tag{6-1-20}$$

如果模拟时间足够长，均方位移随着时间呈现线性变化，从而可以利用线性变化的斜率来计算分子扩散系数。

此外，时间相关函数也与分子迁移特征密切相关，它表示当前时刻特定的物理量与早先某一时刻的物理量之间的相关程度，利用时间相关函数可以获取模拟体系中的各种迁移性质。速度自相关函数(Velocity Auto Corrlation Function，VACF)是重要的时间相关函数，它表示体系中分子在当前时刻下的速度和早先时刻下速度的相关程度，具体可表示为

$$\text{VACF}(t) = \boldsymbol{u}_i(t_0) \cdot \boldsymbol{u}_i(t_0 + t) \tag{6-1-21}$$

一般来说，随着时间的推移，$\boldsymbol{u}_i(t_0 + t)$与 $\boldsymbol{u}_i(t_0)$的相关度越来越低，直至完全不相关。

速度自相关函数波动很大，因此模拟中一般需要对体系中的所有分子进行平均处理，而且还需要对模拟结果进行时间平均处理，公式为

$$\text{VACF}_{\text{avg}}(t) = \frac{1}{N(m - t)}\sum_{t_0=1}^{m-t}\sum_{i=1}^{N}\boldsymbol{u}_i(t_0) \cdot \boldsymbol{u}_i(t_0 + t) \tag{6-1-22}$$

式中：N 为分子数量；m 为模拟时间。

速度自相关函数与分子的自扩散系数相关，根据格林－库伯(Green-Kubo)公式，自扩散系数可表示为

$$D = \frac{1}{6}\int_0^{\infty}\text{VACF}_{\text{avg}}(t)\,\mathrm{d}t \tag{6-1-23}$$

速度互相关函数(Velocity Cross Correlation Function，VCCF)也是经常用到的时间相关函数，其与分子之间的动量传递和分子的互扩散系数密切相关，A类分子与B类分子之间的速度互相关函数可表示为

$$\mathrm{VCCF}_{\mathrm{AB}}^{\mathrm{avg}}(t)=\frac{1}{N_{\mathrm{A}}N_{\mathrm{B}}(m-t)}\sum_{t_0=1}^{m-t}\sum_{j=1}^{N_{\mathrm{B}}}\sum_{i=1}^{N_{\mathrm{A}}}\boldsymbol{u}_i(t_0)\cdot\boldsymbol{u}_j(t_0+t) \tag{6-1-24}$$

由上述公式可以看出，求解速度自相关函数和速度互相关函数的计算量很大。尤其对于速度互相关函数，一般利用快速傅里叶方法(Fast Fourier Transform，FFT)来计算，这样可大幅度提升计算效率。

实例解析6-1 氧气分子在液态水中的扩散系数和溶解度

分子动力学模拟可用来模拟溶质在溶剂中的扩散和溶解现象，并可预测扩散系数和溶解度。本实例计算氧气分子在液态水中的扩散系数和溶解度。水是自然界中最常见的物质，很多体系中都包含水分子。所以，目前有很多水分子力场，其中包括由三个力点组成的SPC[10]、SPC/E[11]、TIP3P[12]、F3C等力场[13]、由四个力点组成的TIP4P力场[14]等力场，甚至还有五、六个力点组成的力场。根据之前的经验，SPC/E力场模型对水分子的自扩散系数预测较准确，所以本实例采用SPC/E力场模型[9]。

在SPC/E力场模型中，水分子的局部电荷分别位于O和H原子的中心，如图6-3所示，同时假设水分子是刚性的，即O—H键长及H—O—H键角保持恒定，且只考虑O原子之间的范德华(Van der Waals)作用力。如图6-3所示，本实例采用两个力点组成的氧气力场模型，由于氧气分子是非极化分子，因此O原子没有局部电荷。整个模拟系统的势能表达式为

$$U=\sum\frac{1}{2}K_{\mathrm{b}}(b_i-b_0)^2+\sum 4\varepsilon_{ij}\left[\left(\frac{\sigma_{ij}}{r_{ij}}\right)^{12}-\left(\frac{\sigma_{ij}}{r_{ij}}\right)^{6}\right]+\sum C\frac{q_iq_j}{r_{ij}} \tag{6-1-25}$$

式中：等号右侧第一项表示氧气分子的键伸缩势能，其中 b 为键长，K 为力常数；第二项表示范德华作用势能，其中 r 为分子间距，ε 和 σ 为势能参数；第三项表示带电原子之间的库伦作用势能，其中 C 为库伦常数，q 为电荷。具体势能参数见表6-1。

在确定分子受力关系的基础上，利用速度Verlet算法即式(6-1-10)计算分子体系的位置和速度的演变过程。

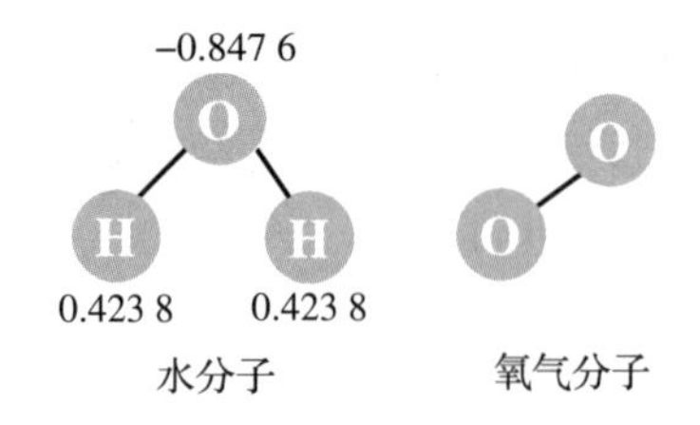

图 6-3　水和氧气分子示意图

表 6-1　水和氧气分子模型参数

参数(单位)	水分子(SPC/E)	O_2
ε_{OO}(kcal/mol)	0.155 4	0.108
σ_{OO}(Å)	3.165 6	3.05
$b_0^{OH/OO}$(Å)	1.0	1.208
θ_0^{HOH}(°)	109.47	—
$K_b^{OH/OO}$[kcal/(mol·Å^2)]	—	1 694
K_θ^{HOH}[kcal/(mol·rad^2)]	—	—
q_O(e)	-0.847 6	0
q_H(e)	0.423 8	—

本实例将 10 000 个水分子和 100 个氧气分子随机插入正方体模拟盒子中来建立初始构型，之后对模拟系统进行能量最小化处理，然后在等温等压系综中，执行 5 ns 模拟以使系统达到平衡状态，然后再执行 10 ns 模拟，并收集分子的轨迹来进行后处理。

可以利用式(6-1-20)计算氧气分子在水中的扩散系数。此外，氧气的溶解度 S 与其额外化学势 μ_{ex} 有关[15]，其表达式为

$$S=\frac{T_0}{TP_0}\exp\left(-\frac{\mu_{ex}}{k_B T}\right) \tag{6-1-26}$$

$$\mu_{ex}=-k_B T\ln\left[\frac{\left\langle V\exp\left(\frac{-\Delta U}{k_B T}\right)\right\rangle_{NPT}}{\langle V\rangle_{NPT}}\right] \tag{6-1-27}$$

式中：T 是模拟系统温度；T_0、P_0 分别是在标准工况下的温度(273 K)和压强(101 kPa)；k_B 为玻尔兹曼常数；ΔU 为测试分子与模拟系统中其他分子之间的势能。

额外化学势是通过对模拟体系平均得到的，因此为了计算额外化学势，需要不断向模拟体系中插入测试分子，计算每个测试分子与体系中其他分子的势能。然后对其进行平均获得额外化学势，进而求得氧气的溶解度。

图 6-4 表示氧气分子的均方位移(MSD)随模拟时间的变化，根据式(6-1-20)可知，扩散系数与均方位移关于时间的导数成正比，因此通过计算图 6-4 中直线部分的斜率，获得的氧气分子扩散系数为 1.9×10^{-5} cm^2/s。此外，向模拟体系中依次插入 8×10^6 个测

试分子。通过平均处理，求得氧气分子在水中的标准溶解度为 0.032 cm^3(STP)/(cm^3 · atm)。本实例是利用 LAMMPS 工具包进行的分子动力学模拟，氧气的均方位移也是通过 LAMMPS 工具包获取，氧气的溶解度则是通过自编译的 C++代码获取。

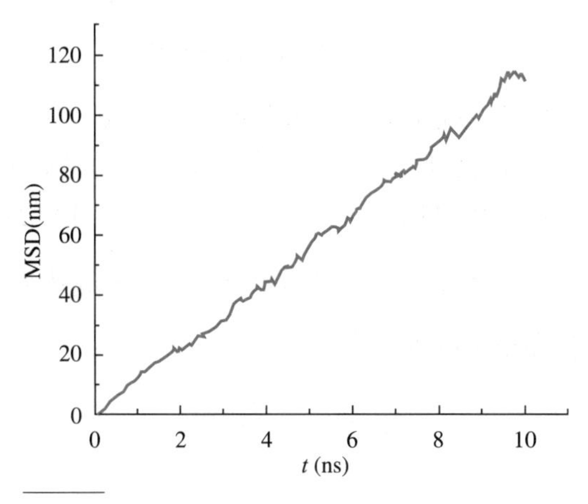

图 6-4　氧气分子的均方位移随模拟时间的变化

实例解析 6-2 质子交换膜导热系数计算

除了上述性质外，还可以利用非平衡分子动力学模拟(Non-Equilibrium Molecular Dynamics，NEMD)[16]来计算体系导热系数。本实例将计算质子交换膜的导热系数。质子交换膜是燃料电池中的重要部件，它可以传导质子，且同时可以阻隔电子和气体。目前，质子交换膜的材料一般为全氟磺酸(Perfluorosulfonicacid，PFSA)高分子聚合物，其化学式如图 6-5 所示。同时质子交换膜中还存在水合氢离子及水分子。本实例中的模拟体系中含有 25 个 PFSA 分子、250 个水合氢离子及 2 750 个水分子，整个模拟系统的势能表达式为[17]

$$U=\sum\frac{1}{2}K_{\mathrm{b}}(b_i-b_0)^2+\sum\frac{1}{2}K_{\theta}(\theta_i-\theta_0)^2+\sum\frac{1}{2}V[1+\cos(n\omega_1-\delta_{\mathrm{n}})]$$
$$+\sum 4\varepsilon_{ij}\left[\left(\frac{\sigma_{ij}}{r_{ij}}\right)^{12}-\left(\frac{\sigma_{ij}}{r_{ij}}\right)^{6}\right]+\sum C\frac{q_iq_j}{r_{ij}} \tag{6-1-28}$$

式中：等号右侧第一项表示分子内键伸缩势能，其中 b 为键长，K 为力常数；第二项表示分子内键角弯曲势能，其中 θ 为键角，K 为力常数；第三项表示分子内二面角扭曲势能，其中 n 为旋转多重度，δ_{n} 为相因子，V 为扭曲势能位垒高度；第四项表示范德华势能，其中 r 为原子距离，ε 和 σ 为势能参数；第五项表示带电原子之间的库伦势能，其中 C 为库伦常数，q 为原子的电荷数，r 为原子距离。

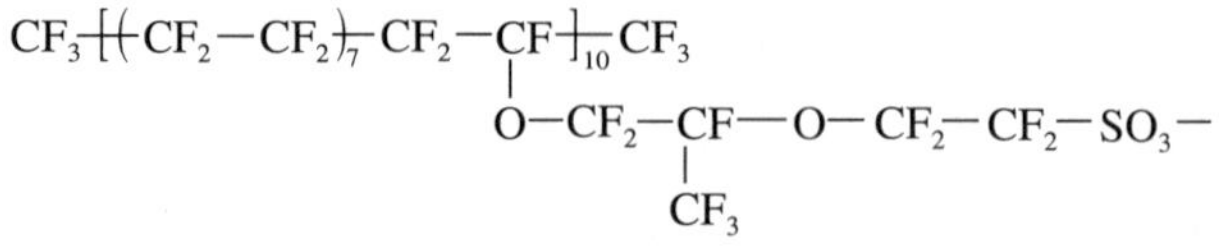

CF3 CF2 CF2 7 CF2 CF 10 CF3
O CF2 CF O CF2 CF2 SO3
CF3

图 6－5　**PFSA 的分子结构**

首先，将这些分子随机插入模拟盒子中来获得初始结构，然后通过一系列热处理过程来消除初始结构的随机性[19]，获得平衡结构。在平衡结构的基础上，利用 NEMD 来计算导热系数。具体计算过程：先将模拟盒子沿 Oz 方向平分为 40 份，热流（J_z）不断被输入到膜的中间部位。从而膜的中间是热端，两端为冷端；中间和两端形成的温度差为$\left(\frac{\mathrm{d}T}{\mathrm{d}z}\right)$。于是根据傅里叶定律，热导率可以表示为

$$\lambda = -\frac{J_z}{\left(\frac{\mathrm{d}T}{\mathrm{d}z}\right)_{\mathrm{avg}}} \tag{6-1-29}$$

首次执行 4 ns 的模拟，来获得线性的温度分布，之后再执行 1 ns 的模拟，且每 1 ps 获取一次温度分布和热流量的数据，最后进行平均处理。

图 6－6 表示 Oz 方向的膜温度分布，可以看出膜中间温度最高，然后向两端线性下降。可以通过温度分布的斜率得出$\frac{\mathrm{d}T}{\mathrm{d}z}$，然后利用式(6－1－29)得出导热系数为 0.237 W/(m・K)。本实例也是利用 LAMMPS 工具包进行的整个模拟过程。

450
400
350
300
250
200
温度（K）
0.0
0.2
0.4
0.6
0.8
1.0
相对位置

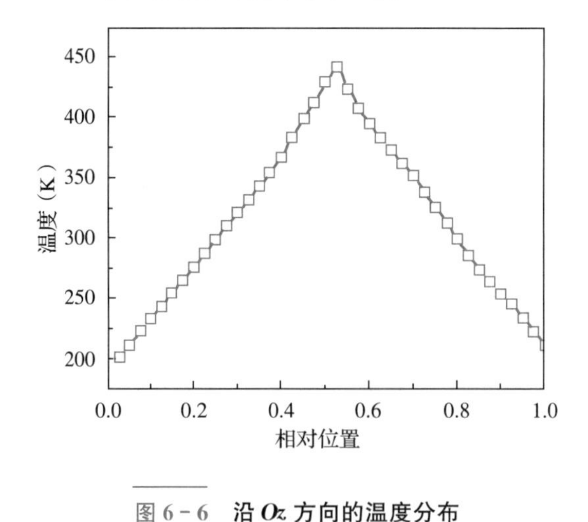

图 6－6　**沿 Oz 方向的温度分布**

6.2 格子玻尔兹曼方法（Lattice-Boltzmann Method，LBM）

分子动力学模拟方法原理简单，但需要确定每个粒子在特定时刻的状态（如坐标、速度分量等），因此受限于计算资源以及数据的还原过程，不适用于较大尺度模拟。实际上，

在一个系统中的任意时刻，单个分子的速度和位置信息往往并不重要。麦克斯韦认为，分布函数，即描述某一时间内速度在一定范围内的分子处在某一具体位置百分比的函数，才是描述分子效应的重要参数，称为麦克斯韦分布。玻尔兹曼将其推广到任意大系统，以此为理论基础提出了格子玻尔兹曼方法。该方法在宏观上是离散方法，微观上是连续方法，其核心是建立微观和宏观尺度之间的桥梁，因此被称为介观模拟方法[18]。LBM 同样可视为显式算法，具有物理意义清晰、易于编程、易于并行处理、边界条件处理简单等优势，目前已在微尺度流动与换热、多孔介质流动与换热、多相流动与传热、生物流体等领域得到了广泛应用。

6.2.1 玻尔兹曼(Boltzmann)方程

在介观尺度下，流体被认为是由一系列离散的流体粒子组成的。这些粒子的尺度比分子尺度要大，但在宏观上又无限小。考虑到单个分子的运动细节并不影响流体的宏观特性，所以格子玻尔兹曼方法通过构造符合物理规律的粒子分布函数演化机制，从而获得与物理规律相符的计算结果。对于一个系统而言，其分布函数可以定义为 $f(\boldsymbol{r},\boldsymbol{u},t)$，含义为 t 时刻速度为 $\boldsymbol{u}\sim\boldsymbol{u}+\mathrm{d}\boldsymbol{u}$ 且处于 $\boldsymbol{r}\sim\boldsymbol{r}+\mathrm{d}\boldsymbol{r}$ 之间的分子数。单位质量的分子在外力 $\boldsymbol{F}$ 作用下，分子速度和位置分别由 $\boldsymbol{u}$ 和 $\boldsymbol{r}$ 转变为 $\boldsymbol{u}+\mathrm{d}\boldsymbol{u}$ 和 $\boldsymbol{r}+\mathrm{d}\boldsymbol{r}$。其分布函数的演化方程可以表述为：

$$f(\boldsymbol{r}+\boldsymbol{u}\mathrm{d}t,\ \boldsymbol{u}+\boldsymbol{F}\mathrm{d}t,\ t+\mathrm{d}t)\mathrm{d}\boldsymbol{r}\mathrm{d}\boldsymbol{u}-f(\boldsymbol{r},\ \boldsymbol{u},\ t)\mathrm{d}\boldsymbol{r}\mathrm{d}\boldsymbol{u}=\boldsymbol{\Omega}\mathrm{d}\boldsymbol{r}\mathrm{d}\boldsymbol{u}\mathrm{d}t \tag{6-2-1}$$

式中：$\boldsymbol{\Omega}$ 为碰撞算子，表征的是分布函数由初始状态到最终状态的变化率。

$\boldsymbol{\Omega}$ 为 f 的函数，特别地，当分子间不发生碰撞时，$\boldsymbol{\Omega}$ 为 0。在笛卡尔坐标系中，对式(6-2-1)取极限 $\mathrm{d}t\to0$，可推导出下式：

$$\frac{\mathrm{d}f}{\mathrm{d}t}=\frac{\partial f}{\partial t}+\frac{\partial f}{\partial \boldsymbol{r}}\boldsymbol{u}+\frac{\partial f}{\partial \boldsymbol{u}}\boldsymbol{a}=\boldsymbol{\Omega} \tag{6-2-2}$$

式(6-2-2)即为 Boltzmann 输运方程，其基本思想是不去确定每个分子的运动状态，而是求出每一个分子处在某一状态下的概率，通过统计方法得出系统的宏观参数。

系统在没有外力作用时，Boltzmann 输运方程可以写为

$$\frac{\partial f}{\partial t}+\boldsymbol{u}\cdot\nabla f=\boldsymbol{\Omega} \tag{6-2-3}$$

在推导 Boltzmann 方程的过程中，有三个不可或缺的假设[18]：

1)分子之间的碰撞只考虑二体碰撞，忽略三个或三个以上分子碰撞在一起的情况；

2)各个分子碰撞前速度独立，即分子混沌假设；

3)系统内部碰撞行为不受外力影响。

Boltzmann 输运方程是一个复杂的微分积分方程，方程等号右端为碰撞积分或积分

项，右端积分项 $\boldsymbol{\Omega}$ 的存在为方程求解带来了极大困难，它是分布函数的非线性项且受分子间作用力影响。因此，在计算过程中，常常采用一定的方法简化碰撞项，目前最普遍的简化方式是以一个简单的算子代替 Boltzmann 输运方程中的碰撞项，把气体从初始状态向平衡状态的发展过程看作是一个简单的弛豫过程，即 BGK 近似[19]，其表达式为

$$\boldsymbol{\Omega}=\omega(f^{eq}-f)=\frac{1}{\tau}(f^{eq}-f) \tag{6-2-4}$$

式中：ω 为碰撞频率；τ 为松弛因子；f^{eq}为局部平衡分布函数或麦克斯韦－玻尔兹曼分布函数。

因此，无外力作用时的系统 Boltzmann 输运方程可以表述为

$$\frac{\partial f}{\partial t}+\boldsymbol{u}\cdot\nabla f=\frac{1}{\tau}(f^{eq}-f) \tag{6-2-5}$$

在格子玻尔兹曼方法中，不仅流体被离散成流体粒子，物理区域也被离散成一系列格子，时间则被离散成一系列的时步。因此，对式(6－2－5)进行离散化，并且假设其沿特定方向(格子链)有效，可以得出沿特定方向的玻尔兹曼方程：

$$\frac{\partial f_{\mathrm{i}}}{\partial t}+\boldsymbol{u}_{\mathrm{i}}\cdot\nabla f_{\mathrm{i}}=\frac{1}{\tau}(f^{eq}-f) \tag{6-2-6}$$

基于查普曼－恩斯科克(Chapman-Enskog)展开[20]，可以由上述方程推出宏观流体运动方程(Euler 方程或 Navier-Stokes 方程)。根据简化后的动力学模型，流体粒子被约束在有限的格线上运动，宏观层次的密度、速度等参数需要对这些粒子的相关特性做平均获得。相比传统方法，格子玻尔兹曼方法将非线性偏微分方程组的求解，简化为在模型建立时一次完成，使得在后续计算过程中，只需要处理简单的线性方程(组)，该方法并行性能好、易于编程。

在格子玻尔兹曼方法中，确定平衡分布函数起着至关重要的作用。实际上，应用格子玻尔兹曼方法求解扩散、对流－扩散、动量等输运方程的过程基本是类似的，其主要区别就在于平衡分布函数。限于篇幅，本书不给出平衡分布函数的推导过程。平衡分布函数的一般形式为

$$f_i^{eq}=\varphi\omega_i[A+B\boldsymbol{c}_i\cdot\boldsymbol{u}+C(\boldsymbol{c}_i\cdot\boldsymbol{u})^2+D\boldsymbol{u}^2] \tag{6-2-7}$$

式中：A、B、C 和 D 为常数，需结合守恒定理确定；$\boldsymbol{c}_i$ 为离散速度；φ 为输运标量，如密度、浓度等，其值等于所有分布函数之和，即有下式成立：

$$\varphi=\sum_{i=1}^{m}f_i^{eq} \tag{6-2-8}$$

式中：m 表示格子链数目，在格子玻尔兹曼方法中，常常用 DnQm 这一通用术语表示求

解问题的维数(n)和速度模型中格子链数量(m)。

特别地，对于扩散过程，流动速度为0，则平衡分布函数的表达式为

$$f_i^{\mathrm{eq}} = \varphi A \omega_i \tag{6-2-9}$$

6.2.2　格子玻尔兹曼方法的基本模型

一个完整的格子玻尔兹曼方法求解过程由离散速度，平衡分布函数以及分布函数的演化方程三个部分组成，需要注意的是，离散后的格子玻尔兹曼方程必须等价于相应的宏观方程，因此平衡分布函数、离散速度应满足一定的约束条件来保证离散的等价性。1992年 Qian 等[21]提出的 DnQm（n 维空间，m 个离散速度)模型是格子玻尔兹曼模型的最基本形式。下面给出最常用的一些 DnQm 模型基本参数。

(1)D1Q3：

$$\boldsymbol{c}_i = c[0, 1, -1] \tag{6-2-10}$$

$$c_s = \frac{c}{\sqrt{3}} \tag{6-2-11}$$

$$\omega_i = \begin{cases} \dfrac{2}{3}, \boldsymbol{c}_i^2 = 0 \\ \dfrac{2}{3}, \boldsymbol{c}_i^2 = c^2 \end{cases} \tag{6-2-12}$$

(2)D1Q5：

$$\boldsymbol{c}_i = c[0, 1, -1, 2, -2] \tag{6-2-13}$$

$$c_s = c \tag{6-2-14}$$

$$\omega_i = \begin{cases} \dfrac{1}{2},\ \boldsymbol{c}_i^2 = 0 \\ \dfrac{1}{6},\ \boldsymbol{c}_i^2 = c^2 \\ \dfrac{1}{12},\ \boldsymbol{c}_i^2 = 4c^2 \end{cases} \tag{6-2-15}$$

(3)D2Q7：

$$\begin{cases} \boldsymbol{c}_i = (0,\ 0),\ i = 0 \\ \boldsymbol{c}_i = c\,(\cos\theta_i,\ \sin\theta_i),\ \theta_i = (i-1)\dfrac{\pi}{3}(i = 1,\ 2,\ \cdots, 6) \end{cases} \tag{6-2-16}$$

$$c_s = \frac{c}{2} \tag{6-2-17}$$

$$\omega_i = \begin{cases} \dfrac{2}{3}, & \boldsymbol{c}_i^2 = 0 \\ \dfrac{1}{12}, & \boldsymbol{c}_i^2 = c^2 \end{cases} \tag{6-2-18}$$

D2Q9：

$$\boldsymbol{c}_i = c\begin{bmatrix} 0 & 1 & 0 & -1 & 0 & 1 & -1 & -1 & 1 \\ 0 & 0 & 1 & 0 & -1 & 1 & 1 & -1 & -1 \end{bmatrix} \tag{6-2-19}$$

$$c_s = \frac{c}{\sqrt{3}} \tag{6-2-20}$$

$$\omega_i = \begin{cases} \dfrac{4}{9}, & \boldsymbol{c}_i^2 = 0 \\ \dfrac{1}{9}, & \boldsymbol{c}_i^2 = c^2 \\ \dfrac{1}{36}, & \boldsymbol{c}_i^2 = 2c^2 \end{cases} \tag{6-2-21}$$

D3Q15：

$$c_i = \begin{bmatrix} 0 & 1 & -1 & 0 & 0 & 0 & 0 & 1 & -1 & 1 & -1 & 1 & -1 & -1 & 1 \\ 0 & 0 & 0 & 1 & -1 & 0 & 0 & 1 & -1 & 1 & -1 & -1 & 1 & 1 & -1 \\ 0 & 0 & 0 & 0 & 0 & 1 & -1 & 1 & -1 & -1 & 1 & 1 & -1 & 1 & -1 \end{bmatrix} \tag{6-2-22}$$

$$c_s = \frac{c}{\sqrt{3}} \tag{6-2-23}$$

$$\omega_i = \begin{cases} \dfrac{2}{9}, & \boldsymbol{c}_i^2 = 0 \\ \dfrac{1}{9}, & \boldsymbol{c}_i^2 = c^2 \\ \dfrac{1}{72}, & \boldsymbol{c}_i^2 = 3c^2 \end{cases} \tag{6-2-24}$$

D3Q19：

$$\boldsymbol{c}_i = \begin{bmatrix} 0 & 1 & -1 & 0 & 0 & 0 & 0 & 1 & -1 & 1 & -1 & 1 & -1 & -1 & 1 \\ 0 & 0 & 0 & 1 & -1 & 0 & 0 & 1 & -1 & -1 & 1 & 0 & 0 & 0 & 0 \\ 0 & 0 & 0 & 0 & 0 & 1 & -1 & 0 & 0 & 0 & 0 & 1 & -1 & 1\ -1 & 1 \end{bmatrix} \tag{6-2-25}$$

$$c_s = \frac{c}{\sqrt{3}} \tag{6-2-26}$$

$$\omega_i = \begin{cases} \dfrac{1}{3} & \boldsymbol{c}_i^2 = 0 \\ \dfrac{1}{18} & \boldsymbol{c}_i^2 = c^2 \\ \dfrac{1}{36} & \boldsymbol{c}_i^2 = 2c^2 \end{cases} \tag{6-2-27}$$

式中：c 为声速；$\boldsymbol{c}_i$ 为离散速度；c_s 为格子速度。

6.2.3 多松弛方法

LBM 方法有多种类型，它们在处理碰撞过程的方式上各不相同。最为流行的一种形式为格子巴纳加尔－格罗斯－克鲁克（Lattice Bhatnagar-Gross-Krook，LBGK）方法[22]，其采用单一的弛豫时间简化碰撞步骤。LBGK 的一些缺点也很明显，LBGK 在处理多扩散系数以及多热流密度等问题上稳定性很差，此外 LBGK 只限于低马赫数流动（在 $Ma \leqslant 0.3$ 时流体不可压假设成立）问题。相对于单松弛格式，多松弛格式在处理复杂问题中具有更高的稳定性和准确性。在多松弛格式中，通过引入转换方程，可以适应多松弛因子的数值计算且展现出极高的数值稳定性，碰撞算子可以表达为

$$f_i(\boldsymbol{x} + \boldsymbol{c}_i \Delta t, t + \Delta t) - f_i(\boldsymbol{x}, t) = -\boldsymbol{\Lambda}_{ij}[f_i(\boldsymbol{x}, t) - f_i^{\mathrm{eq}}(\boldsymbol{x}, t)] \tag{6-2-28}$$

式中：$\boldsymbol{\Lambda}_{ij}$ 为碰撞矩阵。

在 LBGK 单松弛格式中，若存在多个松弛时间，速度空间的碰撞步骤难以实现，多松弛（MRT）格式将分布函数在速度空间的离散转化为矩空间 $\boldsymbol{M}$，将速度空间的碰撞转化为矩空间的碰撞。依据分布函数我们可以简单定义 b 个矩[23]：

$$m_k = f\varphi_k (k = 1, 2, ..., b) \tag{6-2-29}$$

式中：$\boldsymbol{\phi}_k$ 为离散速度 $\boldsymbol{c}_i$ 的多项式函数，称为基向量。

通过基向量即可以建立速度空间和矩空间之间的关系，即：

$$\boldsymbol{m} = \boldsymbol{M}\boldsymbol{f} \text{ 或 } \boldsymbol{f} = \boldsymbol{M}^{-1}\boldsymbol{m} \tag{6-2-30}$$

式中：$\boldsymbol{M}$ 为一个是由{$\boldsymbol{\phi}_k$：$k=1$，$2\cdots$，b}决定的 $Q \times Q$ 转换矩阵[24]：

$$\boldsymbol{M} = [\boldsymbol{\phi}_1, \boldsymbol{\phi}_2, \cdots, \boldsymbol{\phi}_b]^{\mathrm{T}} \tag{6-2-31}$$

由于分布函数的矩直接对应于流量，因此可以通过多弛豫时间执行弛豫过程，粒子分布函数演化格式转化为

$$\begin{aligned}&f_i(\boldsymbol{x}+\boldsymbol{c}_i\Delta t,t+\Delta t)-f_i(\boldsymbol{x},t)\\&=-\boldsymbol{M}^{-1}S[\boldsymbol{m}(x,t)-\boldsymbol{m}^{\mathrm{eq}}(\boldsymbol{x},t)]+\boldsymbol{F}(\boldsymbol{x},t)\end{aligned} \tag{6-2-32}$$

式中：$\boldsymbol{m}(x,\ t)$和$\boldsymbol{m}^{\mathrm{eq}}(x,\ t)$表示动量矢量，$\boldsymbol{M}f^{\mathrm{eq}}(x,\ t)=\boldsymbol{m}^{\mathrm{eq}}(x,\ t)$为矩空间的平衡分布函数，即矩函数；$\boldsymbol{m}(x,\ t)\boldsymbol{S}$为松弛矩阵，为一个对角矩阵。

$$\boldsymbol{S}=\boldsymbol{M}\boldsymbol{\Lambda}\boldsymbol{M}^{-1}=\mathrm{diag}(s_0,s_1,s_2,\cdots,s_n) \tag{6-2-33}$$

需要指出的是，矩 m_i 与松弛时间 s_i 一一对应，不同的矩函数可以依据具体物理问题对应不同的松弛时间。

在接下来的部分给出几种常用的标准 MTR 格式模型的参数，读者可以依据具体问题灵活选取。

(1)D2Q9：

变换矩阵为

$$\boldsymbol{M}=\begin{bmatrix}1&1&1&1&1&1&1&1&1\\-4&-1&-1&-1&-1&2&2&2&2\\4&-2&-2&-2&-2&1&1&1&1\\0&1&0&-1&0&1&-1&-1&1\\0&-2&0&2&0&1&-1&-1&1\\0&0&1&0&-1&1&1&-1&-1\\0&0&-2&0&2&1&1&-1&-1\\0&1&-1&1&-1&0&0&0&0\\0&0&0&0&0&1&-1&1&-1\end{bmatrix} \tag{6-2-34}$$

分布函数对应的矩函数为

$$\boldsymbol{m}=[\rho,e,\varepsilon,j_x,q_x,j_y,q_y,p_{xx},p_{xy}]^{\mathrm{T}} \tag{6-2-35}$$

矩空间平衡分布函数为

$$\boldsymbol{m}^{\mathrm{eq}}=\rho[1,-2+3u^2,1-3u^2,u_x,-u_x,u_y,-u_y,u_x^2-u_y^2,u_xu_y]^{\mathrm{T}} \tag{6-2-36}$$

松弛参数为

$$\boldsymbol{S}=[0,s_{\mathrm{e}},s_{\varepsilon},0,s_q,s_{\nu},s_{\nu}] \tag{6-2-37}$$

$$\begin{cases}\nu=c_s^2\left(\dfrac{1}{s_\nu}-\dfrac{1}{2}\right)\Delta t\\c_s=\dfrac{1}{3}\end{cases} \tag{6-2-38}$$

式中：v 为剪切黏性系数；c_s 为格子声速。

D3Q19：

该模型的离散速度与 LBGK 的相同，变换矩阵为

$$
\boldsymbol{M}=\begin{bmatrix}
1&1&1&1&1&1&1&1&1&1&1&1&1&1&1&1&1&1&1\\
-30&-11&-11&-11&-11&-11&-11&8&8&8&8&8&8&8&8&8&8&8&8\\
12&-4&-4&-4&-4&-4&-4&1&1&1&1&1&1&1&1&1&1&1&1\\
0&1&-1&0&0&0&0&1&-1&1&-1&1&-1&1&-1&0&0&0&0\\
0&-4&4&0&0&0&0&1&-1&1&-1&1&-1&1&-1&0&0&0&0\\
0&0&0&1&-1&0&0&1&1&-1&-1&0&0&0&0&1&-1&1&-1\\
0&0&0&-4&4&0&0&1&1&-1&-1&0&0&0&0&1&-1&1&-1\\
0&0&0&0&0&1&-1&0&0&0&0&1&1&-1&-1&1&1&-1&-1\\
0&0&0&0&0&-4&4&0&0&0&0&1&1&-1&-1&1&1&-1&-1\\
0&2&2&-1&-1&-1&-1&1&1&1&1&1&1&1&1&-2&-2&-2&-2\\
0&-4&-4&2&2&2&2&1&1&1&1&1&1&1&1&-2&-2&-2&-2\\
0&0&0&1&1&-1&-1&1&1&1&1&-1&-1&-1&-1&0&0&0&0\\
0&0&0&-2&-2&2&2&1&1&1&1&-1&-1&-1&-1&0&0&0&0\\
0&0&0&0&0&0&0&1&-1&-1&1&0&0&0&0&0&0&0&0\\
0&0&0&0&0&0&0&0&0&0&0&0&0&0&0&1&-1&-1&1\\
0&0&0&0&0&0&0&0&0&0&0&0&1&-1&-1&1&0&0&0\\
0&0&0&0&0&0&0&1&-1&1&-1&-1&1&-1&1&0&0&0&0\\
0&0&0&0&0&0&0&-1&-1&1&1&0&0&0&0&1&-1&1&-1\\
0&0&0&0&0&0&0&0&0&0&0&1&1&-1&-1&-1&-1&1&1
\end{bmatrix}
\tag{6-2-39}
$$

其对应的 19 个矩为

$$
m=[\rho,e,\varepsilon,j_x,q_x,j_y,q_y,j_z,q_z,3p_{xx},3\pi_{xx},p_{ww},p_{xy},p_{yz},p_{zx},t_x,t_y,t_z]^{\mathrm{T}}
\tag{6-2-40}
$$

矩空间平衡分布函数为

$$
\begin{aligned}
\boldsymbol{m}^{\mathrm{eq}}=\rho\Big[&1,-11+19u^2,3-\frac{11}{2u^2},u_x,-\frac{2}{3}u_x,u_y,-\frac{2}{3}u_y,u_z,-\frac{2}{3}u_z,3u_x^2,\\
&-u^2,u_y^2-u_z^2,u_xu_y,u_yu_z,u_xu_z,\frac{\gamma p_{\mathrm{xx}}^{\mathrm{eq}}}{\rho},\frac{\gamma p_{\mathrm{ww}}^{\mathrm{eq}}}{\rho},0,0\Big]^{\mathrm{T}}
\end{aligned}
\tag{6-2-41}
$$

模型松弛因子为

$$
\boldsymbol{S}=[0,s_{\mathrm{e}},s_{\varepsilon},0,s_{\mathrm{q}},0,s_{\mathrm{q}},0,s_{\mathrm{q}},s_{\nu},s_{\pi},s_{\nu},s_{\pi},,s_{\nu},s_{\nu},s_{\nu},s_{\mathrm{t}},s_{\mathrm{t}},s_{\mathrm{t}}]
\tag{6-2-42}
$$

$$
\begin{cases}
v=c_s^2\left(\dfrac{1}{s_\nu}-\dfrac{1}{2}\right)\Delta t\\
c_s=\dfrac{1}{\sqrt{3}}
\end{cases}
\tag{6-2-43}
$$

6.2.4 边界条件处理

在使用格子玻尔兹曼方法进行模拟计算时，对边界条件的处理至关重要。由于内部质点的分布函数可通过碰撞迁移进行更新，只有当未知边界处的分布函数确定后，计算才能继续进行，此过程称为格子玻尔兹曼方法的边界处理方法，所设计出的计算格式则称为边界处理格式。边界格式一般分为启发式格式、动力学格式、外推格式，以及其他复杂边界处理格式[25]。

1. 启发式格式

启发式格式通过边界处宏观物理特性以及运动规则直接确定边界处的未知分布函数。主要包括周期性边界处理格式、对称边界处理格式、充分发展边界处理格式以及用于处理复杂壁面的反弹边界处理格式等。

(1)周期性边界处理格式

在数值模拟中，周期性边界处理格式常用来处理无限大计算域或流场呈周期性变化的空间边界。简单来说，就是离开流场一侧的全部粒子通过另一侧边界进入流场，从而严格保证整个系统的质量和动量守恒。以 D2Q9 为例，如图 6－7 所示，周期性边界处理格式可表示为

$$f_{1,5,8}(0,j) = f_{1,5,8}(N,j) \tag{6-2-44}$$

$$f_{3,6,7}(N+1,j) = f_{1,5,8}(1,j) \tag{6-2-45}$$

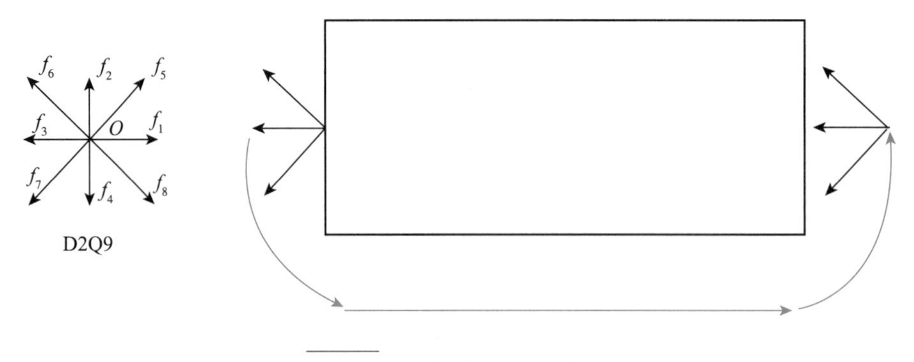

图 6－7 周期性边界处理格式

(2)对称边界处理格式

为节省计算资源，在对称性问题中取计算域的一半作为模拟区域，对称轴处采用对称边界。以 D2Q9 为例，如图 6－8 所示，对称性边界处理格式可表示为

$$f_{2,5,6}(N,0) = f_{4,8,7}(N,2) \tag{6-2-46}$$

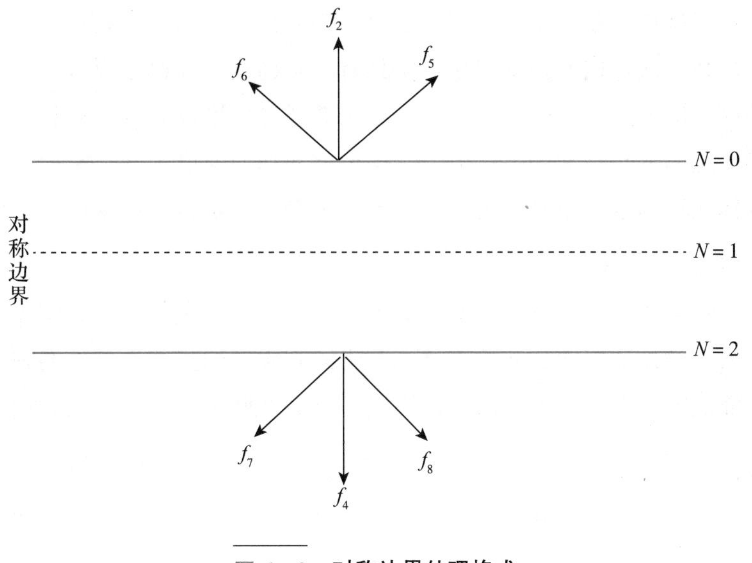

图 6-8　**对称边界处理格式**

(3)充分发展边界处理格式

当流体区域足够长时，流体通道内速度、密度等物理量在流动方向不再发生显著的变化，此时可以认为质点在此方向上的空间导数为 0。以 D2Q9 为例，充分发展边界处理格式可表示为

$$f_{3,6,7}(N,j) = f_{3,6,7}(N-1,j) \tag{6-2-47}$$

(4)反弹边界处理格式

反弹边界处理格式可分为标准反弹格式、半步长反弹格式以及修正反弹格式。对于静止固体边界，一般采用标准反弹格式，以 D2Q9 为例，质点从流体节点 $N-1$ 处迁移到边界节点 N 处时不发生碰撞即原路返回，从而获得边界节点处的 f_6，其他方向分布函数处理方式也相同，如图 6-9 所示。

$$f_{2,5,6}(N,1) = f_{4,7,8}(N-1,1) \tag{6-2-48}$$

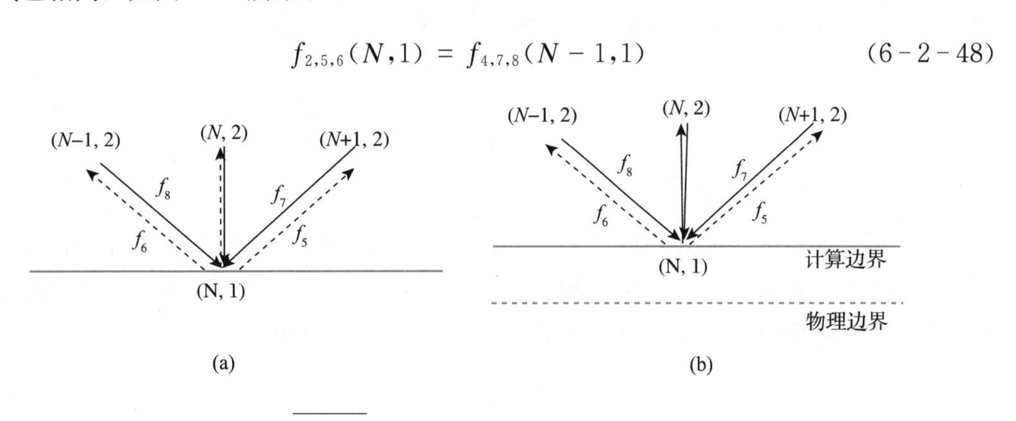

图 6-9　**反弹边界处理格式示意图**

(a)标准反弹格式　(b)半步长反弹格式

标准反弹格式操作简单，易于理解，但只有一阶精度。为提高精度，可采用修正反弹格式或半步长反弹格式，这两种反弹格式均具有二阶精度。在修正反弹格式中，认为固体边界仍然位于第一层节点上，边界上未知分布函数通过标准反弹格式获得，而其他分布函数取进入边界质点的分布函数的平均值，以保证壁面切向速度为0。在半步长反弹格式中，物理区域向流体区域内推半个网格为计算边界，未知分布函数仍依据标准反弹获得。

(5)镜面反射边界处理格式

上述反弹边界主要用于非滑移壁面，对于光滑壁面，即壁面与流体间无动量交换，通常采用镜面反射边界处理格式。从节点 $N-1$ 迁移的质点遇到边界若原路弹回为标准反弹格式，若沿壁面法向反射，则为镜面反射格式，以 D2Q9 为例，镜面反射边界处理条件可表示为

$$f_{2,5,6}(N,1) = f_{4,8,7}(N-1,1) \tag{6-2-49}$$

2. 动力学格式

动力学格式主要依据边界上宏观物理量的定义，通过守恒规则直接求解，边界节点处的未知分布函数表达式为

$$\begin{cases} \sum_{\alpha} f_{\alpha}(x) = \rho \\ \sum_{\alpha} c_{\alpha} f_{\alpha}(x) = \rho u \end{cases} \tag{6-2-50}$$

通过求解方程组获得未知分布函数，动力学格式主要包括 Nobel 格式[26]、非平衡反弹格式、反滑移格式和质量修正格式等。

(1)Nobel 格式

Nobel 格式用于处理边界处宏观量已知条件下的未知分布函数问题。具体来说，使用 Nobel 格式可在边界处速度已知的条件下，依据宏观量以及守恒关系，确定未知分布函数。因而需要在迁移和碰撞中间引入中间外力过程，其形式为

$$f_{\alpha}(x + c_{\alpha}\Delta t, t + \Delta t) - f_{\alpha}(x,t) = -\frac{1}{\tau}(f_{\alpha} - f_{\alpha}^{\mathrm{eq}}) + P_{\alpha} \tag{6-2-51}$$

(2)非平衡态反弹格式

非平衡态反弹格式是由 Zou 与 He[27] 在 1997 年提出的一种近似二阶精度的边界处理格式。如图 6－10 所示，边界节点处的 f_2、f_5、f_6 以及密度 ρ 未知，在此处以速度边界为例，流体速度的横向分量 u 与纵向分量 v 已知，可得如下方程组：

$$f_2 + f_5 + f_6 = \rho - (f_0 + f_1 + f_3 + f_4 + f_7 + f_8) \tag{6-2-52}$$

$$f_5 - f_6 = \rho u - (f_1 - f_3 + f_7 - f_8) \tag{6-2-53}$$

$$f_2 + f_5 + f_6 = \rho_v - (f_4 + f_7 + f_8) \tag{6-2-54}$$

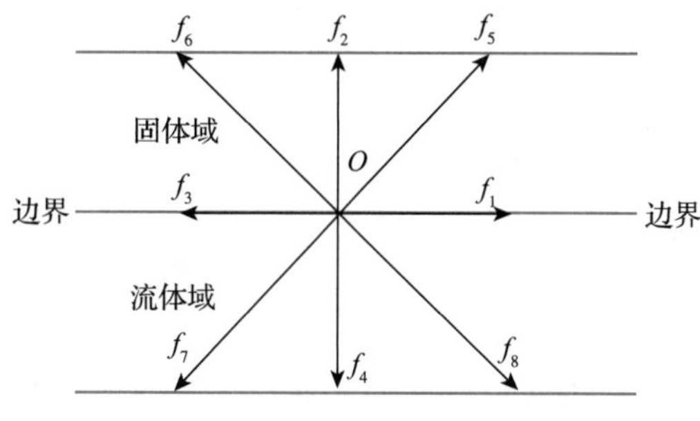

图 6-10　非平衡态反弹格式

联立式(6-2-52)和式(6-2-54)可得

$$\rho = \frac{1}{1-v}(f_0 + f_1 + f_3 + 2f_4 + 2f_7 + 2f_8) \tag{6-2-55}$$

Zou 和 He 假设在垂直边界方向上，反弹格式对分布函数的非平衡部分依旧成立，即

$$f_2 - f_2^{eq} = f_4 - f_4^{eq} \tag{6-2-56}$$

将式(6-2-55)与式(6-2-56)联立易得所有未知边界分布函数。

(3)质量修正格式

通过进出口的质量流率，得到一个修正系数来修正出口速度并以修正速度更新未知边界处的分布函数，以此来获得数值计算稳定性以及更好的收敛性。此方法常用于充分发展流动。质量修正系数为

$$\xi = \frac{\sum_j \rho(1,j)u(1,j)\delta_y}{\sum_j \rho(N_x,j)u(N_x-1,j)\delta_y} \tag{6-2-57}$$

3. 外推格式

虽然启发式格式可以处理一些特定的边界条件，但对于一些非常规的边界条件，前述方法难以适用。一些研究者通过借鉴传统流体力学方法中的边界处理格式来构造格子玻尔兹曼方法边界处理格式，主要包括 Chen 格式[28,29]、非平衡态外推格式等。

其中，Chen 格式：此方法借鉴有限差分的概念，在边界节点 N 处采用中心差分，由此确定未知节点的分布函数，以 D2Q9 为例，其可表示为

$$f_{2,5,6}(N,0) = 2f_{2,5,6}(N,1) - f_{2,5,6}(N,2) \tag{6-2-58}$$

4. 复杂边界处理格式

当处理复杂的物理区域时，如计算域处具有不规则的几何形状时，一般采用适体网

格、非结构体网格或直角正交化网格等技术。以上方法各有利弊，一般基于具体问题灵活选择。

实例解析 6-3 用格子玻尔兹曼方法求解对流扩散方程

对流扩散方程是一类重要的偏微分方程，在众多工程领域中有广泛的应用，主要用于描述流体内部由扩散以及对流主导的物理过程。对环境科学、能源、流体力学等学科具有重要的意义。对流扩散方程的一般形式为

$$\frac{\partial C}{\partial t} + u\frac{\partial C}{\partial x} = \alpha\frac{\partial^2 C}{\partial x^2} \qquad (6-2-59)$$

对于对流扩散方程的数值求解，一直是工程领域以及计算科学中的重要课题，传统的数值方法如有限差分法（Finite Difference Method，FDM）、有限元法（Finite Element Method，FEM）、有限体积法（Finite Volume Method，FVM）、有限解析法（Finite Analytical Method，FAM）、边界元法（Boundary Element Method，BEM）、谱方法（Spectral Method，SM）等，在工程领域具有广泛的应用。但是，分析多孔介质内部介观尺度的对流扩散问题时，传统的方法难以处理复杂的多孔介质界面问题，且计算效率很低，格子玻尔兹曼方法为解决这类问题提供了新思路。格子玻尔兹曼方法可以更直观地描述流体内部以及流体与周围环境间相互作用的问题，相较传统的数值方法，其描述物理过程清晰，计算及编程简单，具有良好的并行性以及扩展性，适宜大规模计算。本实例中，采用格子玻尔兹曼方法求解对流扩散方程。以二维空间内气体扩散过程为例，气体以两个方向的速度进入空间，假设初始条件下左侧气体浓度 c_0 为 1 mol/m^3，其他侧气体浓度为 0 mol/m^3。计算域如图 6-11 所示。

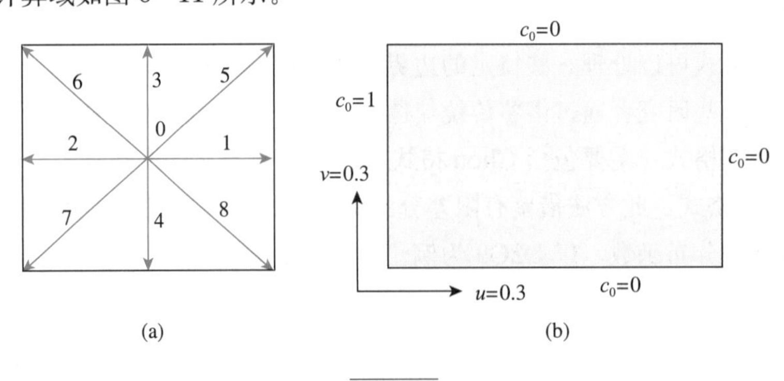

图 6-11

(a)D2Q9 示意图　(b) 初始条件

二维对流扩散问题的格子玻尔兹曼离散格式为

$$g_k(x+\Delta x, y+\Delta y, t+\Delta t) = g_k(x,y,t)[1-\omega] + \omega g_k^{eq}(x,y,t) \tag{6-2-60}$$

式中：g_k 表示分布函数。

上述方程包含两个步骤，碰撞及迁移。

迁移项为

$$g_k(x+\Delta x, y+\Delta y, t+\Delta t) = g_k(x,y,t+\Delta t) \tag{6-2-61}$$

碰撞项为

$$g_k(x+\Delta x, y+\Delta y, t+\Delta t) = g_k(x,y,t)[1-\omega] + \omega g_k^{eq}(x,y,t) \tag{6-2-62}$$

平衡分布函数为

$$g_k^{eq} = \omega_k C(x,y,t)\left[1 + \frac{c_k \cdot \boldsymbol{u}}{c_s^2}\right] \tag{6-2-63}$$

式中：$\boldsymbol{u}$ 为速度矢量。当 $\Delta x = \Delta y = \Delta t = 1$ 时：

$$\frac{c_k \cdot \boldsymbol{u}}{c_s^2} = \begin{cases} 2u, k=1 \\ -2u, k=2 \\ 2v, k=3 \\ -2v, k=4 \end{cases} \tag{6-2-64}$$

在给定边界条件后，即可计算出对流扩散方程的结果，左侧与上侧为恒浓度边界

$$g_2 = \frac{2}{9}c_0 - g_4 \tag{6-2-65}$$

$$g_6 = \frac{2}{36}c_0 - g_8 \tag{6-2-66}$$

$$g_9 = \frac{2}{36}c_0 - g_7 \tag{6-2-67}$$

在对流扩散过程稳定后，气体浓度随着时间的演化曲线如图 6－12 所示。从图中可以看出，流体速度对于浓度场的分布具有重要的影响，当两侧进气速度相同或者接近时，空间内浓度分布较为均匀，反之则会产生较大的浓度差。此外，本实例是基于 C 语言自主编程计算完成的。

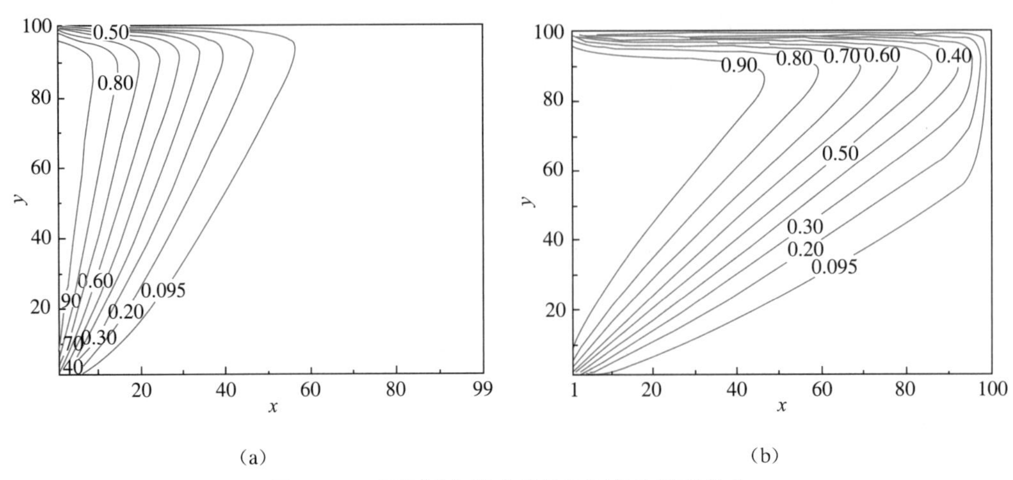

(a) (b)

图 6－12 不同进气速度条件下气体的浓度分布

(a) $u=0.1$ m/s，$v=0.4$ m/s；(b) $u=0.3$ m/s，$v=0.3$ m/s

参考文献

[1] 严六明，朱素华. 分子动力学模拟的理论与实践[M]. 北京：科学出版社，2013.

[2] 陈正隆，徐为人，汤立达. 分子模拟的理论与实践[M]. 北京：化学工业出版社，2007.

[3] PLIMPTON S. Fast parallel algorithms for short-range molecular dynamics [J]. Journal of computational physics，1995，117：1－19.

[4] LEMKUL J A. From proteins to perturbed Hamiltonians：A suite of tutorials for the GROMACS－2018 molecular simulation package，v1.0 [J]. Living J. Comp. Mol. Sci.，2019，1(1)：5 068.

[5] BERENDSEN H J C，POSTMA J P M，VAN GUNSTEREN W F，et al. Molecular dynamics with coupling to an external bath. The Journal of Chemical Physics，1984，81：3 684.

[6] ANDERSEN H C. Molecular dynamics simulations at constant pressure and/or temperature. The Journal of Chemical Physics，1980，72：2 384.

[7] NOSÉ S. A unified formulation of the constant temperature molecular dynamics methods[J]. The Journal of Chemical Physics，1984，81：511.

[8] NOSÉ S，KLEIN M L. Constant pressure molecular dynamics for molecular systems[J]. Molecular physics，1983，50：1 055.

[9] FAN L，WANG Y，JIAO K. Molecular dynamics simulation of diffusion and O_2 dissolution in water using four water molecular models [J]. Journal of the electrochemical society，2021，168：034 520.

[10] BERENDSEN H J C，Postma J P M，VAN Gunsteren W F，et al. Interaction models for water in relation to protein hydration[M]//PULLMAN B. Intermolecular forces. Dordrecht：Reidel Publishing Company，1981：331.

[11] BERENDSEN H J C，GRIGERA J R，STRAATSMA T P. The missing term in effective pair potentials[J]. Journal of Physical Chemistry，1987，91(24)：6 269－6 271.

[12] JORGENSEN W L, CHANDRASEKHAR J, MADURA J J D, et al. Comparison of simple potential functions for simulating liquid water[J]. The journal of chemical physics, 1983, 79(2): 926-935.

[13] LEVITT M, HIRSHBERG M, SHARON R, et al. Calibration and testing of a water model for simulation of the molecular dynamics of proteins and nucleic acids in solution[J]. The journal of physical chemistry B, 1997, 101(25): 5 051-5 061.

[14] JORGENSEN W L, MADURA J D. Temperature and size dependence for Monte Carlo simulations of TIP4P water[J]. Molecular physics, 1985, 56(6): 1 381-1 392.

[15] GHOBADI A F, TAGHIKHANI V, ELLIOTT J R. Investigation on the solubility of SO_2 and CO_2 in imidazolium-based ionic liquids using NPT Monte Carlo simulation [J]. The journal of physical chemistry B, 2011, 115(46): 13 599-13 607.

[16] MÜLLER-PLATHE F A. A simple nonequilibrium molecular dynamics method for calculating the thermal conductivity [J]. J. Chem. Phys., 1997, 106: 6 082-6 085.

[17] FAN L, XI F, WANG X, et al. Effects of side chain length on the structure, oxygen transport and thermal conductivity for perfluorosulfonic acid membranes: Molecular dynamics simulation [J]. Journal of the electrochemical Society, 2019, 166(8): F511-F518.

[18] 何雅玲，王勇，李庆. 格子 Boltzmann 方法的理论及应用[M]. 北京：科学出版社，2008.

[19] 穆罕默德·阿卜杜勒马吉德. 格子玻尔(耳)兹曼方法：基础与工程应用（附计算机代码)[M]杨大勇，译. 北京：电子工业出版社，2015.

[20] BOBYLEV A V. The Chapman-Enskog and Grad methods for solving the Boltzmann equation[J] Akademiia Nauk SSSR Doklady. 1982, 262(1): 71-75.

[21] QIAN Y H, D'HUMIÈRES D, LALLEMAND P. Lattice BGK models for Navier-Stokes equation[J]. Europhysics letters, 1992, 17(6): 479.

[22] BHATNAGAR P L, GROSS E P, KROOK M. A model for collision processes in gases. I. Small amplitude processes in charged and neutral one-component systems[J]. Physical review, 1954, 94(3): 511.

[23] BARTEL T J, GALLIS M A. Rarefied gas dynamics: Theory and simulations[M]. Reston: American institute of aeronautics and astronautics, 1994.

[24] ASLAN E, TAYMAZ I, BENIM A C. Investigation of the lattice Boltzmann SRT and MRT stability for lid driven cavity flow[J]. International journal of materials, mechanics and manufacturing, 2014, 2 (4): 317-324.

[25] 郭照立，郑楚光. 格子 Boltzmann 方法的原理及应用[M]. 北京：科学出版社，2009.

[26] NOBLE D R, CHEN S, GEORGIADIS J G, et al. A consistent hydrodynamic boundary condition for the lattice Boltzmann method[J]. Physics of fluids, 1995, 7(1): 203-209.

[27] ZOU Q, HE X. On pressure and velocity boundary conditions for the lattice Boltzmann BGK model [J]. Physics of fluids, 1997, 9(6): 1 591-1 598.

[28] CAO N, CHEN S, JIN S, et al. Physical symmetry and lattice symmetry in the lattice Boltzmann method[J]. Physical review E, 1997, 55(1): R21.

[29] Chen S, MARTINEZ D, MEI R. On boundary conditions in lattice Boltzmann methods[J]. Physics of fluids, 1996, 8(9): 2 527-2 536.

第7章 总结与展望

通过前面几章的介绍，可以看出本书介绍的多物理场解析模型与传统以数学分析为基础求解偏微分方程获得解析解的解析模型具有明显不同，前者更接近大幅简化后的数值模型。对于同一计算域，多物理场解析模型往往仅涉及少数几个计算节点，不像数值模型那样需要进行细致的网格划分，而且解析模型只有在涉及多个物理量之间的耦合计算或控制方程中的传输系数或源项与输运标量相关时才需引入简单迭代计算，而且一般仅需几步迭代即可得到满足精度要求的计算结果，并不像数值模型那样需进行大量的迭代计算。这种建模方法使其在计算效率和稳定性方面相比数值模型具有决定性优势。但是，这也导致其计算精度无法与数值模型相媲美，且在处理具有复杂三维结构的计算域时有所欠缺。同时，多物理场解析模型几乎不可能进行三维计算，而常常以零维、一维或以此为基础简单考虑另外两个维度修正后的1+1维(准二维)，1+1+1维(准三维)模型的形式出现。

上述多物理场解析模型的特点使其可以很好地应用于工程领域中的仿真计算，如产品正向设计初期的材料或工况参数筛选[1]，长时间运行的工程装置瞬态工况计算[2]，多复杂结构部件耦合的系统级仿真计算[3]等。不仅如此，多物理场解析模型本质上仍属于机理模型的范畴，其仿真结果可以很好地揭示工程装置中的复杂多物理过程耦合机理，这一点是以机器学习算法为基础搭建的数据驱动代理模型无法做到的。但是，数据驱动代理模型相比于经验模型可以更好地建立多输入参数和多输出参数之间的联系，未来有可能将数据驱动代理模型“嵌入”多物理场解析模型中，提升模型的准确性。举例来说，多孔介质材料常见于各类工程装置中，由于其结构复杂性，目前大多采用各种经验公式计算多孔介质中的传输系数，但是绝大多数经验公式都忽略了多孔介质的真实结构。借助机器学习算法，可以建立多孔介质材料复杂三维结构与各种传输系数(如扩散系数、渗透率等)之间的联系[4]。此外，解析模型虽然在计算精度上无法与数值模型相媲美，但得益于控制方程的合理简化，反而可以更为清晰地分析出工程装置中各主要物理量之间的耦合机理，从而在理论层面给出工程装置的优化设计准则。因此，在可预见的未来，多物理场解析模型仍将在学术界和工程领域中占据重要地位。

在介微观尺度下，流动与传热传质过程的方程体系是以流体微团或分子为研究对象，可视为随时间更新的显式算法。这与宏观尺度下基于控制体搭建的二阶偏微分方程体系有本质区别，避免了复杂数值迭代计算过程，这与本书介绍的多物理场解析模型的建模思路非常接近。但是，由于研究对象中涉及原子或流体微团的数目往往较大，目前仍不可避免地需要借助专业软件或自主编程完成计算。

参考文献

[1] JIANG Y，YANG Z，JIAO K，et al. Sensitivity analysis of uncertain parameters based on an improved proton exchange membrane fuel cell analytical model[J]. Energy conversion and management，2018，164：639－654.

[2] FENG X，HE X，OUYANG M，et al. A coupled electrochemical-thermal failure model for predicting the thermal runaway behavior of lithium-ion batteries[J]. Journal of the electrochemical society，2018，165(16)：A3748.

[3] YANG Z，DU Q，JIA Z，et al. A comprehensive proton exchange membrane fuel cell system model integrating various auxiliary subsystems[J]. Applied energy，2019，256：113959.

[4] NIU Z，PINFIELD V J，WU B，et al. Towards the digitalisation of porous energy materials：evolution of digital approaches for microstructural design[J]. Energy & environmental science，2021，14：2549－2576.